INDUSTRY AND INFORMATION TECHNOLOGY TRAINING PLANNING MATERIALS

RFID IN INTERNET OF THINGS

工业和信息化人才培养规划教材

物联网射频识别(RFID)技术与应用

RFID in Internet of Things

黄玉兰 ◎ 编著

人民邮电出版社

北京

图书在版编目（C I P）数据

物联网射频识别（RFID）技术与应用 / 黄玉兰编著
-- 北京 : 人民邮电出版社, 2013.5
工业和信息化人才培养规划教材
ISBN 978-7-115-31057-6

Ⅰ. ①物… Ⅱ. ①黄… Ⅲ. ①射频—无线电信号—信号识别—教材 Ⅳ. ①TN911.23

中国版本图书馆CIP数据核字(2013)第050225号

内容提要

本书在物联网的框架下全面介绍了射频识别技术。全书共分 11 章，内容包括物联网 RFID 系统概述、RFID 工作频率及无线传输、天线技术、射频前端电路、编码与调制、数据的完整性与数据的安全性、电子标签体系结构、读写器体系结构、RFID 中间件、RFID 标准体系、物联网 RFID 应用实例。本书内容丰富，具有可读性、知识性和系统性，不仅讲解了射频识别的基本理论和基础知识，也介绍了物联网 RFID 技术现状和标准体系，并给出了物联网 RFID 在 6 个方面的应用实例。

本书面向应用型人才培养，可作为高等院校通信、电子、计算机、物联网、自动控制、仪器仪表及相关专业学生的教材也可供从事物联网 RFID 工作的工程师参考。

工业和信息化人才培养规划教材
物联网射频识别（RFID）技术与应用

◆ 编　著　黄玉兰
责任编辑　王　威
◆ 人民邮电出版社出版发行　北京市丰台区成寿寺路 11 号
邮编　100164　电子邮件　315@ptpress.com.cn
网址　http://www.ptpress.com.cn
涿州市京南印刷厂印刷

◆ 开本：787×1092　1/16
印张：14.25　2013 年 5 月第 1 版
字数：373 千字　2025 年 1 月河北第 23 次印刷

ISBN 978-7-115-31057-6

定价：35.00 元

读者服务热线：(010)81055256　印装质量热线：(010)81055316
反盗版热线：(010)81055315

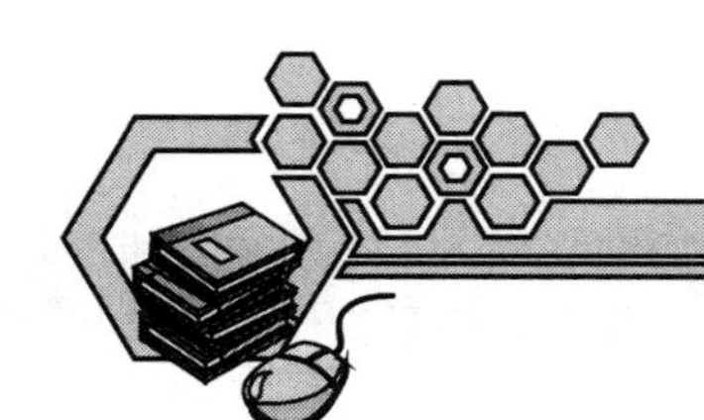

前 言

射频识别（Radio Frequency Identification，RFID）是通过无线射频方式获取物体的相关数据，并对物体加以识别，是一种非接触式的自动识别技术。RFID 可以识别高速运动的物体，可以同时识别多个目标，可以实现远程读取，并可以工作于各种恶劣环境。RFID 无需人工干预，即可完成物体信息的采集和处理，能快速、实时、准确地输入和处理物体的信息，被称为 21 世纪十大重要技术之一。

物联网的英文名称为 The Internet of Things。由该名称可见，物联网就是“物与物相连的互联网”。这里有两层意思：第一，物联网的基础仍然是互联网，是在互联网基础之上延伸和扩展的一种网络；第二，其用户端延伸和扩展到了任何物体，在物体之间进行信息的交换和通信。

在物联网中，RFID 可以对物体实现透明化追踪、通信与管理，是实现物联网的基石。RFID 与互联网等技术相结合，可以实现全球范围内物体的跟踪与信息的共享，从而赋予物体智能，实现人与物、物与物的沟通和对话，最终构成联通万事万物的物联网。

关于本书

随着高等教育对人才培养模式的转变，要求学生注重知识的基础性、系统性和应用性，因此，本书加强了基本概念的阐述和基本方法的讲解，突出了知识体系的完整性，并以技术为主线，重视技术的实现和综合应用。

本书内容组织方式

本书在物联网的框架下通过 11 章内容全面介绍了 RFID 技术。本书首先在第 1 章介绍了物联网 RFID 系统架构，其次在第 2 章～第 9 章介绍了 RFID 技术组成和工作原理，然后在第 10 章介绍了 RFID 标准体系，最后在第 11 章给出了物联网 RFID 的应用实例。

本书特色

- 初衷明确，全面介绍物联网 RFID 技术。
- 架构清晰，按“物联网 RFID 系统架构-技术组成-标准体系-应用实例”展开全书。
- 突出技术融合，物联网 RFID 是涵盖众多技术、面向多领域应用的一个体系，通过汇集、整合和连接现有的技术，给信息技术带来了新的目标和新的前景。
- 面向应用型人才培养，注重物理概念的诠释，避免较深的理论内容，精心处理了内容的衔接，循序渐进地全面讲解了 RFID 工作原理，突出了技术的应用性。

本书作者

本书由黄玉兰编著。中国科学院西安光学精密机械研究所的夏璞协助完成了本书的插图和校对工作。另外，西门子公司的夏岩提供了一些物联网和 RFID 的资料，他在西门子工作多年，实践经验丰富，在本书的编写中给出了一些建议，在此表示感谢。

由于作者水平有限，书中难免会有缺点和错误，敬请广大读者予以指正。课程相关教学资源请登录人民邮电出版社教学服务与资源网（www.ptpedu.com.cn）下载使用。

编　者

2013 年 1 月

于西安邮电大学

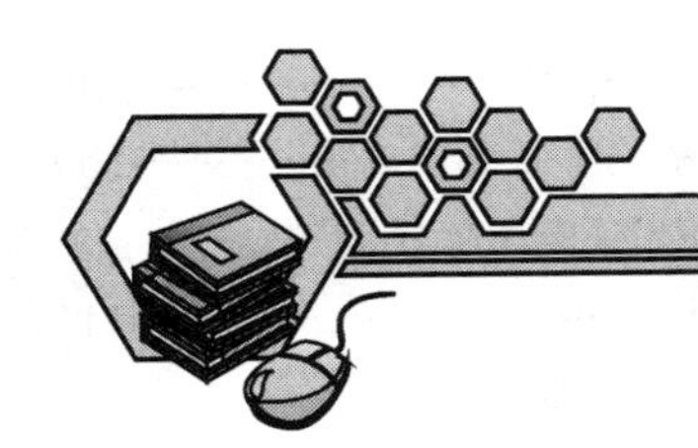

目 录

第1章 物联网 RFID 系统概述

物联网是在互联网的基础上，将用户端延伸和扩展到任何物体，进行信息交换和通信的一种网络。物联网被称为继计算机、互联网之后世界信息产业的第三次浪潮，物联网在我国已经上升为国家战略，成为下一阶段 IT 产业的任务。在物联网中，射频识别是最主要的物品识别技术，可以对物品实现透明化追踪、通信与管理，是实现物联网的基石。

1.1 物联网与射频识别技术

在物联网中，射频识别（Radio Frequency Identification，RFID）是实现物联网的关键技术。RFID 是一种自动识别技术，它利用无线射频信号实现无接触信息传递，达到自动识别目标对象的目的。RFID 技术无需人工干预，即可完成物品信息的采集和传输，被称为 21 世纪十大重要技术之一。RFID 技术与互联网、移动通信等技术相结合，可以实现全球范围内物品的跟踪与信息的共享，从而给物体赋予智能，实现人与物体、物体与物体的沟通和对话，最终构成联通万事万物的物联网。

1.1.1 物联网的概念

物联网的定义是，通过射频识别（RFID）、传感器、全球定位系统、激光扫描器等信息传感设备，按照约定的协议，把任何物体与互联网连接起来，进行信息交换和通信，以实现智能化识别、定位、跟踪、监控和管理的一种网络。

物联网的英文名称为 The Internet of Things。由该名称可见，物联网就是“物与物相连的互联网”。这里有两层意思：第一，物联网的核心和基础仍然是互联网，是在互联网基础之上延伸和扩展的一种网络；第二，其用户端延伸和扩展到了任何物体，在物体之间进行信息的交换和通信。

物联网概念的问世，在某种程度上打破了之前对信息与通信技术固有的看法。在物联网时代，通过在各种各样的物体上嵌入一种短距离的移动收发器，人类在信息与通信的世界里将获得一个新的沟通维度，从任何时间、任何地点人与人之间的沟通和连接，扩展到任何时间、任何地点人与物、物与物之间的沟通和连接。

根据国际电信联盟（International Telecommunication Union，ITU）的描述，世界上的万事万物，小到手表、钥匙，大到汽车、楼房，只要嵌入一个微型芯片，把它变得智能化，这个物体就可以“自动开口说话”。再借助无线网络技术，人就可以和物体“对话”，物体和物体之间也能“交流”。物联网搭上互联网这个桥梁，在世界任何一个地方，人类都可以即时获取万事万物的信息。IT 产业下一阶段的任务，就是把新一代的 IT 技术充分运用到各行各业之中，地球上的各种物体将被普遍连接，形成物联网。

1.1.2　射频识别的概念

RFID 是一种非接触式的自动识别技术，它通过无线射频方式自动识别目标对象，识别工作无需人工干预。RFID 可以识别高速运动的物体，可以同时识别多个目标，可以实现远程读取，并可以工作于各种恶劣环境。

RFID 属于一种近距离无线通信系统，可以通过无线信号识别特定目标（例如物品），并读写相关数据。在该系统中，电子标签与读写器进行无线通信，其中，电子标签附着在物品上，携带有物品的信息；读写器对电子标签进行识别、追踪和数据交换。物品的数据由电子标签传送出去，电子标签可以附在衣物、财物上，也可以嵌入被追踪物体之内，甚至于植入人体之内。电子标签不需要处在读写器的视线之内，读写器通过电磁场或无线电波与电子标签建立通信，几十米之内都可以识别，从而自动辨识并追踪物品。当读写器读取了物品的信息后，将信息传送到互联网，人们通过互联网可以获取物品的即时信息。

在物联网的构想中，每个物品都有一个电子标签，电子标签中存储着规范而具有互用性的信息，射频识别技术通过读写器自动采集电子标签的信息，再通过网络传输到中央信息系统。物联网以射频识别为主要基础，结合已有的移动通信技术、网络技术、数据库技术和中间件技术等，构筑一个由大量联网的读写器和无数移动的电子标签组成的，比 Internet 更为庞大的网络。在物联网普及以后，用于动物、植物、机器和物品的电子标签数量将大大超过人类使用的手机数量。

RFID 技术将物联网的触角伸到了物体之上，其用户端可以延伸和扩展到任何物品，在互联网的基础上进行信息交换和通信。互联网时代，人与人之间的距离变小了；而继互联网之后的物联网时代，RFID 技术将人与物、物与物之间的距离变小了。

1.1.3　物联网起源于射频识别领域

1999 年，美国麻省理工学院（Massachusetts Institute of Technology，MIT）首先提出了物联网的概念。MIT 最初的构想是为全球所有物品都提供一个电子产品编码（Electronic Product Code，EPC），通过对所有物品都赋予一个电子的标识符，来实现对全球任何物理对象的唯一有效标识。物联网最初的思想来源于 MIT 的这一构想，MIT 的这一构想就是现在经常提到的物联网 EPC 系统。

EPC 系统利用射频识别技术追踪、管理物品。在 EPC 系统中，电子标签中存储着电子产品编码（EPC 码），电子标签与读写器构成的射频识别系统自动采集 EPC 码。其中，电子标签是 EPC

码的物理载体，附着在可跟踪的物品上，可全球流通；读写器与互联网相连，是读取电子标签中EPC 码并将 EPC 码输入互联网的设备。

2003 年，世界最大的连锁超市美国沃尔玛宣布，2005 年将使用 EPC 系统的射频识别技术，随后联合利华、保洁、卡夫、可口可乐、吉列和强生等公司也宣布将采用 EPC 系统。2004 年，EPC 系统推出了第一代的全球标准，第一代 EPC 标签标准 EPC Gen1 完成，并在部分应用中进行了测试。2005 年，EPC 系统发布了标签的 EPC Gen2 标准，该标准在商业上得到实际应用。从示范实验到全球标准，EPC 系统以射频识别技术作为一种物联网的实现模式，目标是构建全球的、开放的、物品标识的物联网。

1.2 自动识别技术

随着人类社会步入信息时代，人们所获取和处理的信息量不断加大。传统的信息采集是通过人工手段录入的，不仅劳动强度大，而且数据误码率高。以计算机和通信技术为基础的自动识别技术，可以对目标对象进行自动识别，并可以工作在各种环境之下，使人类得以对大量信息进行及时、准确的处理。自动识别技术可以对每个物品进行标识和识别，并可以将数据实时更新，是构造全球物品信息实时共享的基础，是物联网的重要组成部分。

1.2.1 自动识别技术的概念

自动识别技术是用机器识别对象的众多技术的总称。具体地讲，就是应用识别装置，通过被识别物品与识别装置之间的接近活动，自动地获取被识别物品的相关信息。自动识别技术是一种高度自动化的信息或数据采集技术，对字符、影像、条码、声音、信号等记录数据的载体进行机器自动识别，自动地获取被识别物品的相关信息，并提供给后台的计算机处理系统来完成相关后续处理。

信息识别和管理过去多采用单据、凭证、传票为载体，手工记录、电话沟通、人工计算、邮寄或传真等方法，对信息进行采集、记录、处理、传递和反馈，不仅极易出现差错，也使管理者对物品在流动过程中的各个环节难以统筹协调，不能系统控制，更无法实现系统优化和实时监控，造成效率低下和人力、运力、资金、场地的大量浪费。

近几十年来，自动识别技术在全球范围内得到了迅猛发展，极大地提高了数据采集和信息处理的速度，改善了人们的工作和生活环境，提高了工作效率，并为管理的科学化和现代化做出了重要贡献。自动识别技术可以在制造、物流、防伪和安全等多个领域中应用，可以采用光识别、磁识别、电识别或射频识别等多种识别方式，是集计算机、光、电、通信和网络技术为一体的高技术学科。

1.2.2 自动识别技术的分类

按照应用领域和具体特征的分类标准进行分类，自动识别技术可以分为条码识别技术、生物识别技术、图像识别技术、磁卡识别技术、IC 卡识别技术、光学字符识别技术和射频识别技术等。本节介绍几种典型的自动识别技术，分别是条码识别技术、磁卡识别技术、IC 卡识别技术和射频

识别技术，这几种自动识别采用了不同的数据采集技术，其中条码是光识别技术、磁卡是磁识别技术、IC 卡是电识别技术、射频识别是无线识别技术。

1. 条码识别技术

条码是由一组条、空和数字符号组成，按一定编码规则排列，用以表示一定的字符、数字及符号等信息。条码识别是利用红外光或可见光进行识别。由扫描器发出的红外光或可见光照射条码，条码中深色的“条”吸收光，浅色的“空”将光反射回扫描器，扫描器将光反射信号转换成电子脉冲，再由译码器将电子脉冲转换成数据，最后传至后台，完成对条码的识别。

目前条码的种类很多，大体可以分为一维条码和二维条码。一维条码和二维条码都有许多码制，条码中条、空图案对数据不同的编码方法，构成了不同形式的码制。不同码制有各自不同的特点，可以用于一种或若干种应用场合。

（1）一维条码。

一维条码有许多种码制，包括 Code25 码、Code128 码、EAN-13 码、EAN-8 码、ITF25 码、库德巴码、Matrix 码和 UPC-A 码等。图 1.1 所示为几种常用的一维条码样图。

（a）EAN-13 码

（b）EAN-8 码

（c）UPC-A 码

图 1.1　几种常用的一维条码样图

目前最流行的一维条码是 EAN-13 条码。EAN-13 条码由 13 位数字组成，其中前 3 位数字为前缀码，目前国际物品编码协会分配给我国并已启用的前缀码为 690～692。当前缀码为 690 或 691 时，第 4～7 位数字为厂商代码，第 8～12 位数字为商品项目代码，第 13 位数字为校验码；当前缀码为 692 时，第 4～8 位数字为厂商代码，第 9～12 位数字为商品项目代码，第 13 位数字为校验码。EAN-13 条码的构成如图 1.2 所示。

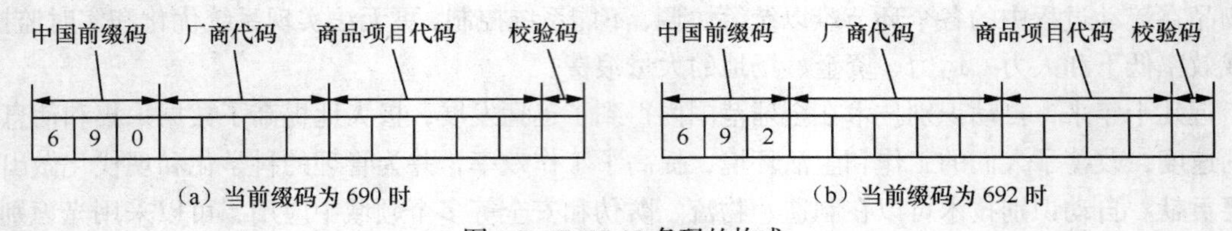

（a）当前缀码为 690 时　　（b）当前缀码为 692 时

图 1.2　EAN-13 条码的构成

（2）二维条码。

二维条码技术是在一维条码无法满足实际应用需求的前提下产生的。二维条码在横向和纵向两个方位同时表达信息，因此能在很小的面积内表达大量的信息。目前有几十种二维条码，常用的码制有 Data matrix 码、QR Code 码、Maxicode 码、PDF417 码、Code 49 码、Code 16K 码和 Code one 码等。图 1.3 所示为几种常用的二维条码样图。

（a）Data matrix 码

（b）QR Code 码

（c）Maxicode 码

图 1.3　几种常用的二维条码样图

2. 磁卡识别技术

磁卡从本质意义上讲和计算机用的磁带或磁盘是一样的，它可以用来记载字母、字符及数字信息。磁卡是一种磁记录介质卡片，通过黏合或热合与塑料或纸牢固地整合在一起，能防潮、耐磨且有一定的柔韧性，携带方便、使用较为稳定可靠。

磁条记录信息的方法是变化磁的极性。在磁性氧化的地方具有相反的极性（如 S-N 和 N-S），识读器材能够在磁条内分辨到这种磁性变换，这个过程被称为磁变。一部解码器可以识读到磁性变换，并将它们转换回字母或数字的形式，以便由一部计算机来处理。

磁卡的优点是数据可读写，即具有现场改变数据的能力，这个优点使得磁卡的应用领域十分广泛，如信用卡、银行 ATM 卡、会员卡、现金卡（如电话磁卡）和机票等。磁卡的缺点是数据存储的时间长短受磁性粒子极性耐久性的限制，另外，磁卡存储数据的安全性一般较低，如果磁卡不小心接触磁性物质就可能造成数据的丢失或混乱。随着新技术的发展，安全性能较差的磁卡有逐步被取代的趋势，但是在现有条件下，社会上仍然存在大量的磁卡设备，再加上磁卡技术的成熟和低成本，在短期内磁卡技术仍然会在许多领域应用。图 1.4 所示为一种银行磁卡，该银行磁卡通过背面的磁条可以读写数据。

（a）银行卡正面

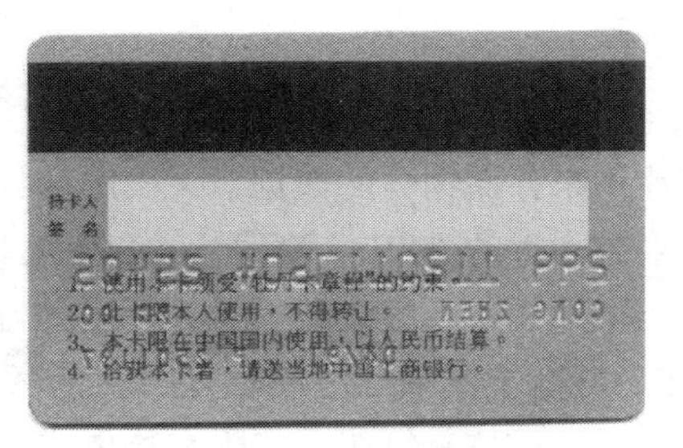

（b）银行卡背面的磁条

图 1.4　银行磁卡

3. IC 卡识别技术

IC（Integrated Circuit）卡是一种电子式数据自动识别卡，IC 卡分接触式 IC 卡和非接触式 IC 卡，这里介绍的是接触式 IC 卡。

接触式 IC 卡是集成电路卡，通过卡里的集成电路存储信息，它将一个微电子芯片嵌入到卡基中，做成卡片形式，通过卡片表面 8 个金属触点与读卡器进行物理连接，来完成通信和数据交换。IC 卡包含了微电子技术和计算机技术，作为一种成熟的高技术产品，是继磁卡之后出现的又一种新型信息工具。

IC 卡的外形与磁卡相似，它与磁卡的区别在于数据存储的媒体不同。磁卡是通过卡上磁条的磁场变化来存储信息，而 IC 卡是通过嵌入卡中的电擦除式可编程只读存储器（EEPROM）来存储数据信息。IC 卡与磁卡相比较，具有存储容量大、安全保密性好、有数据处理能力、使用寿命长等优点。

按照是否带有微处理器，IC 卡可分为存储卡和智能卡两种。存储卡仅包含存储芯片而无微处理器，一般的电话 IC 卡即属于此类。将带有内存和微处理器芯片的大规模集成电路嵌入到塑料基片中，就制成了智能卡，它具有数据读写和处理功能，因而具有安全性高、可以离线操作等突出优点，银行的 IC 卡通常是指智能卡。图 1.5 所示为几种 IC 卡。

（a）中国电信 IC 卡

（b）银行 IC 卡

图 1.5 IC 卡

4. 射频识别技术

射频识别技术是通过无线电波进行数据传递的自动识别技术。与条码识别技术、磁卡识别技术和 IC 卡识别技术等相比，它以特有的无接触、可同时识别多个物体等优点，逐渐成为自动识别领域中最优秀和应用最广泛的自动识别技术。

1.2.3 RFID 技术

RFID 技术是自动识别技术的一种。RFID 以电子标签来标志某个物体，电子标签包含芯片和天线，芯片用来存储物体的数据，天线用来收发无线电波。电子标签的天线通过无线电波将物体的数据发射到附近的 RFID 读写器，RFID 读写器就会对接收到的数据进行收集和处理。RFID 与传统的条码识别相比有很大的优势，其优势与特点表现如下。

（1）RFID 电子标签抗污损能力强。

传统的条码载体是纸张，它附在物体或外包装箱上，特别容易受到折损。条码采用的是光识别技术，如果条码的载体受到污染或折损，将会影响物体信息的正确识别。RFID 采用电子芯片存储信息，可以免受外部环境污损。

（2）RFID 电子标签安全性高。

条码制作容易，操作简单，但同时也产生了仿造容易、信息保密性差等缺点。RFID 采用电子标签存储信息，数据可以通过编码实现密码保护，内容不易被伪造和更改。

（3）RFID 电子标签容量大。

条码的容量有限。RFID 电子标签的容量可以做到比条码的容量大很多，实现真正的“一物一码”，满足信息流量不断增大和信息处理速度不断提高的需要。

（4）RFID 可远距离同时识别多个电子标签。

条码识别一次只能有一个条码接受扫描，而且要求条码与读写器的距离比较近。射频识别采用的是无线电波进行数据交换，RFID 读写器能够远距离同时识别多个 RFID 标签，并可以识别高速运动的标签。

（5）RFID 是物联网的基石。

条码印刷上去就无法更改。RFID 是采用电子芯片存储信息，可以随时记录物品在任何时候的任何信息，并可以很方便地新增、更改和删除信息。RFID 通过计算机网络可以实现对物品透明化、实时管理，实现真正意义上的“物联网”。

1.3 RFID 历史与未来

RFID 技术在 20 世纪 40 年代产生，最初单纯用于军事领域，从 20 世纪 90 年代开始，在企业内部等闭环内逐步推广使用。近年来，RFID 技术与应用一直处于高速发展的时期，现在随着物联网概念的产生，RFID 技术将逐步运用到各行各业之中。

1.3.1 RFID 技术的产生

20 世纪 40 年代，由于雷达技术的改进和应用，产生了 RFID 技术。RFID 的诞生源于战争的需要，二战期间，英国空军首先在飞机上使用 RFID 技术，用来分辨敌方飞机和我方飞机，这是有记录的第一个射频识别系统，也是 RFID 的第一次实际应用。这个技术在 20 世纪 50 年代末成为世界空中交通管制系统的基础，至今还在商业和私人航空控制系统中使用。

1.3.2 RFID 技术推广阶段

20 世纪 60 年代是 RFID 技术应用的初始期，科研人员开始尝试一些应用，一些公司引入 RFID 技术，开发电子监控设备来保护财产，出现了商品电子监视器，这是 RFID 技术第一个商业应用系统。20 世纪 70 年代是 RFID 技术应用的发展期，由于微电子技术的发展，科技人员开发了基于集成电路芯片的 RFID 系统，并且有了可写内存，读取速度更快，识别范围更远，降低了 RFID 技术的应用成本，减小了 RFID 设备的体积。20 世纪 80 年代是 RFID 技术应用的成熟期，RFID 技术及产品进入商业应用阶段，挪威使用了 RFID 电子收费系统，纽约港务局使用了 RFID 汽车管理系统，美国铁路用 RFID 系统识别车辆，欧洲用 RFID 电子标签跟踪野生动物来对野生动物进行研究，西方发达国家在不同应用领域安装和使用了 RFID 系统。20 世纪 90 年代是 RFID 技术的推广期，主要表现在发达国家配置了大量的 RFID 电子收费系统，并将 RFID 用于安全和控制领域，使射频识别的应用日益繁荣。

20 世纪 90 年代，RFID 技术在美国的公路自动收费系统得到了广泛应用。1991 年，美国俄克拉荷马州出现了世界上第一个开放式公路自动收费系统，装有 RFID 电子标签的汽车在经过收费站时无需减速停车，可以按照正常速度通过，固定在收费站的读写器识别车辆后，自动从汽车的账户上扣费，这个系统的好处是消除了因为减速停车造成的交通堵塞。1992 年，美国休斯敦安装了世界上第一套同时具有电子收费功能和交通管理功能的 RFID 系统，借助于 RFID 的电子收费系统，科研人员开发了一些新功能，一个 RFID 电子标签可以具有多个账号，分别用于电子收费系统、停车场管理和汽车费用征收。

20 世纪 90 年代，社区和校园大门控制系统开始使用射频识别系统，RFID 技术在安全管理和人事考勤等工作中发挥了作用。世界汽车行业也开始使用射频识别系统，日本丰田公司和美国福特公司将 RFID 技术用于汽车防盗系统，使汽车防盗实现了智能化。

1.3.3 RFID 技术普及阶段

20 世纪 90 年代末和本世纪初是 RFID 技术的普及期。这个时期 RFID 产品种类更加丰富，标准化问题日趋为人们所重视，电子标签成本不断降低，规模应用行业不断扩大，一些国家的零售商和政府机构都开始推荐 RFID 技术。

（1）RFID 技术在沃尔玛公司的应用。

2003 年，世界最大的连锁超市美国沃尔玛宣布，它将要求 100 个主要供应商在 2005 年 1 月前，在其货箱和托盘上应用 RFID 电子标签。而且沃尔玛还提出，RFID 在 2006 年将扩展到其他的供应商，同时将很快在欧洲实施，然后是剩下的其他海外区域。沃尔玛的这一决定，在全球范围内极大地推动了 RFID 技术的普及。沃尔玛的高级供应商每年要把 80 亿箱到 100 亿箱货物运送到零售商店，一旦这些货箱贴上电子标签，就需要安装相关的 RFID 设施，沃尔玛的这项决议，使 RFID 技术在各行业的应用迅速扩展。

（2）RFID 技术在美国国防部的应用。

对军队来说，后勤物资调动是打赢战争最为重要的保障，但如何把这样庞大繁复的工作进行得迅速准确，却是一大难题。1991 年海湾战争中，美国向中东运送了约 4 万个集装箱，但由于标识不清，其中 2 万多个集装箱不得不重新打开、登记、封装并再次投入运输系统，当战争结束后，还有 8 000 多个打开的集装箱未能加以利用。

美国国防部认为，RFID 在集装箱联运跟踪和库存物资跟踪方面具有巨大的发展潜力。目前美国国防部已经在内部使用该系统，跟踪大约 40 万件物品，RFID 已经给美军后勤领域的管理带来了极大的方便。

（3）RFID 技术标准。

本世纪初，RFID 标准已经初步形成。目前国际上有多种 RFID 标准，其中 ISO/IEC、EPCglobal 和 UID 是 3 种主要 RFID 标准，它们相互竞争，共同促进 RFID 技术的发展。ISO/IEC、EPCglobal 和 UID 3 种标准最后是否能够成为我国的产业标准，将由我国市场和政府共同决定，国际上多种标准的竞争有利于降低我国物联网 RFID 标准的使用成本。

全球多种 RFID 标准不一定完全符合我国应用的需求。我国已经认识到 RFID 技术标准的重要性，已经要求加入 RFID 国际标准的制定，并将建立中国自己的 RFID 标准。

1.3.4 物联网 RFID 现状与未来

1. 物联网 RFID 的应用领域

现在射频识别已经应用于制造、物流和零售等多个领域，RFID 的产品种类十分丰富。人们的目标是将电子标签的价格降到 5 美分，这样，RFID 技术将得到极大的普及。展望未来，RFID 技术将在 21 世纪掀起一场新的技术革命，随着技术的不断进步，射频识别将会成为人们日常生活的一部分。目前射频识别的主要应用领域如下。

（1）制造领域。

主要用于生产数据的实时监控、质量追踪和自动化生产等。

（2）物流领域。

主要用于物流过程中的货物追踪、信息自动采集、仓储应用、港口应用和邮政快递等。

（3）零售领域。

主要用于商品的销售数据实时统计、补货和防盗等。

（4）医疗领域。

主要用于医疗器械管理、病人身份识别和婴儿防盗等。

（5）身份识别领域。

主要用于电子护照、身份证和学生证等各种电子证件。

（6）军事领域。

主要用于弹药管理、枪支管理、物资管理、人员管理和车辆识别与追踪等。

（7）防伪安全领域。

主要用于贵重物品（烟，酒，药品）防伪、票证防伪、汽车防盗和汽车定位等。

（8）资产管理领域。

主要用于贵重的、危险性大的、数量大且相似性高的各类资产管理。

（9）交通领域。

主要用于不停车缴费、出租车管理、公交车枢纽管理、铁路机车识别、航空交通管制、旅客机票识别和行李包裹追踪等。

（10）食品领域。

主要用于水果、蔬菜生长和生鲜食品保鲜等。

（11）图书领域。

主要用于书店、图书馆和出版社的书籍资料管理等。

（12）动物领域。

主要用于动物驯养、宠物识别管理和野生动物追踪等。

（13）农业领域。

主要用于畜牧牲口和农产品生长的监控等，确保绿色农业，确保农业产品的安全。

（14）电力管理领域。

主要用于对电力运行状态进行实时监控，对电力负荷、用电检查和线路损耗等进行实时监控，以实现高效一体化管理。

（15）电子支付领域。

主要用于银行和零售等部门，采用银行卡或充值卡等支付方式进行支付。

（16）智能家居领域。

主要用于家庭中各类电子产品、通信产品和信息家电的互联与互通，以实现智能家居。

2. 物联网的现状与未来

物联网的基本思想是美国麻省理工学院在 1999 年提出的，其核心思想是为全球每个物品提供唯一的电子标识符，实现对所有实体对象的唯一有效标识。这种标识系统就是现在经常提到的 EPC 系统，物联网最初的构想是建立在 EPC 系统之上的。EPC 系统通过 EPC 码来搭建自动识别物品的物联网，目标是为每一个物品建立全球的标识标准，实现全球物品实时识别和信息共享的网络平台。

2005 年 11 月 17 日，在突尼斯（Tunis）举行的信息社会世界峰会（WSIS）上，国际电信联

盟（ITU）发布了《ITU 互联网报告 2005：物联网》，正式提出了“物联网”的概念。报告指出，无所不在的“物联网”通信时代即将来临，世界上所有的物体都可以通过因特网主动进行交换，包括从轮胎到牙刷、从房屋到纸巾。

2009 年 1 月 28 日，奥巴马就任美国总统后，与美国工商业领袖举行了一次“圆桌会议”。作为仅有的两名代表之一，IBM 首席执行官彭明盛首次提出“智慧地球”这一概念，建议新政府投资新一代的智慧型基础设施。“智慧地球”的概念一经提出，立即得到美国各界的高度关注，甚至有分析认为，这一构想有望上升至美国的国家战略。智慧地球的含义是将新一代的 IT 技术充分运用到各行各业之中，具体就是把感应器嵌入和装备到电网、铁路、桥梁、隧道、公路、建筑、供水系统、大坝和油气管道等各种物体中，并且普遍连接，形成物联网。

2009 年 6 月 18 日，欧盟在比利时首都布鲁塞尔提交了以《物联网——欧洲行动计划》为题的公告。欧盟的《物联网——欧洲行动计划》列举了 14 项行动，欧盟希望通过构建新型物联网管理框架来引领世界物联网的发展。有关专家认为，欧盟制定有关物联网的行动计划，标志着欧盟已经将物联网的建设提到议事日程上来。

据美国权威咨询机构 Forrester 预测，到 2020 年，世界上“物物互联”的业务，跟“人与人通信”的业务相比，将达到 30：1。也有预测这个比例将来可以达到 100：1 甚至 1 000：1，其发展前景巨大，对经济和社会的影响是不言而喻。

欧洲智能系统集成技术平台（EPOSS）在《Internet of Things in 2020》报告中分析预测，物联网未来的发展将经历 4 个阶段：2010 年之前 RFID 被广泛应用于物流、零售和制药领域，2010～2015 年实现物体互联，2015～2020 年物体进入半智能化，2020 年之后物体进入全智能化。

1.4 RFID 系统构成

RFID 系统由电子标签、读写器和系统高层构成。RFID 系统以电子标签来标识物体，电子标签通过无线电波与读写器进行数据交换，读写器可将主机的读写命令传送到电子标签，再把电子标签返回的数据传送到主机，主机的数据交换与管理系统负责完成电子标签数据信息的存储、管理和控制。

1.4.1 RFID 基本组成

1. RFID 系统的构成

RFID 系统因应用不同其组成会有所不同，但基本都是由电子标签、读写器和系统高层这三大部分组成。RFID 系统的基本组成如图 1.6 所示。

（1）电子标签。

电子标签由芯片及天线组成，附着在物体上标识目标对象，每个电子标签具有唯一的电子编码，存储着被识别物体的相关信息。

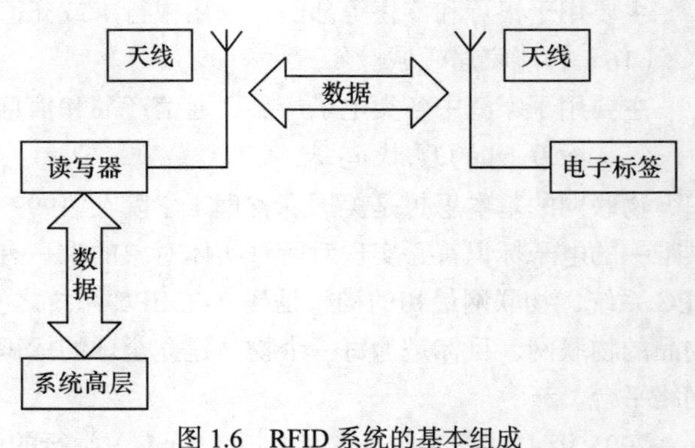

图 1.6　RFID 系统的基本组成

（2）读写器。

读写器是利用射频技术读写电子标签信息的设备。RFID 系统工作时，一般首先由读写器发射一个特定的询问信号；当电子标签接收到这个信号后，就会给出应答信号，应答信号中含有电子标签携带的数据信息；读写器接收这个应答信号，并对其进行处理，然后将处理后的应答信号传输给外部主机进行相应操作。

（3）系统高层。

最简单的 RFID 系统只有一个读写器，它一次只对一个电子标签进行操作，例如公交车上的票务系统。

复杂的 RFID 系统会有多个读写器，每个读写器要同时对多个电子标签进行操作，并需要实时处理数据信息，这需要系统高层处理问题。系统高层是计算机网络系统，数据交换与管理由计算机网络完成。读写器可以通过标准接口与计算机网络连接，计算机网络完成数据的处理、传输和通信功能。

2. RFID 系统的分类

RFID 系统的分类方法很多，常用的分类方法有按照频率分类、按照供电方式分类、按照耦合方式分类、按照技术方式分类、按照信息存储方式分类、按照系统档次分类和按照工作方式分类等。RFID 系统常用的分类方式如下。

（1）按照频率分类。

RFID 系统工作频率的选择，要顾及其他无线电服务，不能对其他服务造成干扰和影响。通常情况下，读写器发送的频率称为系统的工作频率或载波频率。

① 低频系统。

低频系统的工作频率范围为 30 kHz～300 kHz，RFID 常见的低频工作频率有 125 kHz 和 134.2 kHz。目前低频 RFID 系统比较成熟，主要用于距离短、数据量低的 RFID 系统中。

② 高频系统。

高频系统的工作频率范围为 3 MHz～30 MHz，RFID 常见的高频工作频率是 6.75 MHz、13.56 MHz 和 27.125 MHz，其中 13.56 MHz 使用最为广泛。高频系统的特点是标签的内存比较大，是目前应用比较成熟、使用范围较广的系统。

③ 微波系统。

微波的工作频率大于 300 MHz，RFID 常见的微波工作频率是 433 MHz、860/960 MHz、2.45 GHz 和 5.8 GHz 等，其中 433 MHz、860/960 MHz 也常称为超高频（UHF）频段。微波系统主要应用于对多个电子标签同时进行操作、需要较长的读写距离、需要高读写速度的场合，是目前射频识别系统研发的核心，是物联网的关键技术。

（2）按照供电方式分类。

电子标签按供电方式分为无源电子标签、有源电子标签和半有源电子标签三种，对应的 RFID 系统称为无源供电系统、有源供电系统和半有源供电系统。

① 无源供电系统。

电子标签内没有电池，电子标签利用读写器发出的电磁波束供电。无源电子标签作用距离相对较短，但寿命长且对工作环境要求不高，可以满足大部分实际应用系统的需要。

② 有源供电系统。

电子标签内有电池，电池可以为电子标签提供全部能量。有源电子标签电能充足，工作可靠性高，信号传送的距离较远，读写器需要的射频功率较小。但有源电子标签寿命有限、体积较大、成本较高，且不适合在恶劣环境下工作。

③ 半有源供电系统。

半有源电子标签内有电池，但电池仅对维持数据的电路及维持芯片工作电压的电路提供支持。电子标签未进入工作状态前，一直处于休眠状态，相当于无源标签；电子标签进入读写器的工作区域后，受到读写器发出射频信号的激励，标签进入工作状态。电子标签的能量主要来源于读写器的射频能量，标签电池主要用于弥补射频场强的不足。

（3）按照耦合方式分类。

根据读写器与电子标签耦合方式、工作频率和作用距离的不同，无线信号传输分为电感耦合方式和电磁反向散射方式两种。

① 电感耦合方式。

在电感耦合方式中，读写器与电子标签之间的射频信号传送为变压器模型，电磁能量通过空间高频交变磁场实现耦合。电感耦合方式分密耦合和遥耦合两种，其中，密耦合系统读写器与电子标签的作用距离较近，典型的范围为 0～1 cm，通常用于安全性要求较高的系统中；遥耦合系统读写器与电子标签的作用距离为 15 cm～1 m，一般用于只读电子标签。

② 电磁反向散射方式。

在电磁反向散射方式中，读写器与电子标签之间的射频信号传送为雷达模型。读写器发射出去的电磁波碰到电子标签后，电磁波被反射，同时携带回电子标签的信息。电磁反向散射方式适用于微波系统，典型的工作频率为 433 MHz、860/960 MHz、2.45 GHz 和 5.8 GHz，典型的作用距离为 1 m～10 m，甚至更远。

（4）按照技术方式分类。

按照读写器读取电子标签数据的技术实现方式，射频识别系统可以分为主动广播式、被动倍频式和被动反射调制式三种方式。

① 主动广播式。

主动广播式是指电子标签主动向外发射信息，读写器相当于只收不发的接收机。在这种方式中，电子标签采用有源工作方式，用自身的射频能量主动发送数据。这种方式的优点是电能充足、可靠性高、信号传送距离远，缺点是标签的使用寿命受到限制，保密性差。

② 被动倍频式。

被动式电子标签是指读写器发射查询信号，电子标签被动接收。被动式电子标签内部不带电池，要靠外界提供能量才能正常工作。被动式电子标签具有长久的使用期，常常用于标签信息需要频繁读写的地方，并且支持长时间数据传输和永久性数据存储。

被动倍频式是指电子标签返回读写器的频率是读写器发射频率的 2 倍。

③ 被动反射调制式。

被动反射调制式依旧是读写器发射查询信号，电子标签被动接收，但此时，电子标签返回读写器的频率与读写器发射频率相同。

（5）按照保存信息方式分类。

电子标签保存信息的方式有只读式和读写式两种，具体分为如下四种形式。

① 只读电子标签。

这是一种最简单的电子标签，电子标签内部只有只读存储器（Read Only Memory，ROM），在集成电路生产时，标签内的信息即以只读内存工艺模式注入，此后信息不能更改。

② 一次写入只读电子标签。

其内部只有 ROM 和随机存储器（Random Access Memory，RAM）。这种电子标签与只读电

子标签相比，可以写入一次数据，标签的标识信息可以在标签制造过程中由制造商写入，也可以由用户自己写入，但是一旦写入，就不能更改了。

③ 现场有线可改写式。

这种电子标签应用比较灵活，用户可以通过访问电子标签的存储器进行读写操作。电子标签一般将需要保存的信息写入内部存储区，改写时需要采用编程器或写入器，改写过程中必须为电子标签供电。

④ 现场无线可改写式。

这种电子标签类似于一个小的发射接收系统，电子标签内保存的信息也位于其内部存储区，电子标签一般为有源类型，通过特定的改写指令用无线方式改写信息。一般情况下，改写电子标签数据所需的时间为秒级，读取电子标签数据所需的时间为毫秒级。

（6）按照系统档次分类。

按照存储能力、读取速度、读取距离、供电方式和密码功能等的不同，射频识别系统分为低档系统、中档系统和高档系统。

① 低档系统。

“一位系统”和“只读电子标签”属于低档系统。一位系统的数据量为 1 bit，该系统读写器只能发出两种状态，这两种状态分别是“在读写器工作区有电子标签”和“在读写器工作区没有电子标签”，一位系统主要应用在商店的防盗系统中。只读电子标签内的数据通常只由唯一的串行多字节数据组成，适合于只需读出一个确定数字的情况，只要将只读电子标签放入读写器的工作范围内，电子标签就开始连续发送自身序列号，并且只有电子标签到读写器的单向数据流在传输。

② 中档系统。

中档系统电子标签的数据存储容量较大，数据可以读取也可以写入，是带有可写数据存储器的射频识别系统。

③ 高档系统。

高档系统一般带有密码功能，电子标签带有微处理器，微处理器可以实现密码的复杂验证，而且密码验证可以在合理的时间内完成。

（7）按照工作方式分类。

射频识别系统的基本工作方式有三种，分别为全双工工作方式、半双工工作方式以及时序工作方式。

① 全双工和半双工工作方式。

全双工表示电子标签与读写器之间可以在同一时刻互相传送信息；半双工表示电子标签与读写器之间可以双向传送信息，但在同一时刻只能向一个方向传送信息。

② 时序工作方式。

在时序工作方式中，读写器辐射的电磁场短时间周期性地断开，这些间隔被电子标签识别出来，用于从电子标签到读写器的数据传输。时序工作方式的缺点是在读写器发送间歇时，电子标签的能量供应中断，这就必须通过装入足够大的辅助电容器或辅助电池进行补偿。

1.4.2　电子标签

电子标签（Tag）又称为射频标签、应答器或射频卡。电子标签是射频识别真正的数据载体，从技术角度来说，射频识别的核心是电子标签，读写器是根据电子标签的性能而设计的。在射频

识别系统中，电子标签的价格远比读写器低，但电子标签的数量很大，应用场合多样，组成、外形和特点各不相同。

1. 电子标签的基本组成

一般情况下，电子标签由标签专用芯片和标签天线组成，芯片用来存储物品的数据，天线用来收发无线电波。电子标签的芯片很小，厚度一般不超过 0.35 mm；天线的尺寸一般要比芯片大许多，天线的形状与工作频率等有关。封装后的电子标签尺寸可以小到 2 mm，也可以像居民身份证那么大。

电子标签与读写器间通过电磁波进行通信，电子标签可以看成一个特殊的收发信机。电子标签各组成部分如下。

（1）电子标签由芯片和天线组成，可以维持被识别物体信息的完整性，并随时可以将信息传输给读写器。电子标签具有确定的使用年限，使用期内不需要维修。

（2）电子标签芯片具有一定的存储容量，可以存储被识别物体的相关信息。电子标签芯片对标签接收的信号进行解调、解码等各种处理，并把标签需要返回的信号进行编码、调制等各种处理。

（3）电子标签天线用于收集读写器发射到空间的电磁波，并把标签本身的数据信号以电磁波的形式发射出去。

2. 电子标签的结构形式

为了满足不同的应用需求，电子标签的结构形式多种多样，有卡片型、环型、纽扣型、条型、盘型、钥匙扣型和手表型等。电子标签可能会是独立的标签形式，也可能会和诸如汽车点火钥匙集成在一起进行制造。电子标签的外形会受到天线形式的影响，是否需要电池也会影响到电子标签的设计。电子标签可以封装成各种不同的形式，如图 1.7 所示。

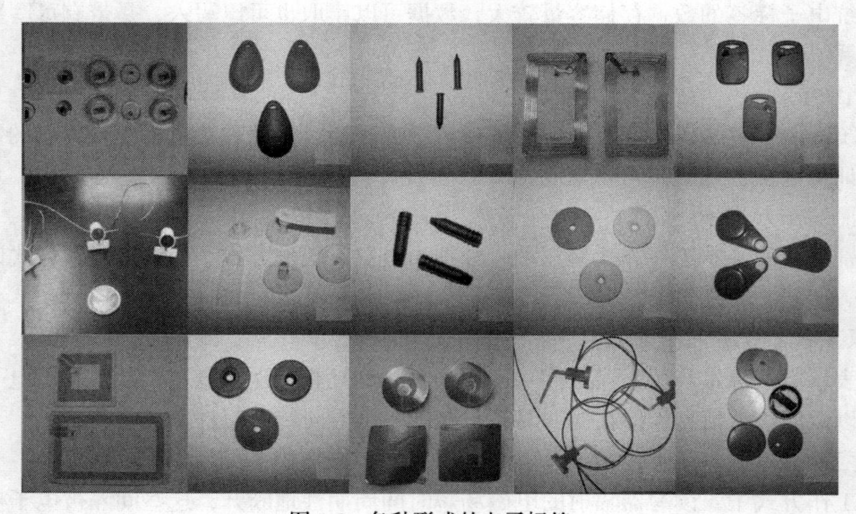

图 1.7　各种形式的电子标签

（1）卡片型电子标签。

卡片型电子标签封装成卡片的形状，也常称为射频卡，如图 1.8 所示。

① 我国第二代身份证。

我国第二代身份证内含有 RFID 芯片，也就是说，我国第二代身份证相当于一个电子标签。第二代身份证可以采用读卡器验证身份证的真伪，通过身份证读卡器，身份证芯片内所存储的姓名、地址和照片等信息将一一显示。

（a）我国第二代身份证

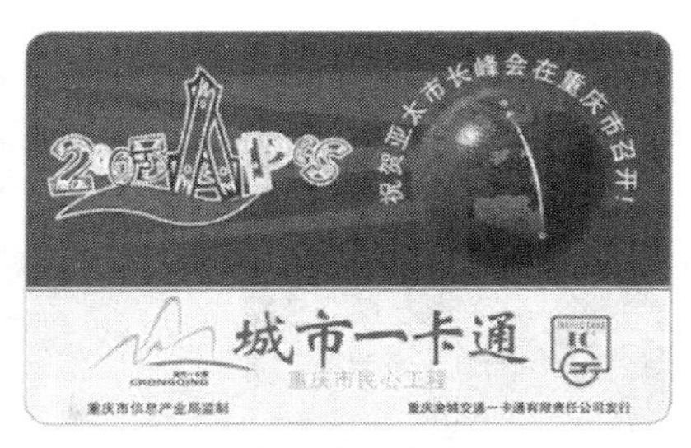

（b）城市一卡通

（c）门禁卡

（d）银行 PayPass 卡

图 1.8　卡片型电子标签

② 城市一卡通。

“城市一卡通”用于覆盖一个城市的公交汽车、地铁、路桥收费和水电煤缴费等公共消费领域，是安全、快捷的清算与结算网络。“城市一卡通”利用射频技术和计算机网络，在公共平台上实现消费领域的电子化收费。

③ 门禁卡。

门禁卡是 RFID 最早的商业应用之一，可以携带的信息量较少，厚度是标准信用卡厚度的 2～3 倍，允许进入的特定人员会配发门禁卡。读写器安装在靠近大门的位置，读写器获取持卡人的信息，然后与后台数据库进行通信，以决定该持卡人是否可以进入该区域。

④ 银行卡。

银行卡可以采用射频识别卡。2005 年，美国出现一种新的信用卡“即付即走”（PayPass），这种信用卡内置 RFID 芯片，持卡人无需再采用传统的磁条刷卡，只需将信用卡靠近 POS 机附近的 RFID 读写器，即可以进行消费结算，结算过程在几秒之内即可完成。

（2）标签类电子标签。

标签类电子标签形状多样，有条型、盘型、钥匙扣型和手表型等，如图 1.9 所示。

① 具有粘贴功能的电子标签。

电子标签通常具有自动粘贴的功能，可以在生产线上由贴标机粘贴在箱、瓶等物品上，也可以手工粘贴在车窗和证件上。这种电子标签芯片安放在一张薄纸模或塑料模内，薄膜经常和一层纸胶合在一起，背面涂上粘胶剂，这样电子标签很容易粘贴到物体上。

② 悬挂式电子标签。

电子标签也经常为悬挂式。这种电子标签属于便携式，一般由塑料封装，防热、防冻、规格齐全，可以为用户提供更多的方便，用户都非常喜欢这种小巧智能的电子标签。

③ 车辆不停车收费的电子标签。

电子标签可以用于高速公路的不停车收费系统。美国的易通卡（EZpass）采用了 RFID 车辆自动收费系统，标签的塑料外壳大约为 1.5 英寸宽、3 英寸高、5/8 英寸厚，安装在汽车挡风玻璃

后面，当汽车经过收费站时无需减速停车，固定在收费站的读写器识别车辆后，自动从汽车的账户上扣费，这个系统的好处是消除了因为减速停车造成的交通堵塞。

（a）粘贴式

（b）悬挂式

（c）易通卡

图 1.9　标签类电子标签

（3）植入式电子标签。

和其他电子标签相比较，植入式电子标签很小。例如将电子标签做成动物跟踪标签，其直径比铅笔芯还小，可以嵌入到动物的皮肤下。将 RFID 电子标签植入到动物皮下，称为“芯片植入”，这种电子标签采用玻璃封装，用注射的方式植入到狗的两肩之间的皮下，用来替代传统的狗牌进行信息管理。植入式电子标签如图 1.10 所示。

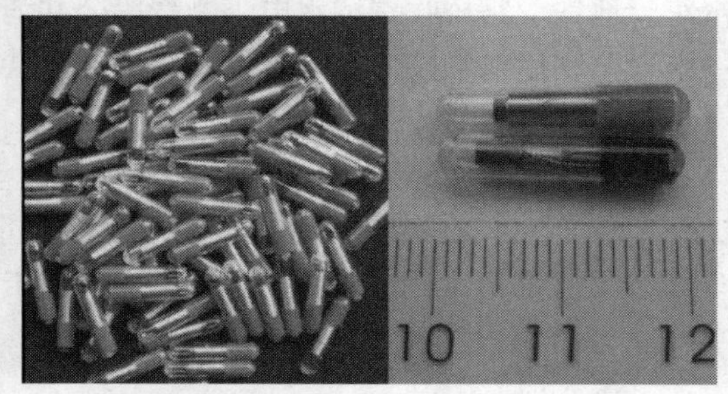

（a）玻璃管电子标签的尺寸

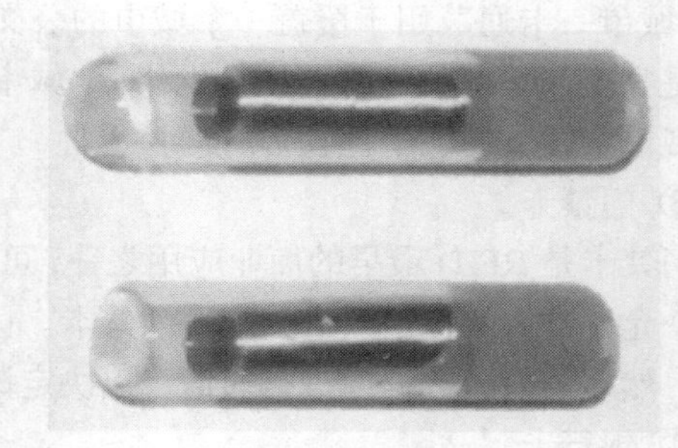

（b）标签的结构

图 1.10　植入式电子标签

3. 电子标签的工作特点。

工作在不同频段的电子标签具有不同的特点，下面在低频、高频和微波三个频段上，分析电子标签的工作原理、应用领域和制作成本等。

（1）低频电子标签的工作特点。

RFID 技术首先在低频得到应用和推广。低频电子标签一般为无源标签，电子标签与读写器传输数据时，电子标签位于读写器天线的近场区，电子标签的工作能量通过电感耦合方式从读写器中获得。低频电子标签可以应用于动物识别、物流管理、工具识别、资产管理、汽车电子防盗、制造业工序管理、酒店门锁管理和门禁安全管理等方面。低频电子标签可以采用如图 1.11 所示的形式。

① 低频电子标签的优点。

低频频率使用自由，工作频率不受无线电管理委员会的约束；低频电波穿透力强，可以穿透弱导电性物质，能在水、木材和有机物质等环境中应用；低频电子标签一般采用普通 CMOS 工艺，具有省电、廉价的特点；低频电子标签有不同的封装形式，好的封装形式有 10 年以上的使用寿命。

（a）物流管理　　（b）汽车钥匙　　（c）动物脚环

图 1.11　低频电子标签

② 低频电子标签的缺点。

低频电子标签存储数据量小，只适合对数据量要求少的应用场合；低频电子标签识别距离近，数据传输速率比较慢，只适合近距离、低速度的应用场合，低频电子标签与读写器的距离一般小于 1 m；低频电子标签采用环状天线，天线用线圈绕制而成，线圈的圈数较多，价格相对较贵。

（2）高频电子标签的工作特点。

高频电子标签的工作原理与低频电子标签基本相同，高频电子标签通常为无源标签，电子标签与读写器传输数据时，电子标签需要位于读写器天线的近场区，电子标签的工作能量通过电感耦合方式从读写器中获得。高频电子标签常做成卡片形状，典型的应用有我国第二代身份证、电子车票、电子门票和物流管理等。高频电子标签可以采用如图 1.12 所示的形式。

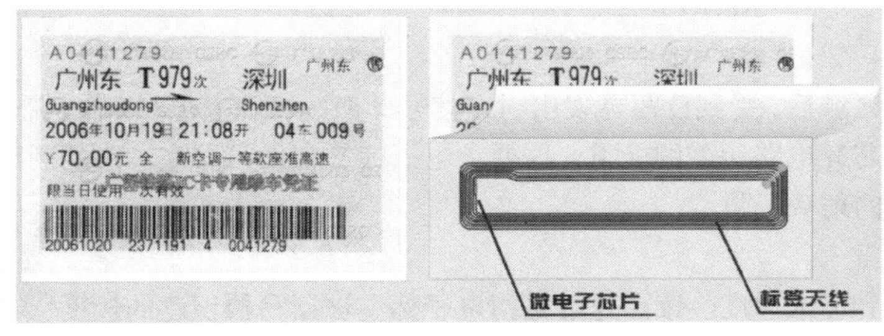

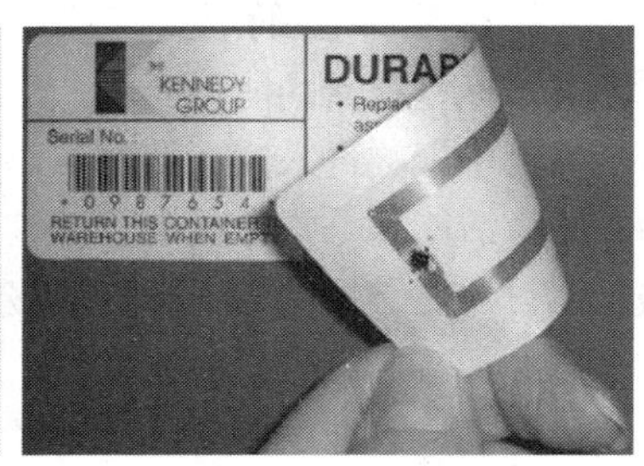

（a）纸质的 RFID 火车票　　（b）物流标签

图 1.12　高频电子标签

① 高频电子标签的优点。与低频电子标签相比，高频电子标签存储的数据量增大；由于频率的提高，高频电子标签可以用更高的传输速率传送信息；该频率电子标签的天线不再需要线圈绕制，可以通过腐蚀印刷的方式制作，电子标签天线的制作更为简单；该系统具有防冲撞特性，可以同时读取多个电子标签。

② 高频电子标签的缺点。除了金属材料外，该频率的波长可以穿过大多数的材料，但是会降低读取距离；识别距离近，电子标签与读写器的距离一般小于 1.5 m；高频频段除特殊频点外，受无线电管理委员会的约束，在全球有许可限制。

（3）微波电子标签的工作特点。

微波电子标签是采用电磁反向散射的 RFID 系统，发射出去的电磁波碰到目标后反射，同时携带回来目标的信息。微波电子标签可以为有源或无源电子标签。电子标签与读写器传输数据时，电子标签位于读写器天线的远场区，读写器天线的辐射场为无源电子标签提供射频能量，或将有源电子标签唤醒。微波电子标签的典型参数为是否无源、无线读写距离、是否支持多标签同时读写、是否适合高速物体识别、电子标签的价格以及电子标签的数据存储容量等。微波电子标签的数据存储容量一般限定在 2 KB 以内，典型的数据容量有 1 KB、128 B、96 B 和 64 B 等。微波电子标签可以采用如图 1.13 所示的形式。

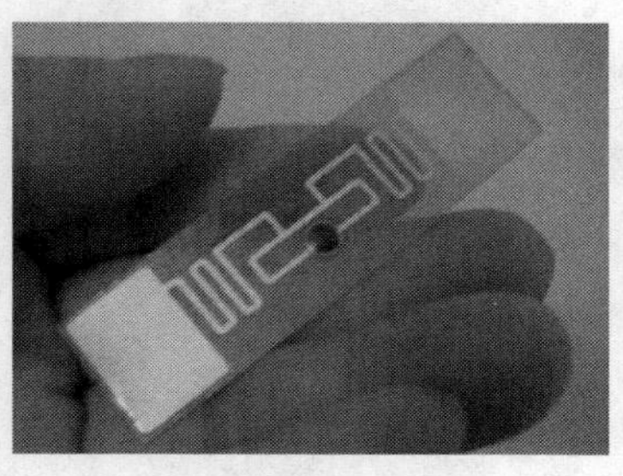
（a）透明的标签

（b）腕带式

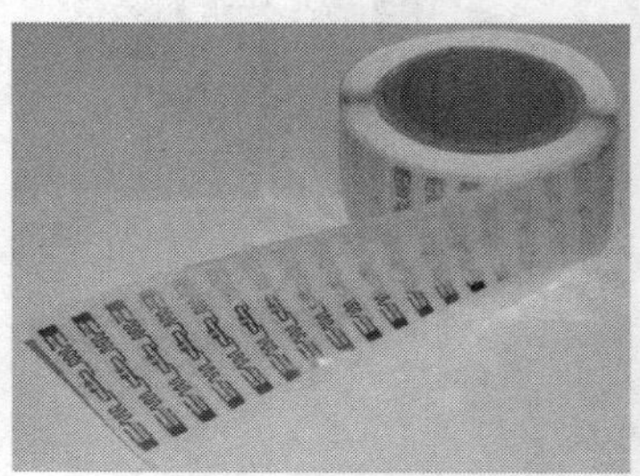
（c）批量生产的标签

图 1.13　微波电子标签

① 微波电子标签的优点。微波电子标签与读写器的距离较远，一般大于 1 m，典型情况为 4 m～7 m，最大可达 10 m 以上；有很高的数据传输速率，在很短的时间可以读取大量的数据；可以读取高速运动物体的数据；可以同时读取多个电子标签的信息。

② 微波电子标签的缺点。微波穿透力弱，水、木材和有机物质对电波传播有影响，微波穿过这些物质会降低读取距离；微波不能穿透金属，电子标签需要与金属分开；灰尘、雾等对微波传播有影响。

4. 电子标签的技术参数。

（1）标签激活的能量要求。

当电子标签进入读写器的工作区域后，受到读写器发出射频信号的激励，标签进入工作状态。标签的激活能量是指激活电子标签芯片电路所需的能量，这要求电子标签与读写器在一定的距离内，读写器能够提供电子标签足够的射频场强。

（2）标签信息的读写速度。

标签的读写速度包括读出速度和写入速度。读出速度是指电子标签被读写器识读的速度，写入速度是指电子标签信息写入的速度，一般要求标签信息的读写速度为毫秒级。

（3）标签信息的传输速率。

标签信息的传输速率包括两方面，一方面是电子标签向读写器反馈数据的传输速率，一方面是来自读写器写入数据的速率。

（4）标签信息的容量。

标签信息的容量是指电子标签可供写入数据的内存量。标签信息容量的大小，与电子标签是“前台”式还是“后台”式有关。

① “后台”式电子标签。

“后台”式电子标签通过读写器采集到数据后，便可以借助网络与计算机数据库。一般来说，只要电子标签的内存有 200 多位（bit），就能够容纳物品的编码了。如果需要查找物品更详尽的信息，这种电子标签需要通过后台数据库来提供。

② “前台”式电子标签。

在实际使用中，现场有时不易与数据库联机，这必须加大电子标签的内存量，例如加大到几千位到几十千位。这样电子标签可以独立使用，不必再查数据库信息，这种电子标签可称为“前

台”式电子标签。

（5）标签的封装尺寸。

标签的封装尺寸主要取决于天线的尺寸和供电情况，在不同场合对封装尺寸有不同要求，封装尺寸小的为毫米级，大的为分米级。

如果电子标签的尺寸小，它的适用范围就比较宽，不管大物品或是小物品都能设置。但是，一味追求尺寸小并不是好事。如果电子标签设计的比较大，就可以加大天线的尺寸，能有效地提高电子标签的识读率。

（6）标签的读写距离。

标签的读写距离是指标签与读写器的工作距离。标签的读写距离，近的为毫米级，远的可达 10 m 以上。另外，大多数系统的读取距离和写入距离是不同的，写入距离大约是读取距离的 40%～80%。

（7）标签的可靠性。

标签的可靠性与标签的工作环境、大小、材料、质量、标签与读写器的距离等相关。例如，在传送带上时，当标签暴露在外并且是单个读取时，读取的准确度接近 100%。但是，许多因素都可能降低标签读写的可靠性，一次同时读取的标签越多，标签的移动速度越快，越有可能出现误读或漏读。

在某项应用中的调查表明，使用 10 000 个电子标签时，一年中有 60 个电子标签受到损坏，受损坏的比例低于 0.1%。为了防止电子标签损坏而造成的不便，条码与电子标签共同使用是一种有效的补救办法，这样可以根据条码记载的信息迅速复制出一个电子标签。另外，一个物品上放两个电子标签以防万一也是一种方法，但这样做的成本较高。

（8）标签的工作频率。

标签的工作频率是指标签工作时采用的频率，可以为低频、高频和微波频率。

（9）标签的价格。

目前，某些电子标签大量订货的价格低于 30 美分。当电子标签的使用数量以 10 亿计时，规模经济效应将使电子标签的价格大大降低，很多公司希望将来每个电子标签低于 5 美分。智能电子标签的价格较高，一般在 1 美元以上。

5. 电子标签的封装。

对电子标签的硬件来说，封装在成本中占据了一半以上的比重，因此，封装是射频识别产业链中重要的一环。由于射频识别应用的领域越来越多，对电子标签的封装也提出了不同的要求。下面只从材料方面介绍电子标签的封装情况。

（1）纸标签。

纸质的电子标签一般由面层、芯片电路层、胶层和底层组成。这种电子标签价格便宜，一般具有自粘贴的功能，可以直接粘贴在被识别物品的表面。

（2）塑料标签。

塑料电子标签采用特定的工艺和塑料基材，将芯片和天线封装成不同的标签形式。塑料电子标签可以采用不同的颜色，封装材料耐高温。

（3）玻璃标签。

玻璃电子标签将芯片和天线用特殊的物质植入到一定大小的玻璃容器内，封装成玻璃管标签。玻璃管标签可以注射到动物体内，用于动物的识别和跟踪。美国埃克森石油公司的结算卡也是一种玻璃电子标签，这种电子标签被设计成胶囊状，用来挂在钥匙环上。

6. 电子标签的发展趋势。

电子标签有多种发展趋势，以适应不同的应用需求。以电子标签在商业上的应用为例，由于

有些商品的价格较低，为使电子标签不过多提高商品的成本，要求电子标签的价格尽可能低。又以物联网为例，物联网希望电子标签不仅具有标识的功能，而且有感知的功能。总的来说，电子标签具有以下发展趋势。

（1）体积更小。

由于实际应用的限制，一般要求电子标签的体积比标记的物品小，这就对标签提出了更小、更易于使用的要求。现在带有内置天线的最小射频识别芯片，其芯片厚度仅有 0.1 mm 左右，可以嵌入纸币。

（2）成本更低。

在商业上应用电子标签，当使用数量以 10 亿计时，很多公司希望每个电子标签的价格低于 5 美分。

（3）作用距离更远。

无源射频识别系统的工作距离主要限制在标签的能量供电上，随着低功耗设计技术的发展，电子标签所需的功耗可以降低到 5 μW 甚至更低，这就使得无源系统的作用距离进一步加大，可以达到几十米以上的作用距离。

（4）无源可读写性能更加完善。

应用系统为了适应多次改写标签数据的场合，需要让电子标签的读写性能更加完善，使其误码率和抗干扰性能达到可以接受的程度。

（5）适合高速移动物体的识别。

针对高速移动的物体，如火车和高速公路上行驶的汽车，电子标签与读写器之间的通信速度会提高，使高速物体可以准确快速的识别。

（6）多标签的读/写功能。

在物流领域中，会涉及大量物品需要同时识别，因此必须采用适合这种应用的通信协议，以实现快速、多标签的读/写功能。

（7）电磁场下自我保护功能更完善。

电子标签处于读写器发射的电磁辐射中，如果电子标签接收的电磁能量很强，会在标签上产生很高的电压。为保护标签芯片不受损害，必须加强标签在强磁场下的自保护功能。

（8）智能性更强、加密特性更完善。

在某些安全性要求较高的领域，需要智能性更强、加密特性更完善的电子标签，使电子标签在“敌人”出现的时候能够更好地隐藏自己，并且数据不会未经授权而被获取。

（9）带有其他附属功能。

在某些应用领域中，需要准确寻找某一个标签，这时，标签需要有某些附属功能，如蜂鸣器或指示灯，这样就可以在大量的目标中寻找特定的标签了。

（10）具有杀死功能。

为了保护隐私，在标签的设计寿命到期或者需要终止标签的使用时，读写器发出杀死命令或者标签自行销毁。

（11）新的生产工艺。

为了降低标签天线的生产成本，人们开始研究新的天线印制技术，可以将 RFID 天线以接近于零的成本印制到产品包装上，比传统的金属天线成本低、印制速度快。

（12）带有传感器功能。

将电子标签与传感器相连，将大大扩展电子标签的功能和应用领域。物联网的基本特征之一是全面感知，全面感知不仅要求标识物体，而且要求感知物体。

1.4.3　读写器

读写器（Reader and Writer）又称为阅读器（Reader）或询问器，是读取和写入电子标签内存信息的设备。读写器是一种数据采集设备，其基本作用就是作为数据交换的一环，将前端电子标签所包含的信息，传递给后端的计算机网络。

1. 读写器的基本组成。

读写器通过天线与电子标签进行无线通信，读写器可以看成一个特殊的收发信机；同时，读写器也是电子标签与计算机网络的连接通道。读写器各组成部分如下。

（1）读写器由射频模块、控制处理模块和天线组成。读写器可以工作在一个或多个频率，可以读写一种或多种型号的电子标签，并可以与计算机网络进行通信。

（2）读写器天线可以是一个独立的部分，也可以内置到读写器中。

（3）射频模块用于将射频信号转换为基带信号。

（4）控制模块是读写器的核心，对发射信号进行编码、调制等各种处理，对接收信号进行解调、解码等各种处理，执行防碰撞算法，并实现与后端应用程序的接口规范。

2. 读写器的结构形式。

读写器没有一个确定的模式，根据数据管理系统的功能和设备制造商的生产习惯，读写器具有各种各样的结构和外观形式。根据读写器天线与读写器模块是否分离，读写器可以分为集成式读写器和分离式读写器；根据读写器外形和应用场合，读写器可以分为固定式读写器、OEM 模块式读写器、手持式读写器、工业读写器和读卡器等。

（1）固定式读写器。

固定式读写器一般是指天线、读写器与主控机分离，读写器和天线可以分别安装在不同位置，读写器可以有多个天线接口和多种 I/O 接口。固定式读写器将射频模块和控制处理模块封装在一个固定的外壳里，固定式读写器可以采用如图 1.14 所示的形式。

图 1.14　两种固定式读写器

（2）OEM 模块式读写器。

在很多应用中，读写器并不需要封装外壳，只需要将读写器模块组装成产品，这就构成了 OEM 模块式读写器。OEM 模块式读写器的典型技术参数与固定式读写器相同。

（3）手持便携式读写器。

手持便携式读写器是将天线、射频模块和控制处理模块封装在一个外壳中，适合用户手持使

用的电子标签读写设备。手持便携式读写器一般带有液晶显示屏，并配有输入数据的键盘，常用在巡查、识别和测试等场合。手持便携式读写器一般采用充电电池供电，可以通过通信接口与服务器进行通信，可以工作在不同的环境，并可以采用 Windows CE 或其他操作系统。与固定式读写器不同的是，手持便携式读写器可能会对系统本身的数据存储量有要求，并要求防水和防尘等。手持便携式读写器可以采用如图 1.15 所示的形式。

（a）表面接触式身份证读写器

（b）带手柄的读写器

图 1.15　手持便携式读写器

（4）工业读写器。

工业读写器是指应用于矿井、自动化生产或畜牧等领域的读写器。工业读写器一般有现场总线接口，很容易集成到现有设备中。工业读写器一般需要与传感设备组合在一起，例如矿井读写器应具有防爆装置。

（5）读卡器。

读卡器也称为发卡器，主要用于电子标签对具体内容的操作，包括建立档案、消费纠错、挂失、补卡和信息修正等。读卡器可以与计算机放在一起，与读卡管理软件结合使用。读卡器实际上是小型电子标签读写装置，具有发射功率小、读写距离近等特点。

3. 读写器的工作特点。

读写器的基本功能是触发作为数据载体的电子标签，与这个电子标签建立通信联系。电子标签与读写器非接触通信的一系列任务，均由读写器来处理，同时，读写器在应用软件的控制下实现在系统网络中的运行。读写器的工作特点如下。

（1）电子标签与读写器之间的通信。

读写器以射频方式向电子标签传输能量，对电子标签完成基本操作。基本操作主要包括对电子标签初始化，读取或写入电子标签内存的信息，使电子标签功能失效等。

（2）读写器与计算机网络之间的通信。

读写器将读取到的电子标签信息传递给计算机网络，计算机网络对读写器进行控制和信息交换，完成特定的应用任务。

（3）防碰撞识别能力。

读写器不仅能识别静止的单个电子标签，而且能同时识别多个移动的电子标签。在识别范围内，读写器可以完成多个电子标签信息的同时存取，具备读取多个电子标签信息的防碰撞能力。

（4）对电子标签能量的管理。

对无源电子标签，读写器通过无线电波向电子标签提供能量；对有源电子标签，读写器能够标识电子标签电池的相关信息，如电量等。

（5）读写器的适应性。

读写器兼容最通用的通信协议，单一的读写器能够与多种电子标签进行通信。读写器在现有的网络结构中非常容易安装，并能够被远程维护。

（6）应用软件的控制作用。

读写器的所有行为可以由应用软件来控制，应用软件作为主动方对读写器发出读写指令，读写器作为从动方对读写指令进行响应。

4．读写器的技术参数。

（1）工作频率。

射频识别的工作频率是由读写器的工作频率决定的，读写器的工作频率也要与电子标签的工作频率保持一致。

（2）输出功率。

读写器的输出功率不仅要满足应用的需要，还要符合国家和地区对无线发射功率的许可，符合人类健康的需要。

（3）输出接口。

读写器的接口形式很多，具有 RS-232、RS-485、USB、Wi-Fi、GSM 和 3G 等多种接口，可以根据需要选择几种输出接口。

（4）读写器形式。

读写器有多种形式，包括固定式读写器、手持式读写器、工业读写器和 OEM 读写器等，选择时还需要考虑天线与读写器模块分离与否。

（5）工作方式。

工作方式包括全双工、半双工和时序 3 种方式。

（6）读写器优先与电子标签优先。

读写器优先是指读写器首先向电子标签发射射频能量和命令，电子标签只有在被激活且接收到读写器的命令后，才对读写器的命令作出反应。

电子标签优先是指对于无源电子标签，读写器只发送等幅度、不带信息的射频能量，电子标签被激活后，反向散射电子标签数据信息。

5．读写器的发展趋势。

随着射频识别应用的日益普及，读写器的结构和性能不断更新，价格也不断降低。从技术角度来说，读写器的发展趋势体现在以下几个方面。

（1）兼容性。

现在射频识别的应用频段较多，采用的技术标准也不一致，因此，希望读写器可以多频段兼容、多制式兼容，实现读写器对不同频段的电子标签兼容读写，对不同标准的电子标签兼容读写。

（2）接口多样化。

读写器要与计算机通信网络连接，因此希望读写器的接口多样化。

（3）采用新技术。

① 采用智能天线。采用多个天线构成的阵列天线，形成相位控制的智能天线，实现多输入多输出（Multiple-Input Multiple-Output，MIMO）的天线技术。

② 防碰撞技术是读写器的关键技术，采用新的防碰撞算法，使防碰撞的能力更强，多标签读写更有效、更快捷。

③ 采用读写器管理技术。随着射频识别技术的广泛使用，由多个读写器组成的读写器网络越来越多，这些读写器的处理能力、通信协议、网络接口及数据接口均可能不同，读写器从传统的单一读写器模式发展为多读写器模式。所谓读写器管理技术，是指读写器的配置、控制、认证和协调技术。

（4）模块化和标准化。

随着读写器射频模块和基带信号处理模块的标准化和模块化日益完善，读写器的品种将日益丰富，读写器的设计将更简单，功能将更完善。

1.4.4 系统高层

对于某些简单的应用，一个读写器可以独立完成应用的需要。但对于多数应用来说，射频识别系统是由许多读写器构成的信息系统，系统高层是必不可少的。系统高层可以将许多读写器获取的数据有效地整合起来，完成查询、管理与数据交换等功能。

在 RFID 系统中，存在如何将读写器与计算机网络相连的问题。例如，企业通常会提出“我的计算机网络系统如何与读写器设备相连”？这就需要中间件。中间件是介于 RFID 读写器与后端应用程序之间的独立软件，中间件可以与多个读写器和多个后端应用程序相连，应用程序通过中间件就能连接到读写器，读取电子标签的数据。中间件的好处在于，当电子标签的数据库软件改变、后端应用程序软件改变或读写器的种类增加时，应用端不需要修改也能工作，减轻了设计与维护的复杂性。

伴随着经济全球化的进程，RFID 的应用与日俱增，加之计算机技术、RFID 技术、互联网技术与无线通信技术的飞速发展，对全球每个物品进行识别、跟踪与管理将成为可能。RFID 必将通过网络整合起来，计算机网络将成为 RFID 系统的高层。借助于 RFID 技术，物品信息将传送到计算机网络的信息控制中心，构成一个全球统一的物品信息系统，构造一个覆盖全球万事万物的物联网体系，实现全球信息资源共享、全球协同工作的目标。

习题

1.1 什么是物联网？什么是射频识别？为什么说物联网起源于射频识别领域？

1.2 什么是自动识别技术？条码、磁卡和 IC 卡的识别原理是什么？简述自动识别技术的分类方法，简述条码、磁卡和 IC 卡的应用现状。

1.3 什么是 RFID 技术？为什么说 RFID 是物联网的基石？

1.4 简述射频识别的发展历史，简述射频识别的主要应用领域，简述物联网 RFID 应用的现状与未来。

1.5 射频识别系统的基本组成是什么？简述射频识别系统的分类方法。

1.6 电子标签的基本组成是什么？电子标签有哪些常用的结构形式？电子标签的发展趋势是什么？简述电子标签的工作特点、技术参数和封装方法。

1.7 读写器的基本组成是什么？读写器有哪些常用的结构形式？读写器的发展趋势是什么？简述读写器的工作特点和技术参数。

1.8 RFID 为什么需要系统高层？在物联网中，RFID 的系统高层是什么？

第2章 RFID工作频率及无线传输

在电子通信领域，信号采用的传输方式和信号的传输特性主要是由工作频率决定的。对于电磁频谱，按照工作频率从低到高的次序，可以划分为不同的频段。不同频段无线传输的特点各不相同，因此RFID采用了不同的工作频率，以满足多种应用的需要。

目前，RFID可以工作在低频、高频和微波频段上。低频和高频RFID的工作波长较长，基本上都采用电感耦合的识别方式，电子标签处于读写器天线的近区，电子标签与读写器之间通过电磁感应获得信号和能量；微波波段RFID的工作波长较短，电子标签基本都处于读写器天线的远区，电子标签与读写器之间通过电磁辐射获得信号和能量。

2.1 RFID工作频率

在工作频率的分配上，有一点需要特别注意，那就是干扰问题。无线传输可供使用的工作频率是有限的，频谱被看作大自然中的一项资源，不能无秩序地随意占用，而需要仔细地计划加以利用。因为电磁波是在全球存在的，所以需要有国际协议来分配频谱，各国还可以在此基础上根据各自国家的具体情况给予具体的分配。现在，进行频率分配的世界组织有国际电信联盟（ITU）、国际无线电咨询委员会（CCIR）和国际频率登记局（IFRB）等，我国进行频率分配的组织是工业和信息化部无线电管理局。

2.1.1 频谱划分

无线传输工作频率的分配，主要是根据信号的无线传输特性和各种设备通信业务的要求而确定的，同时也要考虑一些其他因素，例如历史的发展、国际的协定、各国的政策、目前使用的状况和干扰的避免等。频谱的分配是指将频率根据不同的业务加以分配，以避免频率使用方面的混乱。随着科学的不断发展，这些频谱的划分也在不断地改变。

1. IEEE 划分的频谱

由于应用领域的众多，对频谱的划分有多种方式，而今较为通用的频谱分段法是 IEEE 建立的，见表 2.1。

表 2.1　　IEEE 划分的频谱

频　段	频　率	波　长
极低频（ELF）	30 Hz～300 Hz	1 000 km～10 000 km
音频（VF）	300 Hz～3 000 Hz	100 km～1 000 km
甚低频（VLF）	3 kHz～30 kHz	10 km～100 km
低频（LF）	30 kHz～300 kHz	1 km～10 km
中频（MF）	300 kHz～3 000 kHz	0.1 km～1 km
高频（HF）	3 MHz～30 MHz	10 m～100 m
甚高频（VHF）	30 MHz～300 MHz	1 m～10 m
超高频（UHF）	300 MHz～3 000 MHz	10 cm～100 cm
特高频（SHF）	3 GHz～30 GHz	1 cm ～10 cm
极高频（EHF）	30 GHz～300 GHz	0.1 cm～1 cm
亚毫米波	300 GHz～3 000 GHz	0.1 mm～1 mm
波段 P	0.23 GHz～1 GHz	30 cm～130 cm
波段 L	1 GHz～2 GHz	15 cm～30 cm
波段 S	2 GHz～4 GHz	7.5 cm～15 cm
波段 C	4 GHz～8 GHz	3.75 cm～7.5 cm
波段 X	8 GHz～12.5 GHz	2.4 cm～3.75 cm
波段 Ku	12.5 GHz～18 GHz	1.67 cm～2.4 cm
波段 K	18 GHz～26.5 GHz	1.13 cm～1.67 cm
波段 Ka	26.5 GHz～40 GHz	0.75 cm～1.13 cm

2. 微波和射频

微波也是经常使用的波段。微波是指频率从 300 MHz～3 000 GHz 的电磁波，对应的波长从 1 m～0.1 mm，分为分米波、厘米波、毫米波和亚毫米波 4 个波段。

目前，射频（Radio Frequency，RF）没有定义一个严格的频率范围，广义地说，可以向外辐射电磁信号的频率称为射频。在 RFID 别中，工作频率一般选为千赫兹至吉赫兹。

2.1.2　ISM 频段

ISM 频段（Industrial Scientific Medical Band）主要是开放给工业、科学和医用 3 个主要机构使用的频段。ISM 频段属于无许可（Free License）频段，使用者无需许可证，没有所谓使用授权的限制。ISM 频段允许任何人随意地传输数据，但是对所有的功率进行限制，使得发射与接收之间只能是很短的距离，因而不同使用者之间不会相互干扰。

在美国，ISM 频段是由美国联邦通讯委员会（FCC）定义的。其他大多数国家也都已经留出了 ISM 频段，用于非授权用途。目前，许多国家的无线电设备（尤其是家用设备）都使用了 ISM 频段，如车库门控制器、无绳电话、无线鼠标和无线局域网（WLAN）等。RFID 工作频率的选

择要顾及其他无线电服务，不能对其他服务造成干扰和影响，因而RFID通常只能使用ISM频率。ISM频段的主要频率范围如下。

1. 频率6.78 MHz

这个频段的频率范围为6.765 MHz～6.795 MHz，属于短波频率。这个频段起初是为短波通信设置的，目前，这个频率范围在国际上已由国际电信联盟指派作为ISM频段使用，RFID系统也使用这个频段。

2. 频率13.56 MHz

这个频段的频率范围为13.553 MHz～13.567 MHz，处于短波频段，也是ISM频段。这是目前RFID使用较多的频段，用于电感耦合RFID系统，我国第二代身份证就使用这个频段。

3. 频率27.125 MHz

这个频段的频率范围为26.957 MHz～27.283 MHz，除了电感耦合RFID系统外，这个频率范围的ISM应用还有工业用高频焊接装置、医疗用电热治疗仪等。在安装工业用27 MHz的RFID系统时，要特别注意附近可能存在的任何高频焊接装置，因为高频焊接装置会产生很高的场强，将严重干扰工作在同一频率的RFID系统。另外，在规划医院27 MHz的RFID系统时，应特别注意可能存在的电热治疗仪干扰。

4. 频率40.680 MHz

这个频段的频率范围为40.660 MHz～40.700 MHz，处于VHF频带的低端。在这个频率范围内的主要应用是遥测和遥控。

在这个频率范围内，电感耦合RFID的作用距离较小，而7.5 m的工作波长也不适合构建较小的和价格便宜的反向散射电子标签，因此，该频段是RFID系统不太适用的频带。

5. 频率433.920 MHz

这个频段的频率范围为430.050 MHz～434.790 MHz，在世界范围内分配给业余无线电服务使用，目前已经被各种ISM应用占用。这个频率范围属于UHF频段，可用于反向散射RFID系统，除此之外，还可用于小型电话机、近距离小功率无线对讲机等。由于应用众多，ISM频段应用的相互干扰比较大。

6. 频率869.0 MHz

这个频段的频率范围为868 MHz～870 MHz，处于UHF频段。自1997年以来，该频段在欧洲允许短距离设备使用，因而也可以作为RFID频率使用。

7. 频率915.0 MHz

在美国和澳大利亚，频率范围888 MHz～889 MHz和902 MHz～928 MHz已可无授权使用，并被反向散射RFID系统使用。这个频率范围在欧洲还没有提供ISM应用。

8. 频率2.45 GHz

这个ISM频率的范围为2.400 GHz～2.483 5 GHz，属于微波波段。该频段在世界范围内分配给ISM使用，这个频率范围适合反向散射RFID系统，WLAN也采用该频段。

9. 频率5.8 GHz

这个ISM频率的范围为5.725 GHz～5.875 GHz，属于微波波段。在这个频率范围，ISM的应用是反向散射RFID系统，可以用于高速公路RFID系统。

10. 频率24.125 GHz

这个ISM频率的范围为24.00 GHz～24.25 GHz，属于微波波段。在这个频率范围内，目前尚

没有 RFID 系统工作。

11．频率 60 GHz

自 2000 年以来，为适应无线电技术的发展，科学、合理地开发和利用频谱资源，欧、美、日、澳、中等众多国家和地区相继在 60 GHz 附近划分出免许可的 ISM 频段。北美和韩国开放了 57 GHz～64 GHz 频段，欧洲和日本开放了 59 GHz～66 GHz 频段，澳大利亚开放了 59.4 GHz～62.9 GHz 频段，我国开放了 59 GHz～64 GHz 频段。

60 GHz 这一空前的频率范围，几乎等于所有其他免许可无线通信频段的总和。60 GHz 主要用于微功率、短距离、高速率无线通信技术，将成为室内短距离应用的必然选择。

2.1.3 RFID 使用的频段

RFID 产生并辐射电磁波，但是 RFID 系统要顾及其他无线电服务，不能对其他无线电服务造成干扰，因此 RFID 系统通常使用为工业、科学和医疗特别保留的 ISM 频段。ISM 频段为 6.78 MHz、13.56 MHz、27.125 MHz、40.68 MHz、433.92 MHz、869.0 MHz、915.0 MHz、2.45 GHz、5.8 GHz、24.125 GHz 以及 60 GHz 等，RFID 常采用上述某些 ISM 频段。

135 kHz 以下的频率范围没有作为工业、科学和医疗（ISM）频率保留，这个频段被各种无线电服务大量使用。135 kHz 以下的整个频率范围 RFID 也是可用的，因为这个频段可以用较大的磁场强度工作，特别适用于电感耦合的 RFID 系统。用这种频率工作的 RFID 系统，将使读写器周围几百米内的无线电失效，应用时需注意防止这类冲突。

2007 年，为适应我国社会经济发展对 800/900 MHz 频段 RFID 技术的应用需求，根据无线电频率划分和产业发展情况，并与国际相关标准衔接，我国制定了 800/900 MHz 频段 RFID 技术应用试行规定。我国 800/900 MHz 频段 RFID 技术的具体使用频率为 840～845 MHz 和 920～925 MHz，该频段的 RFID 无线发射设备按微功率（短距离）无线电设备管理，设备投入使用前，须获得工业和信息化部核发的无线电发射设备型号核准证。

2.2 RFID 工作波长

不同频率的电磁波所对应的波长不同，其传播方式和工作特点也各不相同。本节将介绍低频、高频和微波时 RFID 的工作波长。

2.2.1 电磁波的速度

不同应用领域使用的工作频率是管理机构确定的，当工作频率确定下来后，工作波长与该媒质电磁波的传播速度有关。电磁波的速度取决于电磁波所在区域的媒质。

1．空气中

在空气中，电磁波的速度为

$$v_{\mathrm{p}} = c = \frac{1}{\sqrt{\varepsilon_0 \mu_0}} = 3\times10^8 \quad \mathrm{m/s} \tag{2.1}$$

其中，

$$\varepsilon_0 = \frac{1}{36\pi \times 10^9} \text{ F/m} \tag{2.2}$$

$$\mu_0 = 4\pi \times 10^{-7} \text{ H/m} \tag{2.3}$$

这是 RFID 最常见的识别环境，这时，电子标签和读写器处于空气中，空气这种媒质的参数用真空中的介电常数ε_0和磁导率μ_0来表示。

2. 无损耗介质中

在无损耗介质中，电磁波的速度为

$$v_\text{p} = \frac{1}{\sqrt{\varepsilon\mu}} = \frac{1}{\sqrt{\varepsilon_0\mu_0}}\frac{1}{\sqrt{\varepsilon_\text{r}\mu_\text{r}}} = \frac{c}{\sqrt{\varepsilon_\text{r}\mu_\text{r}}} \tag{2.4}$$

其中，ε_r和μ_r分别为相对介电常数和相对磁导率。在这种 RFID 的识别环境中，电子标签或读写器处于介质的环境中，例如电子标签处在塑料这种介质环境中。

3. 有损耗介质中

在有损耗介质中，电磁波的速度为

$$v_\text{p} = \frac{\omega}{\beta} \tag{2.5}$$

式中，

$$\beta = \omega\sqrt{\frac{\mu\varepsilon}{2}\left(\sqrt{1+\left(\frac{\sigma}{\omega\varepsilon}\right)^2}+1\right)} \tag{2.6}$$

其中，ω为角频率，σ为媒质的电导率，此时，$\sigma \neq 0$，表示媒质有导电性，也即媒质有损耗。在这种 RFID 的识别环境中，电子标签处于有机组织或含水物质的环境中，例如电子标签处在动物、潮湿木材或水产品环境中。

2.2.2　RFID 工作波长

电磁波的速度还可以表示为

$$v_\text{p} = f\lambda \tag{2.7}$$

其中，f为工作频率，λ为工作波长。可以看出，工作频率越高，工作波长越短。

RFID 最常见的识别环境是空气，这时有如下关系：

$$f\lambda = c = 3\times 10^8 \text{ m/s} \tag{2.8}$$

根据这个结果，可以得到空气中不同 RFID 工作频率对应的工作波长，见表 2.2。

表 2.2　　空气中常用 RFID 的工作波长

频　段	工 作 频 率	工 作 波 长
低频	125 kHz	2 400 m
高频	6.78 MHz	44 m
高频	13.56 MHz	22 m
高频	27.125 MHz	11 m
微波（超高频）	433.92 MHz	0.69 m
微波（超高频）	869.0 MHz	0.35 m
微波（超高频）	915.0 MHz	0.33 m
微波	2.45 GHz	0.12 m
微波	5.8 GHz	0.05 m

由表 2.2 可以看出，不同频段 RFID 的工作波长有很大差异，低频和高频的工作波长较长，微波的工作波长较短。正是因为工作波长的差异，导致 RFID 低频和高频频段采用电感耦合的识别方式，RFID 微波频段采用电磁反向散射的识别方式。

如果 RFID 的工作环境不是空气，可以先利用式（2.4）或式（2.5）计算电磁波的速度，再利用式（2.7）计算工作波长。

2.3 RFID 无线传输

读写器和电子标签之间无线射频信号的传输主要有两种方式，一种是电感耦合方式，一种是电磁反向散射方式，这两种方式采用的频率不同，工作原理也不同。

2.3.1 低频和高频 RFID 的近场特性

低频和高频 RFID 系统起步较早，已经有几十年的应用历史。现在低频和高频 RFID 系统比较成熟，国内技术与国际技术没有太大差别，国内第二代身份证、城市一卡通和门禁卡等都采用这些频段，是目前应用范围较广的 RFID 系统。

1. 工作原理

低频和高频 RFID 基本上都采用电感耦合识别方式。由于低频和高频 RFID 的工作波长较长，电子标签都处于读写器天线的近区，其工作能量是通过电感耦合方式从读写器天线的近场中得到。电感耦合方式的电子标签几乎都是无源的，这意味着电子标签工作的全部能量都要从读写器获得。电子标签与读写器之间传送数据时，电子标签需要位于读写器附近，这样电子标签可以获得较大的能量。

在这种工作方式中，读写器和电子标签的天线都是线圈，读写器的线圈在它周围产生磁场，当电子标签通过时，电子标签的线圈上会产生感应电压，整流后可为电子标签上的微型芯片供电，使电子标签开始工作。在 RFID 电感耦合方式中，读写器线圈和电子标签线圈的电感耦合如图 2.1 所示。

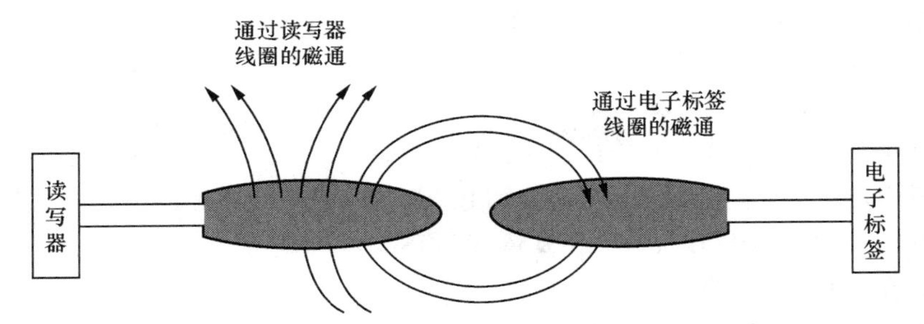

图 2.1　读写器线圈和电子标签线圈的电感耦合

电子标签与读写器的天线可以是圆形线圈或长方形线圈，两个线圈之间的作用可以理解为变压器的耦合，两个线圈之间的耦合功率与工作频率、线圈匝数、线圈面积、线圈间的距离和线圈的相对角度等多种因素有关。

计算表明，在与线圈天线的距离增大时，磁场强度的下降起初为 60 dB/10 倍频程；当过渡到距离天线 $\lambda/2\pi$ 之后，磁场强度的下降为 20 dB/10 倍频程。另外，工作频率越低，工作波长越长，例如，6.78 MHz、13.56 MHz 和 27.125 MHz 的工作波长分别为 44 m、22 m 和 11 m。可以看出，在读写器的工作范围内（例如 0～10 cm），使用频率较低的工作频率，有利于读写器线圈和电子标签线圈的电感耦合。

2. 常用的 RFID 系统

现在，电感耦合方式的 RFID 系统一般采用低频和高频频率，典型的频率为 125 kHz、135 kHz、6.78 MHz、13.56 MHz 和 27.125 MHz。

（1）小于 135 kHz 的 RFID 系统。

该频段电子标签工作在低频，最常用的工作频率为 125 kHz 和 135 kHz。该频段 RFID 系统的工作特性和应用如下。

① 工作频率不受无线电频率管制约束；

② 阅读距离一般情况下小于 1 m；

③ 有较高的电感耦合功率可供电子标签使用；

④ 无线信号可以穿透水、有机组织和木材等；

⑤ 典型应用为动物识别、资产识别、工具识别和电子闭锁防盗等；

⑥ 与低频电子标签相关的国际标准有用于动物识别的 ISO11784/11785 和空中接口协议 ISO18000-2（125 kHz～135 kHz）等；

⑦ 非常适合近距离、低速度、数据量要求较少的识别应用。

（2）6.78 MHz 的 RFID 系统。

该频段电子标签工作在高频，RFID 系统的工作特性和应用如下。

① 与 13.56 MHz 相比，电子标签可供使用的功率大一些；

② 与 13.56 MHz 相比，时钟频率降低一半；

③ 有一些国家没有使用该频段。

（3）13.56 MHz 的 RFID 系统。

该频段电子标签工作在高频，RFID 系统的工作特性和应用如下。

① 这是最典型的 RFID 高频工作频率；

② 该频段的电子标签是实际应用中使用量最大的电子标签之一；

③ 该频段在世界范围内用作 ISM 频段使用；

④ 我国第二代居民身份证采用该频段；

⑤ 数据传输快，典型值为 106 kbit/s；

⑥ 高时钟频率，可实现密码功能或使用微处理器；

⑦ 典型应用包括电子车票、电子身份证和电子遥控门锁控制器等；

⑧ 相关的国际标准有 ISO14443、ISO15693 和 ISO18000-3 等；

⑨ 电子标签一般制成标准卡片形状。

（4）27.125 MHz 的 RFID 系统。

① 不是世界范围的 ISM 频段；

② 数据传输较快，典型值为 424 kbit/s；

③ 高时钟频率，可实现密码功能或使用微处理器；

④ 与 13.56 MHz 相比，电子标签可供使用的功率小一些。

2.3.2 微波 RFID 的电波特性

微波波段 RFID 系统主要工作在几百兆赫兹到几吉赫兹之间，可以实现物品信息远程读取，可以识别高速运动的物体，并可以同时识别多个目标。微波 RFID 系统是实现物联网的主要频段，也是目前 RFID 技术关注的焦点频段。

1. 工作原理

微波 RFID 是电磁反向散射的识别系统，采用雷达原理模型，发射出去的电磁波碰到目标后反射，同时携带目标的信息返回。微波 RFID 的工作波长较短，电子标签基本都处于读写器天线的远区，电子标签获得的是读写器的辐射信号和辐射能量。微波电子标签分为有源标签与无源标签两类，电子标签接收读写器天线的辐射场，读写器天线的辐射场为无源电子标签提供射频能量，或将有源电子标签唤醒。微波 RFID 系统的阅读距离一般大于 1 m，典型情况为 4 m～7 m，最大可达 10 m 以上。微波 RFID 读写器天线和电子标签天线之间的电波传播如图 2.2 所示。

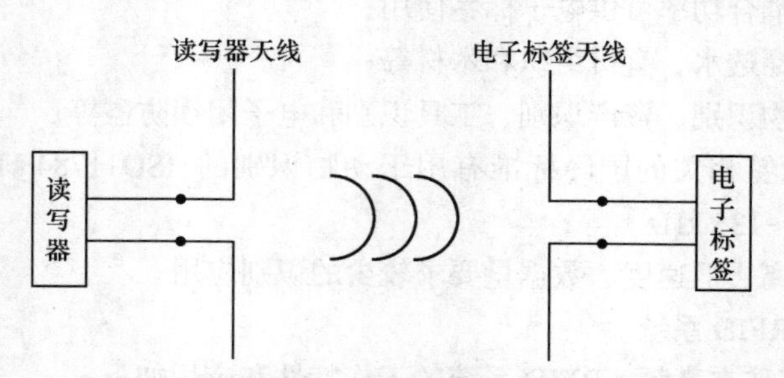

图 2.2　读写器和电子标签天线之间的电波传播

微波 RFID 是视距传播，电波传播有直射、反射、绕射和散射等多种方式，并符合菲涅耳区原理；微波 RFID 电波传播有传输损耗，在射入有耗媒质时还会出现衰减现象。上述特性均会影响电子标签与读写器之间的工作状况。

（1）电波在空气中的传输损耗。

空气是理想介质，空气是不会吸收电磁波能量的。电波在空气中的传输损耗，是指天线辐射的电磁波在传播过程中，随着传播距离的增大，能量的自然扩散而引起的损耗，它反映了球面波

的扩散损耗。自由空间的传输损耗为

$$L_{bf} = 32.45 + 20\lg f(\text{MHz}) + 20\lg d(\text{km})\ \text{dB} \tag{2.9}$$

其中，d为电波传播距离，f为工作频率，λ为工作波长。

可以看出，电波传播的距离越长，或电波的工作频率越高，自由空间的传输损耗越大。当电子标签与读写器的距离增加一倍，或 RFID 系统的工作频率提高一倍时，自由空间的传输损耗都分别增加 6 dB。当工作频率分别为 900 MHz、2.4 GHz 和 5.8 GHz，读写器与电子标签的距离分别为 1 m～10 m 时，自由空间的传输损耗见表 2.3。

表 2.3 自由空间的传输损耗

读写器与电子标签的距离	衰减（900 MHz）	衰减（2.4 GHz）	衰减（5.8 GHz）
1 m	31.5 dB	40.0 dB	47.7 dB
2 m	37.6 dB	46.1 dB	53.7 dB
3 m	41.1 dB	49.6 dB	57.3 dB
4 m	43.6 dB	52.1 dB	59.8 dB
5 m	45.5 dB	54.0 dB	61.7 dB
6 m	47.1 dB	55.6 dB	63.3 dB
7 m	48.4 dB	57.0 dB	64.6 dB
8 m	49.6 dB	58.1 dB	65.8 dB
9 m	50.6 dB	59.1 dB	66.8 dB
10 m	51.5 dB	60.1 dB	67.7 dB

（2）直射、反射、绕射和散射。

当有障碍物（包括地面）时，RFID 电波传播存在直射、反射、绕射和散射等多种情况，这几种情况是在不同传播环境下产生的。总的来说，微波 RFID 希望收发天线之间没有障碍物。RFID 在 433 MHz 和 800/900 MHz 频段时，电波的绕射能力较强，障碍物对电波传播的影响较小；RFID 在 2.45 GHz 和 5.8 GHz 时，障碍物对电波传播的影响较大，收发天线直线之间最好没有障碍物。

① 直射。

直射是指电磁波在自由空间传播，没有任何障碍物。

② 反射。

反射是由障碍物产生的，当障碍物的几何尺寸远大于波长时，电磁波不能绕过该物体，在该物体表面发生反射。当反射发生时，一部分能量被反射回来，另一部分能量透射到障碍物内，反射系数与障碍物的电特性和物理结构有关。

③ 绕射。

绕射也是由障碍物产生的，电波绕过传播路径上障碍物的现象称为绕射。当障碍物的尺寸与波长相近，且障碍物有光滑边缘时，电磁波可以从该物体的边缘绕射过去。电磁波的绕射能力与电波相对于障碍物的尺寸有关，波长比障碍物尺寸越大，绕射能力越强。

④ 散射。

散射也与障碍物相关，当障碍物的尺寸或障碍物的起伏小于波长，电波传播的过程中遇到数量较大的障碍物时，电磁波发生散射。散射经常发生在粗糙表面、小物体或其他不规则物体的表面。

（3）视距传播与菲涅耳区。

在微波波段，由于频率很高，无线电波利用视距传播的方式工作。视距传播时，收发天线之间传播的信号并非只占用收发天线之间的直线区域，而是占用一个较大的区域，这个区域可以用

非涅耳区来表示。

若 T 点为发射天线，R 点为接收天线，非涅耳区是以 T 点和 R 点为焦点的旋转椭球面所包含的空间区域。为了获得自由空间的传播条件，只要保证在一定的区域内没有障碍物就可以了，这个区域称为最小非涅耳区。最小非涅耳区是一个椭球区域，它的大小用最小非涅尔半径表示。最小非涅耳区半径为

$$F_0 = 0.577\sqrt{\frac{\lambda d_1 d_2}{d}} \tag{2.10}$$

其中，$d = d_1 + d_2$ 为收发天线之间的距离。

可以看出，当收发天线之间的距离一定时，波长越短，最小非涅尔半径越小，非涅尔椭球的区域越细长，最后退化为一条直线，这就是认为光的传播路径是直线的原因。

RFID 在 433 MHz 和 800/900 MHz 频段时，工作波长较长，最小非涅尔半径较大，所以电波的绕射能力较强，障碍物对电波传播的影响较小；RFID 在 2.45 GHz 和 5.8 GHz 时，工作波长较短，最小非涅尔半径较小，所以障碍物对电波传播的影响较大，收发天线直线之间最好没有障碍物。

（4）电磁波的损耗。

当电波在有耗媒质中传播时，媒质的电导率大于零，媒质会损耗能量。在 RFID 环境中，若媒质的电导率越大、RFID 的工作频率越高，电波衰减就越大。

① 当电波传播遇到潮湿媒质时，如潮湿木材，电波将出现损耗；

② 当电波传播遇到水时，如水产品，电波将出现损耗；

③ 当电波传播遇到有机物质时，如各种动物，电波将出现损耗；

④ 当电波传播遇到金属时，如铜、铝、铁，电波将出现非常大的损耗。

2. 常用的 RFID 系统

现在，电磁反向散射的 RFID 系统均采用微波频段，典型的频率为 433 MHz、800/900 MHz、2.45 GHz 和 5.8 GHz，称为微波 RFID 系统。其中，433 MHz、800/900 MHz 也常称为超高频（UHF）的 RFID 系统。

（1）800/900 MHz 的 RFID 系统。

① 该频段是实现物联网的主要频段；

② 860～960 MHz 是 EPC Gen2 标准描述的第二代 EPC 标签与读写器之间的通信频率，EPC Gen2 标准是 EPCglobal 最主要的 RFID 标准，目前世界许多地区都分配了该频段的频谱用于 RFID，Gen2 标准的读写器能适用不同区域的要求；

③ 我国根据频率使用的实际状况及相关的试验结果，并经过频率规划专家咨询委员会的审议，规划 840～845 MHz 及 920～925 MHz 频段用于 RFID 技术；

④ 以目前技术水平来说，无源微波标签比较成功的产品相对集中在 800/900 MHz 频段，特别是 902～928 MHz 工作频段上；

⑤ 800/900 MHz 的设备造价较低。

（2）2.45 GHz 的 RFID 系统。

① 该频段是实现物联网的主要频段；

② 2.45 GHz 多为有源或半有源电子标签；

③ 日本泛在识别 UID（Ubiquitous ID）标准体系是射频识别三大标准体系之一，UID 使用 2.45 GHz 的 RFID 系统。

（3）5.8 GHz 的 RFID 系统。

① 该频段的使用比 800/900 MHz 及 2.45 GHz 频段少；
② 国内外在道路交通方面使用的典型频率为 5.8 GHz；
③ 5.8 GHz 多为有源电子标签；
④ 5.8 GHz 比 800/900 MHz 的方向性更强；
⑤ 5.8 GHz 的数据传输速度比 800/900 MHz 更快；
⑥ 5.8 GHz 相关设备的造价较 800/900 MHz 更高。

习题

2.1 为什么要进行频谱分配？国际和国内频谱分配的主要机构是什么？简述 IEEE 频谱分段法。

2.2 什么是 ISM 频段？ISM 频段的主要频率范围是什么？简述 RFID 使用的频段。

2.3 分别计算空气中低频、高频、超高频和微波 RFID 的工作波长。这些频段哪些适合电感耦合方式的 RFID 系统？哪些适合电磁反向散射方式的 RFID 系统？为什么？

2.4 低频和高频 RFID 的工作原理是什么？频率为 125 kHz、135 kHz、6.78 MHz、13.56 MHz 和 27.125 MHz 时，RFID 分别有哪些工作特性？

2.5 微波 RFID 的工作原理是什么？频率为 800/900 MHz、2.45 GHz 和 5.8 GHz 时，RFID 分别有哪些工作特性？

2.6 什么是自由空间的传输损耗？当读写器与电子标签的距离分别为 1 m 和 10 m 时，分别计算工作频率为 900 MHz、2.45 GHz 和 5.8 GHz 的自由空间传输损耗。

2.7 什么是电磁波的直射、反射、绕射和散射？工作频率为 433 MHz、900 MHz、2.45 GHz 和 5.8 GHz 时，RFID 主要考虑电磁波的哪种传播方式？

2.8 什么是视距传播？什么是最小菲涅耳区？视距传播是否意味着无线收发之间传播的信号只占用收发天线之间的直线区域？

2.9 RFID 在什么环境中、在什么频率下，媒质对电波的损耗大？

第3章 RFID天线技术

在无线通信领域，天线是不可缺少的组成部分。RFID 是利用无线电波来传递信息的，当信息通过空间传播时，无线电波的产生和接收要通过天线来完成。此外，在用无线电波传送能量方面，非信号的能量传送也需要通过天线来完成。

天线对 RFID 系统十分重要，是决定 RFID 系统性能的关键部件。RFID 天线可以分为低频、高频及微波天线；在每一频段，天线又分为读写器天线和电子标签天线。在低频和高频频段，读写器和电子标签基本都采用线圈天线；微波 RFID 天线形式多样，可以采用对称振子天线、微带天线、阵列天线、宽频带天线等。RFID 天线制作工艺主要有线圈绕制法、蚀刻法、印刷法等，这些工艺既有传统的制作方法，也有近年来发展起来的新技术。

3.1 天线概述

在无线通信中，由发射机产生的高频振荡能量，经过馈线（在天线领域，传输线也称为馈线）传送到发射天线，然后由发射天线变为电磁波能量，向预定方向辐射。电磁波通过传播介质到达接收天线后，接收天线将接收到的电磁波能量转变为导行电磁波，然后通过馈线送到接收机，完成无线电波传输的过程。天线在上述无线电波传输的过程中，是无线通信系统的第一个和最后一个器件，如图 3.1 所示。

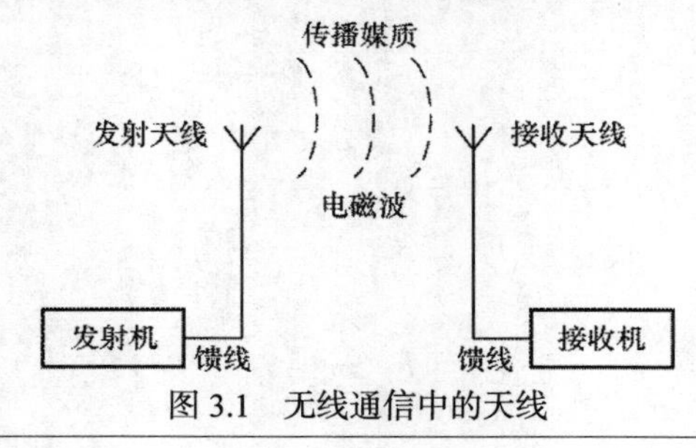

图 3.1　无线通信中的天线

3.1.1 天线定义

凡是利用电磁波来传递信息和能量的，都依靠天线来进行工作，天线是用来发射或接收无线电波的装置和部件。

任何一个天线都有一定的方向性、一定的输入阻抗、一定的带宽、一定的功率容量等，由于应用领域众多，对天线的要求是多种多样的，因此导致天线种类繁多。

天线对空间不同方向的辐射或接收效果并不一样，带有方向性。以发射天线为例，天线辐射的能量在某些方向强、在某些方向弱、在某些方向为零。设计或采纳天线时，天线的方向性是要考虑的主要因素之一。

天线作为一个单端口元件，要求与相连接的馈线阻抗匹配。天线的馈线上要尽可能传输行波，从馈线入射到天线上的能量应不被天线反射，尽可能多地辐射出去。天线与馈线、接收机、发射机的匹配或最佳贯通，是天线工程最关心的问题之一。

3.1.2 天线分类

按天线的结构来分类，天线可以分为线状天线、面状天线、缝隙天线、微带天线等。

（1）线状天线。

线状天线是指线半径远小于线本身的长度和波长，且载有高频电流的金属导线。线状天线可以用于低频、高频和微波波段，有直线形、环形和螺旋形等多种形状。

（2）面状天线。

面状天线是由尺寸大于波长的金属面构成的，主要用于微波波段，形状可以是喇叭或抛物面状等。

（3）缝隙天线。

缝隙天线是金属面上的线状长槽，长槽的横向尺寸远小于波长及纵向尺寸，长槽上有横向高频电场。

（4）微带天线。

微带天线由一个金属贴片和一个金属接地板构成。金属贴片可以有各种形状，其中长方形和圆形是最常见的。微带天线适用于平面结构，并且可以用印刷电路技术来制造。

3.1.3 天线的电参数

天线的性能指标是用天线的电参数来描述的。天线的电参数是对天线的定量分析，是选择天线和设计天线的依据。天线的电参数包括天线的效率、输入阻抗、天线的方向性参数、增益、有效长度、极化、频带宽度等。天线发射与天线接收是逆过程，同一天线收发参数相同，符合互易定理。

1. 天线的效率

天线在工作时，并不能将输入天线的能量全部辐射出去。天线的效率定义为天线的辐射功率 P_Σ 与输入功率 P_m 的比值，即

$$\eta_A = \frac{P_\Sigma}{P_{in}} = \frac{P_\Sigma}{P_\Sigma + P_L} \tag{3.1}$$

式中，P_L是天线的总损耗能量，包括天线导体的损耗和天线介质的损耗。

2. 输入阻抗

天线的输入阻抗定义为天线输入端电压与电流的比值，即

$$Z_{in} = \frac{U_{in}}{I_{in}} = R_{in} + jX_{in} \tag{3.2}$$

式中，R_{in} 表示天线的输入电阻，X_{in} 表示天线的输入电抗。天线的输入阻抗决定于天线本身的结构和尺寸，并与激励方式、工作频率及周围物体的影响等有关。

天线的输入端是指天线与馈线的连接处。天线作为馈线的负载，要求做到阻抗匹配。当天线与馈线不匹配时，馈线上的入射功率部分会被天线反射，馈线传输系统的效率η_ϕ将小于 1。整个天馈线系统的效率η为

$$\eta = \eta_\varphi \eta_A \tag{3.3}$$

3. 方向性函数

天线的方向性函数，是指以天线为中心，在相同距离 r 的条件下，天线辐射场与空间方向的关系，是天线辐射场的相对值，用 $f(\theta, \varphi)$表示。为了便于比较不同天线的方向特性，常采用归一化方向性函数 $F(\theta, \varphi)$。

例如，电基本振子（电基本振子是线状天线的基本元，实际上线状天线可以看成是无穷多个电基本振子的叠加）的辐射电场为

$$E_\theta = \mathrm{j}\frac{Il}{2\lambda r}\eta_0 \sin\theta \mathrm{e}^{-jkr} \tag{3.4}$$

可以看出，电基本振子的方向性函数为 $f(\theta,\varphi) = \sin\theta$。由于 $f(\theta,\varphi)\big|_{\max} = 1$，所以归一化方向性函数为 $F(\theta,\varphi) = \sin\theta$。

4. 方向图

根据方向性函数绘制的图形称为方向图。方向图分为立体方向图、E 面方向图和 H 面方向图。例如，根据式（3.4），电基本振子的方向图如图 3.2 所示。

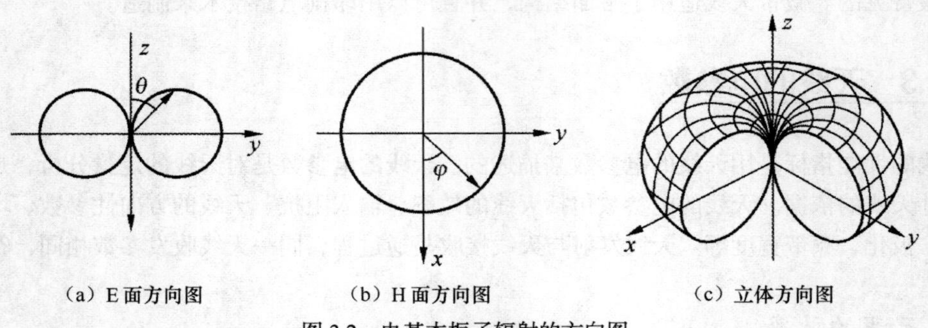

图 3.2 电基本振子辐射的方向图

（1）立体方向图。

立体方向图可以完全反映出天线的方向特性，图 3.2（c）所示为电基本振子的立体方向图。

（2）E 面方向图。

E 面方向图是电场矢量所在平面的方向图。对沿 z 轴放置的电基本振子而言，E 面即为子午平面。图 3.2（a）所示为电基本振子的 E 面方向图。

（3）H 面方向图。

H 面方向图是磁场矢量所在平面的方向图。对沿 z 轴放置的电基本振子而言，H 面即为赤道平面。图 3.2（b）所示为电基本振子的 H 面方向图。

（4）半功率波瓣宽度。

天线的方向图由一个或多个波瓣构成，天线辐射最强方向所在的波瓣称为主瓣。在主瓣最大值两侧，场强下降为最大值 $1/\sqrt{2}$ 的两点矢径的夹角，称为半功率波瓣宽度，记为 $2\theta_{0.5}$。半功率波瓣宽度是衡量主瓣尖锐程度的物理量，是主瓣半功率点间的夹角。半功率波瓣宽度越窄，说明天线辐射的能量越集中，定向性越好。主瓣宽度如图 3.3 所示。

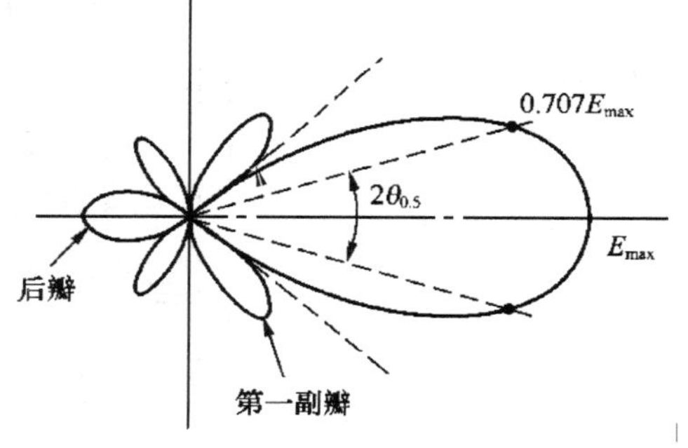

图 3.3　主瓣宽度

5. 方向性系数

在离开天线某一距离处，天线在最大辐射方向上产生的功率密度，与天线辐射出去的能量被均匀分到空间各个方向（即无方向性的辐射）时的功率密度之比，称为天线的方向性系数。天线的方向性系数定义为

$$D=\frac{S_{max}}{S_{av}}=\frac{|E_{max}|^2}{|E_{av}|^2} \tag{3.5}$$

天线的方向性系数越大，天线的方向性越强。根据方向性系数的定义，有

$$D=\frac{4\pi}{\int_0^{2\pi}\int_0^{\pi}\left[F(\theta,\varphi)\right]^2\sin\theta\mathrm{d}\theta\mathrm{d}\varphi} \tag{3.6}$$

例 3.1　计算电基本振子的方向性系数。

解　电基本振子的归一化方向性函数为

$$F(\theta,\varphi)=\sin\theta$$

将其代入式（3.6），得到

$$D=\frac{4\pi}{\int_0^{2\pi}\int_0^{\pi}\left[F(\theta,\varphi)\right]^2\sin\theta\mathrm{d}\theta\mathrm{d}\varphi}=\frac{4\pi}{\int_0^{2\pi}\int_0^{\pi}\sin^3\theta\mathrm{d}\theta\mathrm{d}\varphi}=1.5$$

6. 增益

增益定义为当天线与理想无方向性天线的输入功率相同时，两种天线在最大辐射方向上辐射功率密度之比。增益同时考虑了天线的方向性系数和效率，增益为

$$G=D\eta_A \tag{3.7}$$

一个增益为 10 dB、输入功率为 1 W 的天线，与一个增益为 2 dB、输入功率为 5 W 的天线，在最大辐射方向上具有相同的效果。在通信系统中，增益也常用分贝（dB）表示。

7. 有效长度

天线的有效长度是衡量天线辐射能力的又一个指标。很多天线上的电流分布是不均匀的，如图 3.4（a）所示。天线有效长度的定义是，在保持实际天线最大辐射方向上场强不变的前提下，假设天线上的电流为均匀分布，电流的大小等于输入端的电流，此假想天线的长度，如图 3.4（b）所示。图 3.4 中，l 为实际天线的长度，l_e 为天线的有效长度。

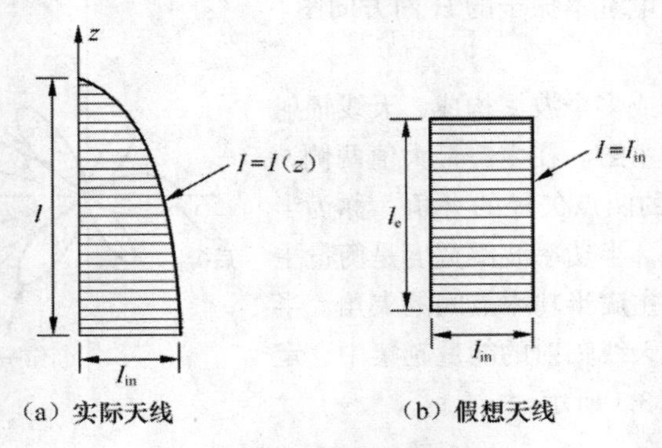

图 3.4 天线的有效长度

8. 极化

天线的极化是指在天线最大辐射方向上，电场矢量的方向随时间变化的规律。按轨迹形状，极化分为线极化、圆极化和椭圆极化，如图 3.5 所示。

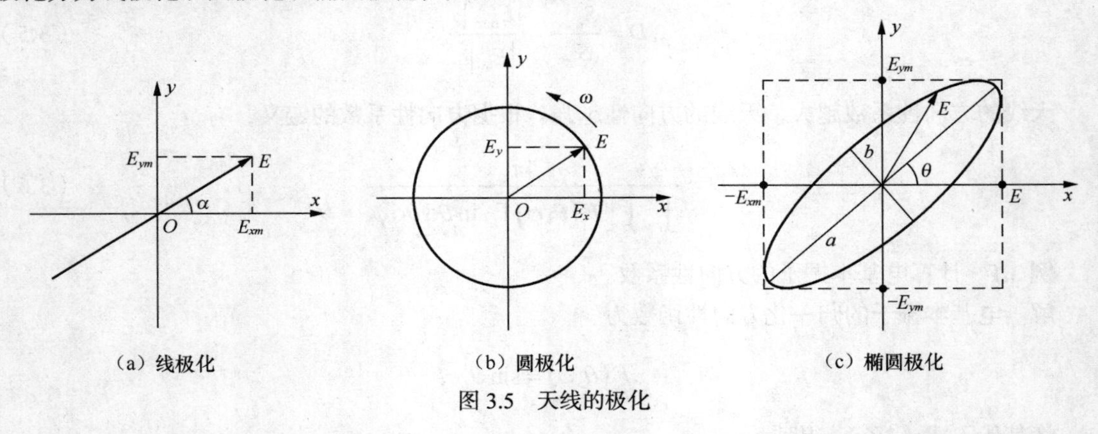

图 3.5 天线的极化

天线不能接收与其正交的极化分量。例如，垂直线极化天线不能接收水平线极化波，接收天线要保持与发射天线极化匹配。在实际使用中，当收发天线固定时，通常采用线极化天线。但当收发天线的一方剧烈摆动时，收发要采用圆极化天线，RFID 常采用圆极化天线。另外，收发天线需要主辐射方向对准，并保持极化方向一致。

9. 频带宽度

天线的所有电参数都与频率有关。当频率偏离中心频率时，会引起电参数的变化，如引起方向图的变形、输入阻抗的改变等。将天线的电参数保持在规定技术指标要求之内的频率范围，称为天线的工作频带宽度，简称为天线的带宽。

根据天线频带宽度的不同，天线可以分为窄频带天线、宽频带天线和超宽频带天线。一般来说，窄频带天线的相对带宽只有百分之几，宽频带天线的相对带宽可以达到百分之几十，超宽频

带天线的相对带宽可以达到几个倍频程。

3.2 各类天线简要介绍

3.2.1 对称振子天线

对称振子天线的结构如图3.6所示，它由两个臂长为 l，半径为 a 的直导线构成，两个内端点为馈电点。对称振子天线是一种应用广泛的线状天线，它既可以单独使用，又可以作为天线阵的单元。

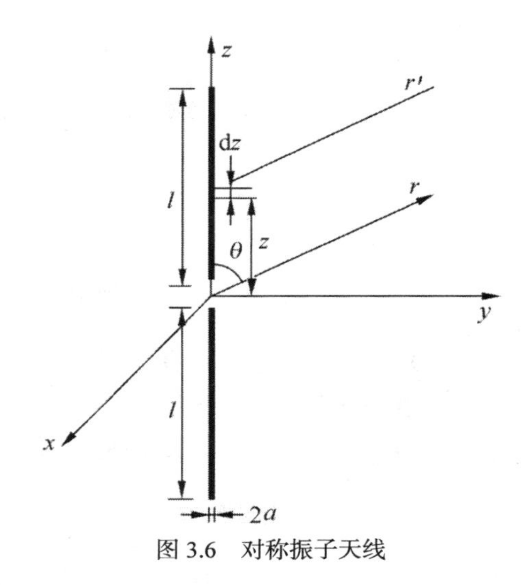

图3.6　对称振子天线

1. 对称振子天线的辐射场

对称振子天线可以看成由许多电流元 $I(z)\mathrm{d}z$ 叠加构成，电流元的辐射场可以视为电基本振子的辐射场，对称振子天线的辐射场为许多电基本振子辐射场的叠加。对称振子天线的辐射电场为

$$\begin{aligned}E_\theta &= \int_{-l}^{l} \mathrm{j}\frac{60\pi I_\mathrm{m}\sin\left[k\left(l-|z|\right)\right]\mathrm{d}z}{\lambda r}\sin\theta \mathrm{e}^{-\mathrm{j}k(r-z\cos\theta)} \\ &= \mathrm{j}\frac{60 I_\mathrm{m}}{r}\left[\frac{\cos\left(kl\cos\theta\right)-\cos\left(kl\right)}{\sin\theta}\right]\mathrm{e}^{-\mathrm{j}kr}\end{aligned} \tag{3.8}$$

对称振子天线的辐射磁场为

$$H_\varphi = \frac{E_\theta}{\eta_0} \tag{3.9}$$

由此可见，对称振子天线的辐射场有如下特性。

（1）电场只有 E_θ分量，磁场只有 H_φ分量。

（2）辐射场的大小与离开天线的距离成反比。

（3）辐射场的等相位面为球面，辐射球面电磁波。

（4）辐射场的方向性函数仅与 θ 有关，而与 φ 无关。

2. 对称振子天线的方向图

对称振子天线的归一化方向性函数为

$$F(\theta,\varphi) = \frac{\cos\left(kl\cos\theta\right)-\cos\left(kl\right)}{\sin\theta} \tag{3.10}$$

可以看出，方向图是以天线轴为中心轴的回旋体。对称振子天线的H面方向图为圆；E面方向图如图3.7所示，图中画出了4种不同长度对称振子天线上的E面方向图。

对称振子天线有如下特点。

（1）在图3.7（a）中，对称振子天线总长 $2l=\lambda/2$，称为半波对称振子，其半功率波瓣宽度为78°，方向性系数为1.64，辐射电阻为73.1Ω。

（2）在图3.7（b）中，对称振子天线总长 $2l=\lambda$，称为全波对称振子，其半功率波瓣宽度为

47°，方向性系数为 2.4，辐射电阻为 200Ω。

（3）在图 3.7（c）中，对称振子天线总长 $2l = 3\lambda/4$，主辐射方向发生改变，不能使用。

（4）在图 3.7（d）中，对称振子天线总长 $2l = \lambda$，主辐射方向发生改变，不能使用。

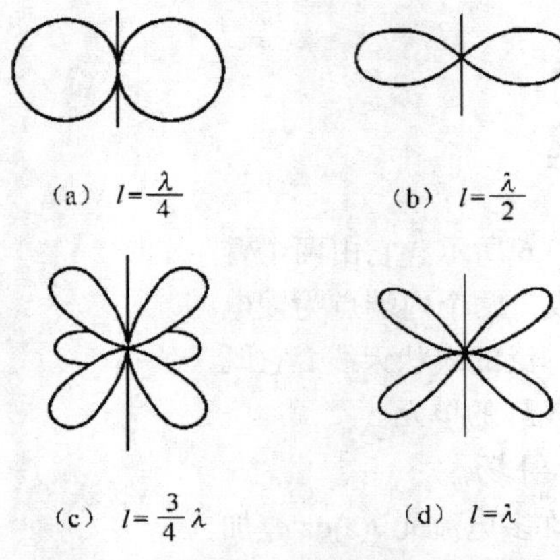

图 3.7　对称振子天线的 E 面方向图

3. 对称振子天线的输入阻抗

对称振子天线的输入阻抗，工程上常采用"等效传输线法"进行计算。对称振子天线的输入阻抗 $Z_{in} = R_{in} + X_{in}$ 与 l/λ的关系曲线如图 3.8 所示。

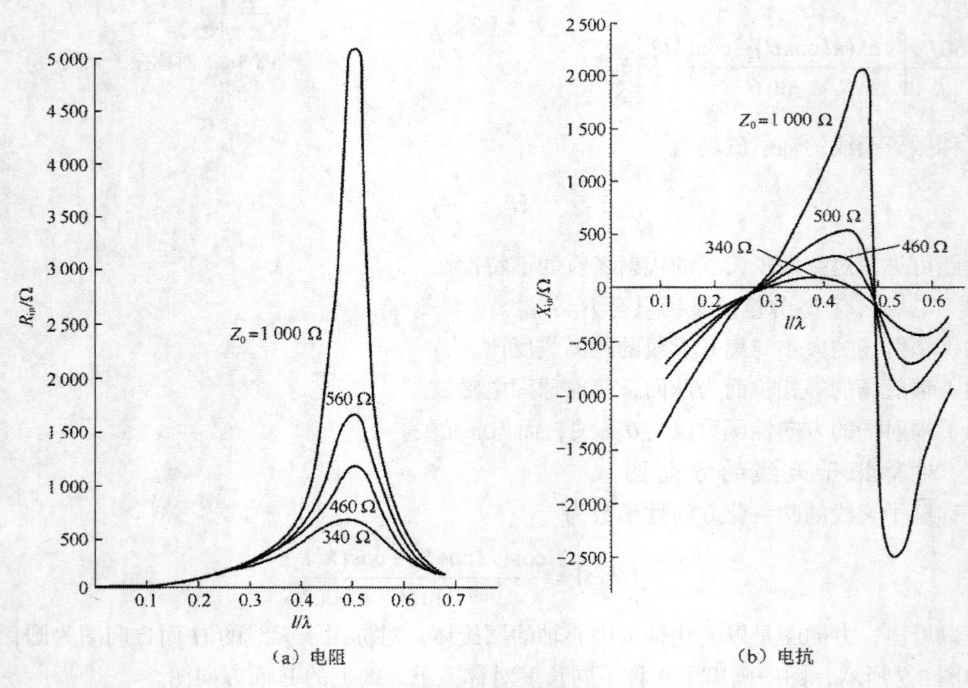

图 3.8　对称振子天线的输入阻抗

对称振子天线输入阻抗的特点如下。

（1）R_{in} 与 X_{in} 既与 l/λ有关，也与特性阻抗 Z_0 有关。

（2）特性阻抗 Z_0 随天线的粗细而变，天线越粗，天线的特性阻抗 Z_0 越小。

（3）天线越粗，R_{in} 和 X_{in} 的曲线变化越缓慢，容易实现宽频带阻抗匹配。

3.2.2　引向天线

引向天线又称为八木天线，是一种广泛应用于米波和分米波的天线。引向天线是一个紧耦合寄生振子端射阵，它由一个有源振子、一个反射振子（稍长于有源振子）和若干个引向振子（稍短于有源振子）构成，除有源振子通过馈线与信号源或接收机连接外，其余振子均为无源振子。引向天线如图 3.9 所示。通常有几个振子就称为几元引向天线，图 3.9 中有 8 个振子，就称为八元引向天线。

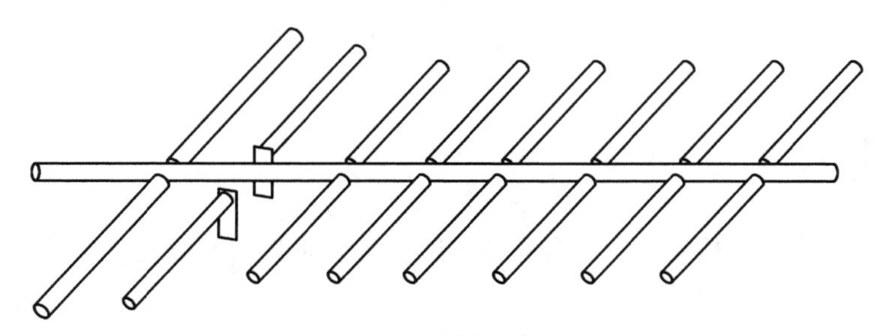

图 3.9　引向天线

引向天线的有源振子为半波长，主要作用是提供辐射能量；无源振子由反射振子和引向振子构成，主要作用是使辐射能量集中到天线的端向。引向天线的主辐射方向为“由反射振子指向引向振子”的方向，这也是反射振子与引向振子名称的由来。无源振子的反射作用与引向作用，与它们的尺寸及离开有源振子的距离有关。

引向天线的增益可以达到十几个分贝，振子的数目越多，增益越大，但当振子数目达到 8 个以上时，增益就增加的有限了。引向天线的相对带宽较小，一般在 5%左右。引向天线为线极化，当振子面水平架设时是水平极化，当振子面垂直架设时是垂直极化。这一天线的优点是结构简单、牢固、造价低、方向性强、体积小、便于转动、馈电方便；这一天线的缺点是工作带宽较窄，调整比较麻烦。

3.2.3　螺旋天线

螺旋天线是由导体螺旋线构成，螺旋线是空心的或绕在低耗的介质棒上，圈的直径可以是相同的，也可以随高度不断减小，圈的距离可以是等距的，也可以是不等距的。螺旋天线及其方向图如图 3.10 所示。

当螺旋天线的直径 D 与波长的比值 $D/\lambda<0.18$ 时，是细螺旋天线，也称为螺旋鞭天线。螺旋鞭天线是边射型天线，主辐射方向与螺旋轴垂直。

当螺旋天线的直径 D 与波长的比值为 $0.25<D/\lambda<0.46$ 时，是端射型天线，主辐射方向沿螺旋轴方向。这时，螺旋天线是圆极化天线，天线导线上的电流按行波分布，输入阻抗近似为纯电阻，具有宽频带特性。

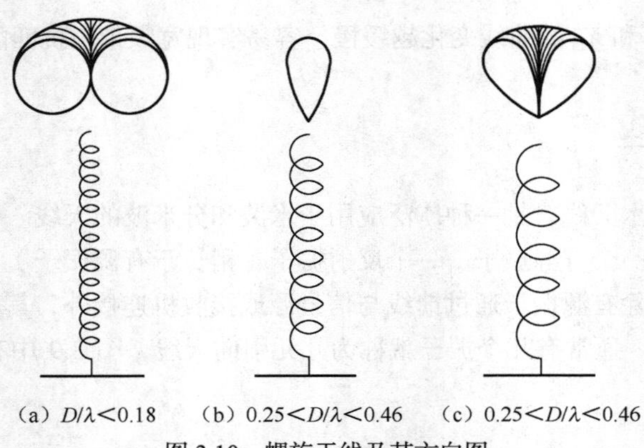

图 3.10　螺旋天线及其方向图

3.2.4　微带天线

微带天线是由导体薄片粘贴在背面有导体接地板的介质基片上形成的天线。微带天线是近 30 年来逐渐发展起来的一类新型天线，在 20 世纪 50 年代和 60 年代有一些零星的研究，真正的发展和使用是在 20 世纪 70 年代以后。微带天线主要应用于微波波段，它体积小、重量轻、能与载体共形、制造成本低，因此得到广泛重视。目前，微带天线在卫星通信、武器制导、便携式无线电设备、RFID 等领域都有广泛应用。

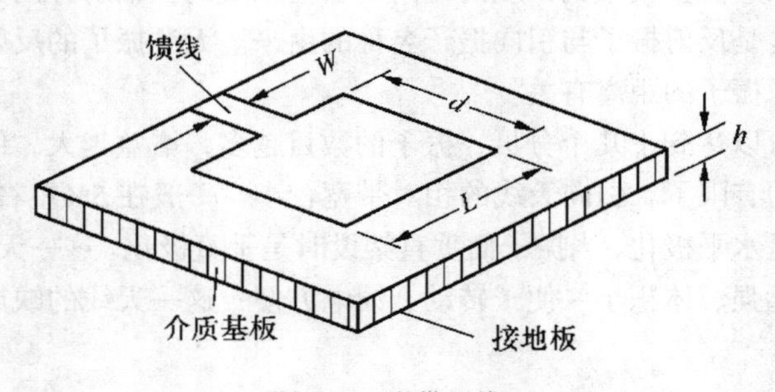

图 3.11　微带天线

微带天线如图 3.11 所示，长度为 d，宽度为 L，与宽度为 W 的馈线相连。一般取 $d=\lambda_g/2$。微带天线通常利用微带传输线或同轴探针来馈电，在导体贴片与接地板之间激励起高频电磁场，通过贴片四周与接地板之间的缝隙向外辐射。

3.2.5　旋转抛物面天线

旋转抛物面天线用于微波波段，是最重要的一种面状天线。在研究微波天线时，会联想到光学中所采用的方法。抛物面天线的工作原理与探照灯相类似，如图 3.12（a）所示。照射器（一般称为馈源）是一种弱方向性天线，安装在抛物面的焦点上，它把高频电流能量转换成电磁波能量投向抛物面，而抛物面又将照射器投射过来的电磁波沿抛物面的轴线方向反射出去，从而获得很强的方向性。图 3.12（b）所示为抛物面的结构尺寸图，其中 F 为焦点，照射器就放在焦点上。

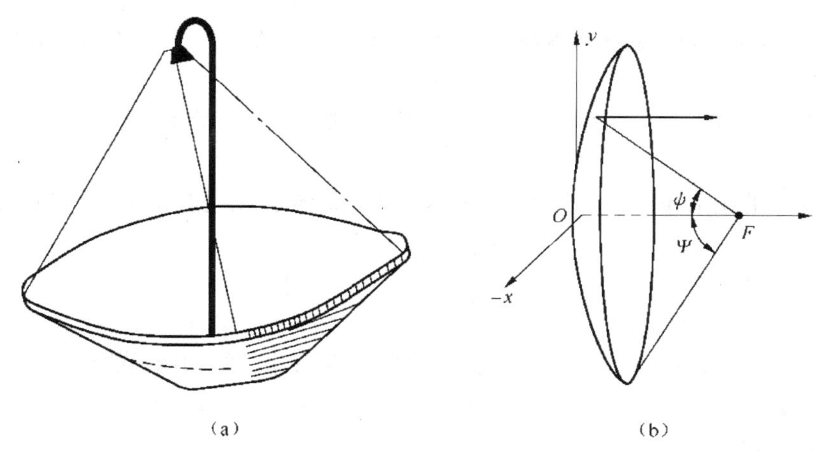

图 3.12 旋转抛物面天线

3.3 RFID 中的天线技术

RFID 在不同的应用环境使用不同的工作频段，在不同频段天线的工作原理不同，使得天线的设计方法也各不相同。在 RFID 中，天线分为电子标签天线和读写器天线，这两种天线按方向性可分为全向天线和定向天线等；按外形可分为线状天线和面状天线等；按结构和形式可分为环形天线、偶极天线、双偶极天线、阵列天线、八木天线、微带天线和螺旋天线等。在低频和高频频段，RFID 主要采用环形天线，用以完成能量和数据的电感耦合；在 433 MHz、800/900 MHz、2.45 GHz 和 5.8 GHz 的微波频段，RFID 系统可以采用多种类型的天线，用以完成能量和数据的辐射和接收。

3.3.1 RFID 天线的应用现状

影响 RFID 天线应用性能的参数主要有天线类型、尺寸结构、材料特性、成本价格、工作频率、频带宽度、极化方向、方向性、增益、阻抗问题、环境影响等，RFID 天线的应用需要对上述参数加以权衡。

1. RFID 天线应用的一般要求

（1）电子标签天线。

一般来讲，RFID 电子标签天线需要满足如下条件。

① RFID 天线必须足够小，能够附着到需要的物品上。

② RFID 天线必须与电子标签有机地结合成一体，或贴在表面，或嵌入到物体内部。

③ 一些应用要求电子标签具备特定的方向性，例如具有全向或半球覆盖的方向性，以满足零售商品跟踪等需要。

④ RFID 天线给标签的芯片提供最大可能的信号和能量。

⑤ 无论物品在什么方向，RFID 天线的极化都能与读写器的询问信号相匹配。

⑥ 电子标签可能被用在高速的传输带上，此时有多普勒频移，天线的频率和带宽应不影响 RFID 工作。

⑦ 电子标签在读写器读取区域的时间很少，要求有很高的读取速率，因此 RFID 系统必须保证标签识别的快速无误。

⑧ RFID 电子标签天线必须可靠，并保证在温度、湿度、压力发生变化以及在标签印刷和层压处理中的存活率。

⑨ RFID 天线的频率和频带要满足技术标准，电子标签期望的工作频率带宽依赖于标签使用地的规定。

⑩ RFID 天线具有鲁棒性。

⑪ RFID 天线非常便宜。

⑫ RFID 标签天线必须是低成本，这约束了天线结构和根据结构使用的材料，标签天线多采用铜、铝或银油墨。

（2）读写器天线。

① 读写器天线既可以与读写器集成在一起，也可以采用分离式。

② 对于远距离系统，天线和读写器一般采取分离式结构，并通过阻抗匹配的同轴电缆连接到一起。

③ 读写器天线设计要求低剖面、小型化，读写器由于结构、安装和使用环境等变化多样，读写器产品朝着小型化甚至超小型化发展。

④ 读写器天线设计要求多频段覆盖。

⑤ 对于分离式读写器，还将涉及天线阵的设计问题。

⑥ 目前国际上已经开始研究读写器应用的智能波束扫描天线阵。

2. RFID 天线的极化

不同的 RFID 系统采用的天线极化方式不同。有些应用可以采用线极化，例如，在流水线上，这时，电子标签的位置基本上是固定不变的，电子标签的天线可以采用线极化方式。但在大多数场合，由于电子标签的方位是不可知的，所以大部分 RFID 系统采用圆极化天线，以使 RFID 系统对电子标签的方位敏感性降低。

3. RFID 天线的方向性

RFID 系统的工作距离主要与读写器给电子标签的供电有关。随着低功耗电子标签芯片技术的发展，电子标签的工作电压不断降低，所需功耗很小，这使得进一步增大系统工作距离的潜能转移到天线上，这要求有方向性较强的天线。

如果天线波瓣宽度越窄，则天线的方向性越好，天线的增益越大，天线作用的距离越远，抗干扰能力越强，但同时天线的覆盖范围也就越小。

4. RFID 天线的阻抗问题

为了以最大功率传输，芯片的输入阻抗必须和天线的输出阻抗匹配。几十年来，天线设计多采用 50Ω或 75Ω的阻抗匹配，但是可能还有其他情况。例如，一个缝隙天线可以设计几百欧姆的阻抗；一个折叠偶极子的阻抗可以是一个标准半波偶极子阻抗的几倍；印刷贴片天线的引出点能够提供一个 40Ω～100Ω的阻抗范围。

5. 环境对 RFID 的影响

电子标签天线的特性受所标识物体的形状和电参数影响。例如，金属对电磁波有衰减作用，金属表面对电磁波有反射作用，弹性衬底会造成天线变形等，这些影响在天线设计与应用中必须加以解决。

3.3.2　RFID 天线的设计现状

在 RFID 系统中，天线分为电子标签天线和读写器天线，这两种天线的设计要求和面临的技术问题是不同的。

1. RFID 电子标签天线的设计

电子标签天线的设计目标是传输最大的能量进出标签芯片，这需要仔细设计天线和自由空间的匹配，以及天线与标签芯片的匹配。当工作频率增加到微波波段，天线与电子标签芯片之间的匹配问题变得更加严峻。一直以来，电子标签天线的开发是基于 50Ω或者 75Ω输入阻抗；而在 RFID 应用中，芯片的输入阻抗可能是任意值，并且很难在工作状态下准确测试，缺少准确的参数，天线的设计难以达到最佳。

电子标签天线的设计还面临许多其他难题，如小尺寸要求，低成本要求，所标识物体的形状及物理特性要求，电子标签到贴标签物体的距离要求，贴标签物体的介电常数要求，金属表面的反射要求，局部结构对辐射模式的影响要求等。这些都将影响电子标签天线的特性，都是电子标签设计面临的问题。

2. RFID 读写器天线的设计

对于近距离 RFID 系统（如 13.56 MHz 小于 10 cm 的识别系统），天线经常和读写器集成在一起；对于远距离 RFID 系统（如 UHF 频段大于 3 m 的识别系统），天线和读写器经常采取分离式结构，并通过阻抗匹配的同轴电缆将读写器和天线连接到一起。读写器由于结构、安装和使用环境等变化多样，并且读写器产品朝着小型化甚至超小型化发展，使得读写器天线的设计面临新的挑战。

读写器天线设计要求低剖面、小型化以及多频段覆盖。对于分离式读写器，还将涉及天线阵的设计问题，小型化带来的低效率、低增益问题等，这些是目前国内外共同关注的研究课题。目前已经开始研究读写器应用的智能波束扫描天线阵，读写器可以按照一定的处理顺序，通过智能天线感知天线覆盖区域的电子标签，增大系统覆盖范围，使读写器能够判定目标的方位、速度和方向信息，具有空间感应能力。

3. RFID 天线的设计步骤

设计 RFID 天线时，首先选定应用的种类，确定电子标签天线的需求参数；然后根据电子标签天线的参数，确定天线采用的材料，并确定电子标签天线的结构和 ASIC 封装后的阻抗；最后采用优化的方式，使 ASIC 封装后的阻抗与天线匹配，并综合仿真天线的其他参数，让天线满足技术指标，并用网络分析仪检测各项指标。RFID 电子标签天线的设计步骤如图 3.13 所示。

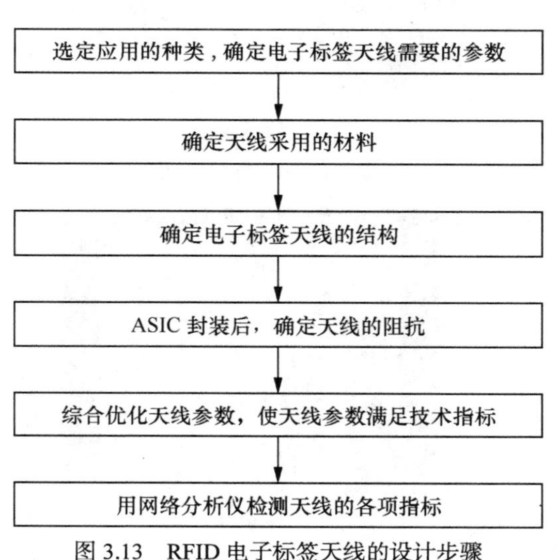

图 3.13　RFID 电子标签天线的设计步骤

RFID 电子标签天线的性能，很大程度上依赖于芯片的复数阻抗，复数阻抗是随频率变换的，因此天线尺寸和工作频率限制了最大可达到的增益和带宽。为获得最佳的标签性能，需要在设计时作折衷，以满足设计要求。在天线的设计步骤中，电子标签的读取范围必须严密监控，在标签构成发生变更或不同材料不同频率的天线进行性能优化时，通常采用可调天线设计，以满足设计允许的偏差。

很多天线因为使用环境复杂，使得 RFID 天线的解析方法也很复杂，天线通常采用电磁模型和仿真工具来分析。天线的设计与计算广泛采用仿真软件。现在国际上比较流行的电磁三维仿真软件有 Ansoft 公司的 HFSS(High Frequency Structure Simulator)和 CST 公司的 MWS(Microwave Studio)。这些软件可以求解任意三维射频和微波器件的电磁场分布，并可以直接得到辐射场和天线方向图，仿真结果与实测结果具备很好的一致性，是高效、可靠的天线设计方法。仿真工具对天线的设计非常重要，是一种快速有效的天线设计工具，目前在天线技术中使用越来越多。典型的天线设计方法，首先是将天线模型化；然后将模型进行仿真，在仿真中监测天线射程、天线增益、天线阻抗等，并采用优化的方法进一步调整设计；最后对天线进行加工并测量，直到满足要求。

3.3.3　低频和高频 RFID 天线技术

在低频和高频频段，读写器与电子标签基本都采用线圈天线，线圈之间存在互感，使一个线圈的能量可以耦合到另一个线圈，因此，读写器天线与电子标签天线之间采用电感耦合的方式工作。读写器天线与电子标签天线是近场耦合，电子标签处于读写器的近区，当超出上述范围时，近场耦合便失去作用。当电子标签逐渐远离读写器，处于读写器的远区时，电磁场将摆脱天线，并作为电磁波进入空间。本节所讨论的低频和高频 RFID 天线，是基于近场耦合的概念进行设计的。

1. 低频和高频 RFID 天线的结构和图片

低频和高频 RFID 天线可以有不同的构成方式，并可以采用不同的材料。图 3.14 所示为几种实际低频和高频 RFID 天线的图片，由这些图片可以看出各种 RFID 天线的结构，同时这些图片还给出了与天线相连的芯片。

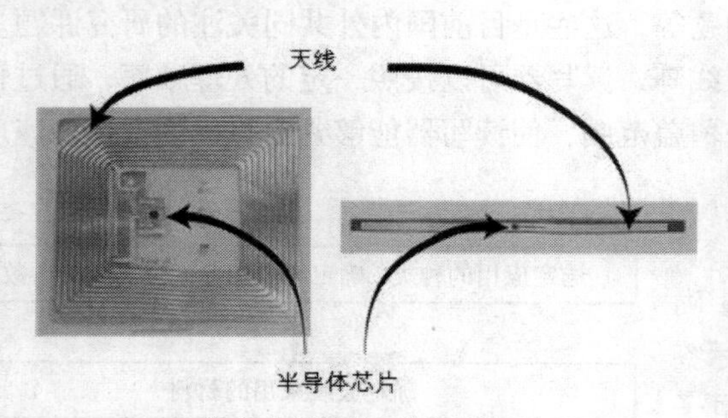

（a）矩形环天线和芯片

（b）圆形环天线和芯片

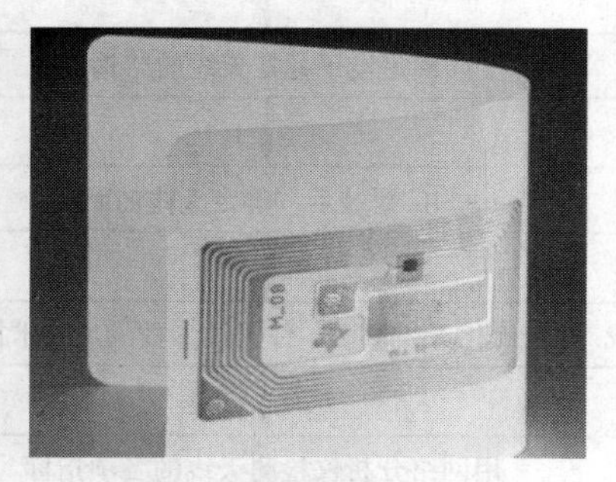
（c）柔软基板的天线

（d）批量生产的标签和天线

图 3.14　低频和高频 RFID 天线

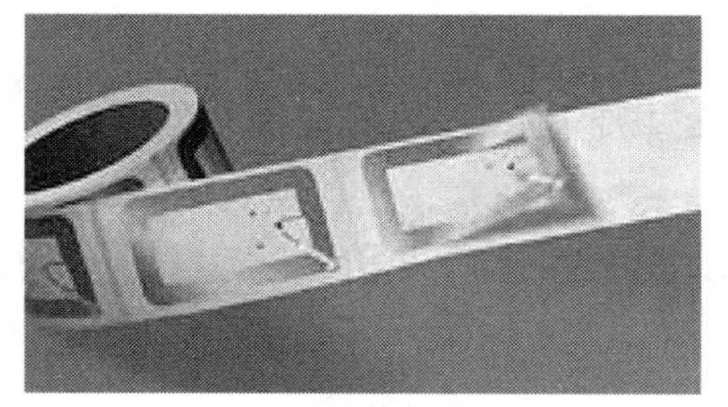

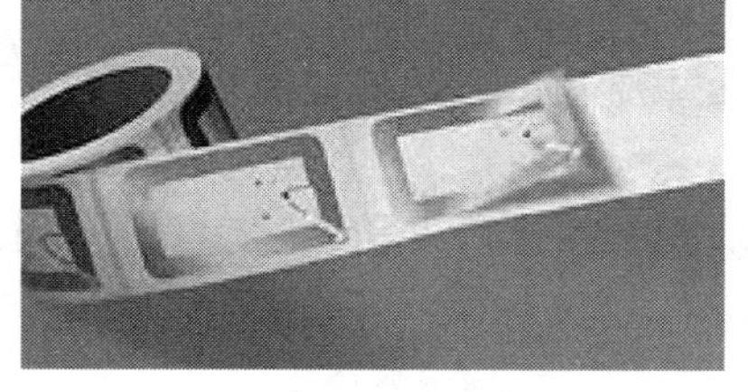

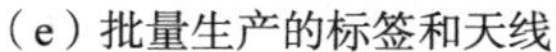

（e）批量生产的标签和天线

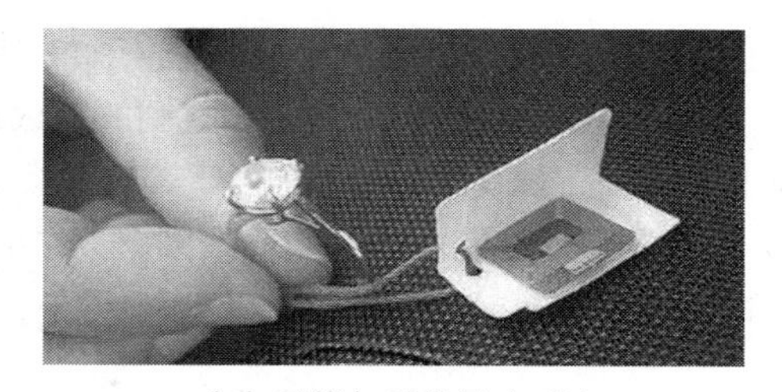

（f）天线与手指尺寸对比

图 3.14　低频和高频 RFID 天线（续）

由图 3.14 可以看出，低频和高频 RFID 天线有如下特点。

（1）天线都采用线圈的形式。

（2）线圈的形式多样，可以是圆形环，也可以是矩形环。

（3）天线的尺寸比芯片的尺寸大很多，电子标签的尺寸主要是由天线决定的。

（4）有些天线的基板是柔软的，适合粘贴在各种物体的表面。

（5）由天线和芯片构成的电子标签，可以比拇指还小。

（6）由天线和芯片构成的电子标签，可以在条带上批量生产。

2. 低频和高频 RFID 天线的磁场

电流周围磁场的存在方式，与电流的分布有关，不同的电流分布，在周围会产生不同的磁感应强度。

（1）圆形线圈产生的磁场。

很多低频和高频 RFID 天线是圆环结构，采用了“短圆柱形线圈”，“短圆柱形线圈”在周围产生的磁场为

$$H_z = \frac{INR^2}{2\left(R^2 + z^2\right)^{3/2}} \tag{3.11}$$

式中，R 为线圈的半径，z 为在线圈中心轴线上距线圈圆心的距离，I 为圆形线圈上的电流，N 为圆形线圈的匝数。“短圆柱形线圈”的结构和产生的磁场如图 3.15 所示。

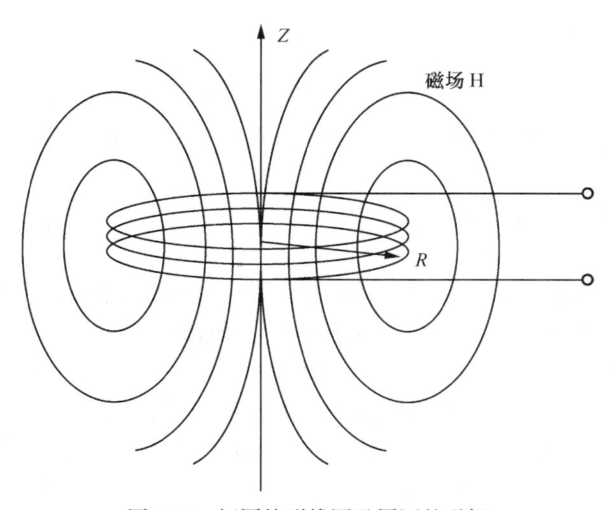

图 3.15　短圆柱形线圈及周围的磁场

“短圆柱形线圈”在周围产生的磁场有如下特点。

① 磁场与线圈的匝数 N 有关，线圈的匝数越大，磁场越强。一般低频线圈的匝数较多，有几百至上千圈；高频线圈的匝数较少，有几至几十圈。

② 当被测点沿线圈的轴线离开线圈时，如果 $z<<R$，磁场的强度几乎不变。当 $z=0$ 时，磁场的公式简化为

$$H_z = \frac{IN}{2R} \tag{3.12}$$

③ 当被测点沿线圈的轴线离开线圈较大时，即 $z>>R$ 时，磁场强度的衰减与 z 的 3 次方成比例，衰减比较急剧，衰减约为 60 dB/10 倍距离。这时磁场的公式简化为

$$H_z = \frac{INR^2}{2z^3} \tag{3.13}$$

（2）矩形线圈产生的磁场。

有些低频和高频 RFID 天线是矩形线圈结构，当被测点沿线圈的轴线离开线圈 z 时，矩形线圈结构在轴线产生的磁场为

$$H = \frac{INab}{4\pi\sqrt{\left(\frac{a}{2}\right)^2+\left(\frac{b}{2}\right)^2+z^2}}\left[\frac{1}{\left(\frac{a}{2}\right)^2+z^2}+\frac{1}{\left(\frac{b}{2}\right)^2+z^2}\right] \tag{3.14}$$

式中，a 和 b 为矩形线圈的两个边长，z 为在线圈中心轴线上距线圈中心的距离，I 为矩形上线圈的电流，N 为矩形线圈的圈数。

3. 低频和高频 RFID 天线的最佳尺寸

线圈天线的最佳尺寸，是指线圈上的电流 I 为常数，且与天线的距离 z 为常数时，线圈的尺寸与产生磁场的关系。下面以圆环形线圈为例，讨论线圈的最佳尺寸。计算的结果表明，最大磁场与线圈尺寸的关系为

$$R = \sqrt{2}z \tag{3.15}$$

上式表明，当距离 z 为常数时，如果线圈的半径 $R=\sqrt{2}z$，则可以获得最大磁场。也就是说，当线圈的半径 R 为常数时，如果距离为 $z=0.707R$，就可以获得最大磁场。

3.3.4 微波 RFID 天线技术

微波 RFID 技术是目前 RFID 技术最为活跃和发展最为迅速的领域，微波 RFID 天线与低频、高频 RFID 天线相比工作原理不同。微波 RFID 天线采用电磁辐射的方式工作，读写器天线与电子标签天线之间的距离较远，一般超过 1 m，典型值为 1 m～10 m；微波 RFID 的电子标签较小，使天线的小型化成为设计的重点；微波 RFID 天线形式多样，可以采用对称振子天线、微带天线、阵列天线和宽带天线等；微波 RFID 天线要求低造价，因此出现了许多天线制作的新技术。

1. 微波 RFID 天线的结构和图片

图 3.16 所示为几种实际微波 RFID 天线的图片，由这些图片可以看出各种微波 RFID 天线的

结构，同时这些图片还给出了与天线相连的芯片。

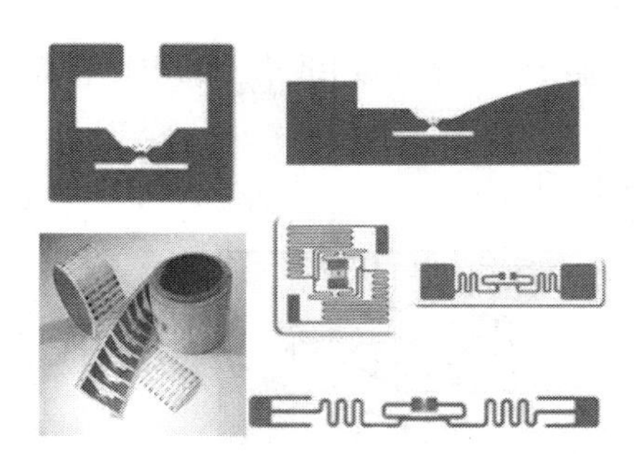

（a）各种微波 RFID 天线

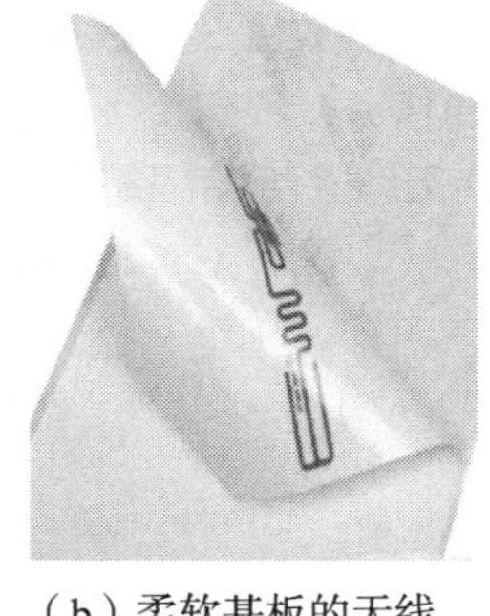

（b）柔软基板的天线

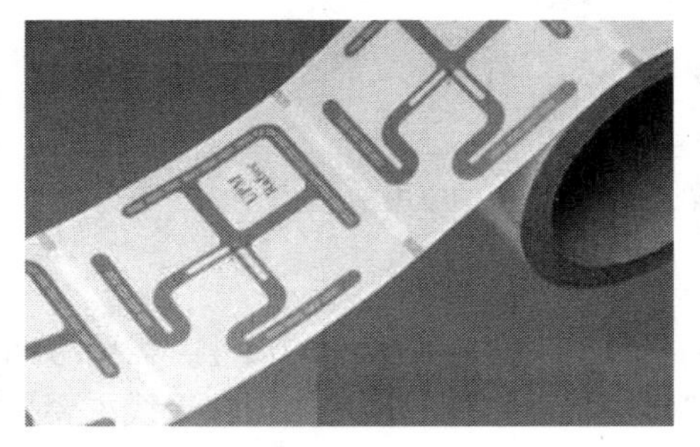

（c）批量生产的标签和天线

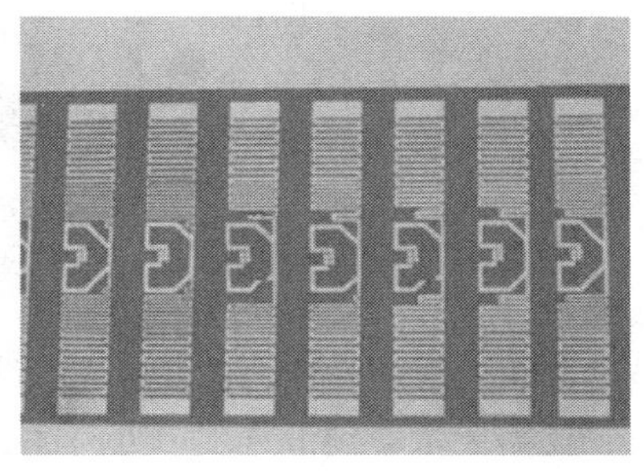

（d）批量生产的标签和天线

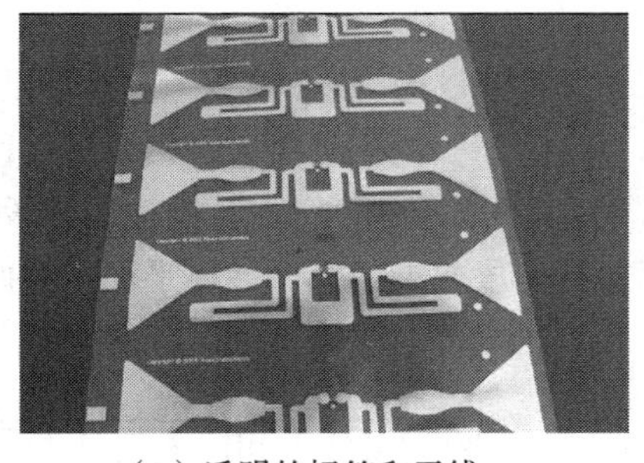

（e）透明的标签和天线

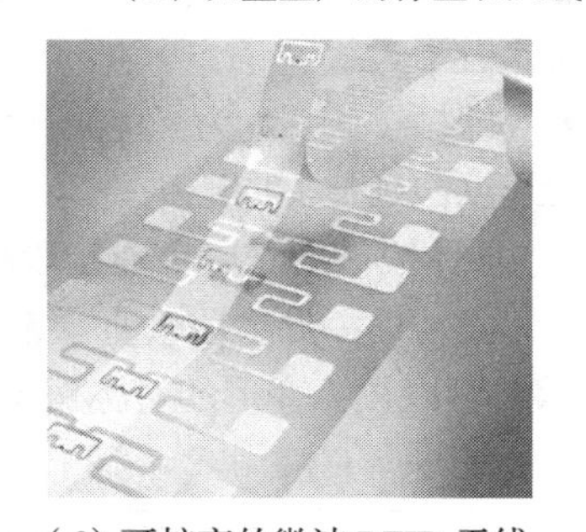

（f）可扩充的微波 RFID 天线

图 3.16　微波 RFID 天线

由图 3.16 可以看出，微波 RFID 天线有如下特点。

（1）微波 RFID 天线的结构多样。

（2）很多电子标签天线的基板是柔软的，适合粘贴在各种物体的表面。

（3）天线的尺寸比芯片的尺寸大很多，电子标签的尺寸主要是由天线决定的。

（4）由天线和芯片构成的电子标签，很多是在条带上批量生产。

（5）由天线和芯片构成的电子标签尺寸很小。

（6）有些天线提供可扩充装置，可提供短距离和长距离的 RFID 电子标签。

2. 微波 RFID 天线的应用方式

微波 RFID 天线的应用方式很多，下面以仓库流水线上纸箱跟踪为例，给出微波 RFID 天线在跟踪纸箱过程中的使用方法。

（1）纸箱放在流水线上，通过传动皮带送入仓库。

（2）纸箱上贴有标签，标签有两种形式，一种是电子标签，一种是条码标签。为防止电子标签损毁，纸箱上还贴有条码标签，以作备用。

（3）在仓库门口放置 3 个读写器天线，读写器天线用来识别纸箱上的电子标签，从而完成物品识别与跟踪的任务。

微波 RFID 天线在纸箱跟踪中的应用如图 3.17 所示。

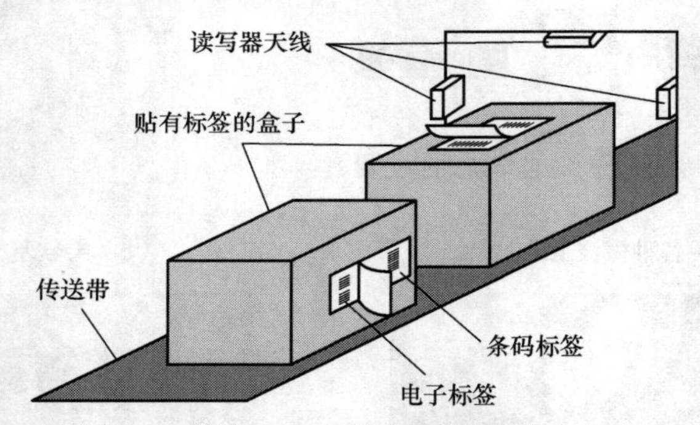

图 3.17　微波 RFID 天线在纸箱跟踪中的应用

3. 微波 RFID 天线的设计

微波 RFID 天线的设计，需要考虑天线采用的材料，需要考虑天线的尺寸，需要考虑天线的作用距离，还需要考虑频带宽度、方向性、增益等多项性能指标。微波 RFID 天线主要采用偶极子天线、微带天线、非频变天线、阵列天线等，下面对这些天线加以讨论。

（1）弯曲偶极子天线。

偶极子天线即振子天线。为了缩短天线的尺寸，在微波 RFID 中偶极子天线常采用弯曲结构。弯曲偶极子天线纵向延伸方向至少折返一次，从而具有至少两个导体段，每个导体段分别具有一个延伸轴，这些导体段借助于一个连接段相互平行且有间隔地排列，并且第一导体段向空间延伸，折返的第二导体段与第一导体段垂直，第一和第二导体段扩展成一个导体平面。弯曲偶极子天线如图 3.18 所示，可以视为变形的对称振子天线。

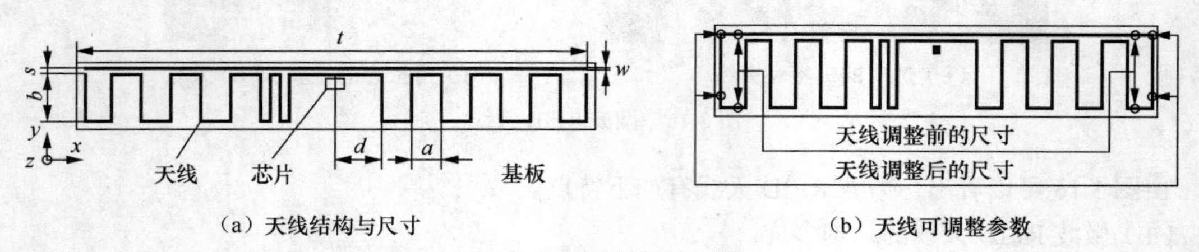

（a）天线结构与尺寸　　（b）天线可调整参数

图 3.18　弯曲偶极子天线

由于尺寸和调谐的要求，偶极子天线采用弯曲结构是一个自然的选择。弯曲允许天线紧凑，并提供了与弯曲轴垂直平面上的全向辐射性能。通过调整参数，可以改变天线的增益和阻抗，并改变电子标签的谐振、最高射程、频带宽度等。

（2）微带天线。

微波 RFID 也常采用微带天线。微带天线是平面型天线，具有小型化、易集成、方向性好等优点，可以做成共形天线，易于形成圆极化，制作成本低，易于大量生产。微带天线按结构特征可以分为微带贴片天线和微带缝隙天线两大类；按形状可以分为矩形、圆形、环形微带天线等；按工作原理可以分成谐振型（驻波型）和非谐振型（行波型）微带天线。

大多数微带天线只在介质基片的一面上有辐射单元，因此可以用微带或同轴线馈电。因为天线输入阻抗不等于通常的 50Ω 传输线阻抗，所以需要匹配。为了使频带加宽，可增加基片的厚度，或减小基片的相对介电常数（ε_r）值。如果改变介质板的厚度、介电常数和微带贴片的宽度等，从对方向图影响的角度来看，对赤道面上方向图的影响不大，但对子午面上方向图的影响明显，前倾的半圆形方向图可能会变成横 8 字型方向图。

① 微带驻波贴片天线。

微带贴片天线（MPA）是由介质基片、在基片一面上任意平面几何形状的导电贴片以及在基片另一面上的导体接地板 3 部分所构成。贴片形状可以是多种多样的，实际应用中，由于某些特殊的性能要求和安装条件的限制，必须用到某种形状的微带贴片天线。为使微带天线适用于各种特殊用途，对各种几何形状的微带贴片天线进行分析就相当重要。各种微带贴片天线的贴片形状如图 3.19 所示。

② 微带行波贴片天线。

微带行波天线（MTA）是由基片、在基片一面上的链形周期结构或普通的长 TEM 波传输线以及在基片另一面上的导体接地板 3 部分组成。TEM 波传输线的末端接匹配负载，当天线上维持行波时，可从天线结构设计上使主波束位于从边射到端射的任意方向。各种微带行波天线的形状如图 3.20 所示。

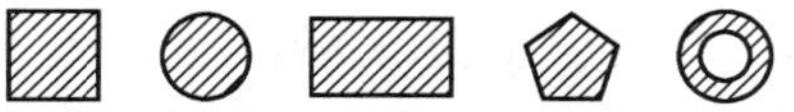

正方形　圆形　矩形　五角形　圆环形

图 3.19　各种微带贴片天线的贴片形状

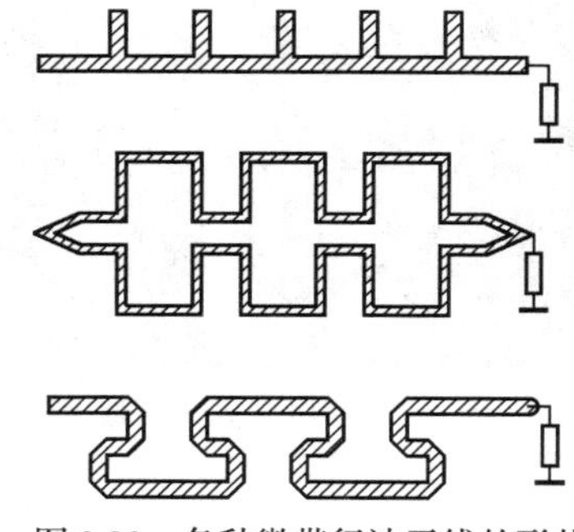

图 3.20　各种微带行波天线的形状

③ 微带缝隙天线。

微带缝隙天线由微带馈线和开在导体接地板上的缝隙组成。微带缝隙天线是把接地板刻出窗口（即缝隙），而在介质基片的另一面印刷出微带线对缝隙馈电，缝隙可以是矩形（宽的或窄的）、圆形或环形。各种微带缝隙天线的形状如图 3.21 所示。

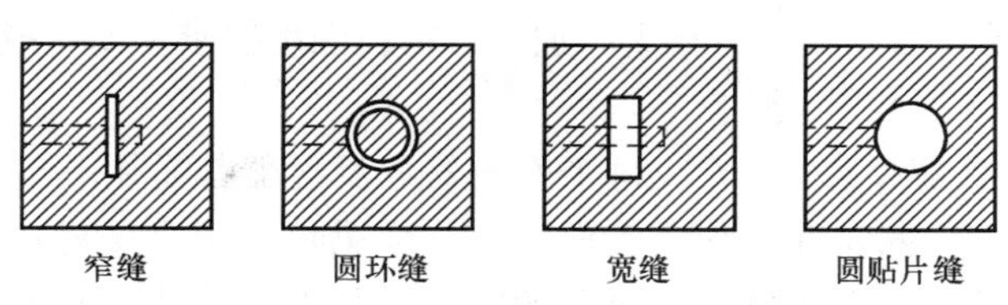

图 3.21　各种微带缝隙天线的形状

（3）阵列天线。

阵列天线是一类由不少于两个天线单元按照规则排列或随机排列，并通过适当激励获得预定辐射特性的天线。就发射天线来说，简单的辐射源如点源、对称振子源是常见的，阵列天线是将它们按照直线或者更复杂的形式，排成某种阵列形式，构成阵列形式的辐射源，并通过调整阵列天线馈电电流、间距、电长度等不同参数，来获取最好的辐射方向性。

目前，随着通信技术的迅速发展，以及对天线诸多研究方向的提出，都促使了新型天线的诞生，这其中就包括智能天线。智能天线技术利用各个用户间信号空间特征的差异，通过阵列天线技术在同一信道上接收和发射多个用户信号而不发生相互干扰，使无线电频谱的利用和信号的传输更为有效。

自适应阵列天线是智能天线的主要类型，可以实现全向天线，完成用户信号的接收和发送。自适应阵列天线采用数字信号处理技术识别用户信号到达方向，并在此方向形成天线主波束。自适应天线阵是一个由天线阵和实时自适应信号接收处理器所组成的一个闭环反馈控制系统，它用反馈控制方法自动调准天线阵的方向图，使它在干扰方向形成零陷，将干扰信号抵消，而且可以使有用信号得到加强，从而达到抗干扰的目的。

（4）八木天线。

八木天线是一种寄生天线阵，它只有一个阵元是直接馈电的，其他阵元都是非直接激励，是采用近场耦合从有源阵元获得激励。八木天线有很好的方向性，较偶极子天线有较高的增益，实现了阵列天线提高增益的目的。八木天线如图 3.22 所示。

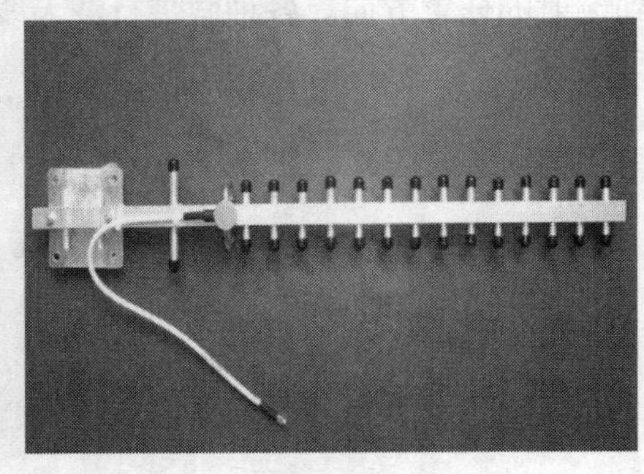

（a）16 元八木天线

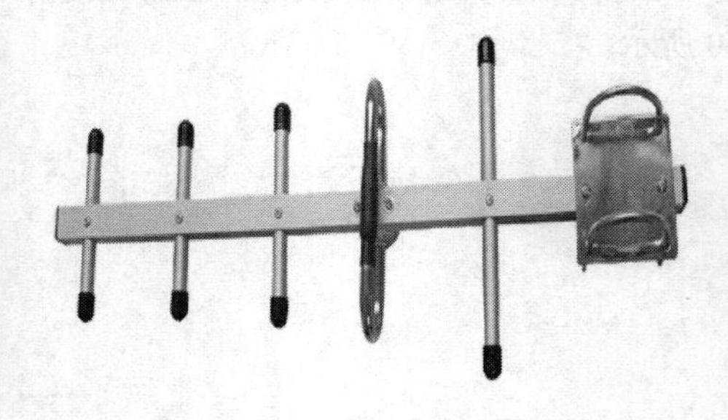

（b）5 元八木天线

图 3.22　八木天线

① 八木天线的方向性。在八木天线中，比有源振子稍长一点的称为反射器，它在有源振子的一侧，起着削弱从这个方向传来的电波或从本天线发射去的电波的作用；比有源振子稍短一点的称为引向器，它位于有源振子的另一侧，能增强从这一侧方向传来的或向这个方向发射出去的电波。引向器可以有许多个，每根长度都要比其相邻的并靠近有源振子的那根长度相同或略短一点。引向器数量越多，辐射方向越尖锐，增益越高，但实际上超过 4、5 个引向器之后，这种增加就不太明显了，而体积大、自重增加、对材料强度要求提高、成本加大等问题却逐渐突出。

② 八木天线的“大梁”。八木天线每个引向器和反射器都是用一根金属棒做成，所有振子都是按一定的间距平行固定在一根“大梁”上，大梁也是用金属材料做成的。振子中点不需要与大梁绝缘，振子的中点正好位于电压的零点，零点接地没有问题。而且这还有一个好处，在空间感应到的静电正好可以通过这个中间接触点，将天线金属立杆导通到建筑物的避雷地网中去。

③ 八木天线的有源振子。八木天线的有源振子是一个关键的单元，有源振子有两种常见的形态，一种是直振子，另一种是折合振子。直振子是二分之一波长偶极振子，折合振子是直振子的变形。有源振子与馈线相接的地方必须与主梁保持良好的绝缘，而折合振子中点仍可以与大梁

相通。

④ 八木天线的输入阻抗。二分之一波长折合振子的输入阻抗，比二分之一波长偶极天线的输入阻抗高 4 倍。当加了引向器和反射器后，输入阻抗的关系就变得复杂起来了。总的来说，八木天线的输入阻抗比仅有基本振子的输入阻抗要低很多，而且八木天线各单元间距越大则阻抗越高，反之则阻抗越低，同时天线的效率也降低。

⑤ 八木天线的阻抗匹配。八木天线需要与馈线达到阻抗匹配，于是就有了各种各样的匹配方法。一种匹配方法是在馈电处并接一段 U 型导体，它起着一个电感器的作用，和天线本身的电容形成并联谐振，从而提高了天线阻抗。还有一种简单的匹配方法，是把靠近天线馈电处的馈线绕成一个约六、七圈的线圈挂在那里，这与 U 型导体匹配的原理类似。

⑥ 八木天线的平衡输出。八木天线是平衡输出，它的两个馈电点对“地”呈现相同的特性。但通常的收发信机天线端口却是不平衡的，这将破坏天线原有的方向特性，而且在馈线上也会产生不必要的发射。一副好的八木天线，应该有“平衡－不平衡”转换。

⑦ 八木天线振子的直径。八木天线振子的直径对天线性能有影响。直径影响振子的长度，直径大则长度应略短。直径影响带宽，直径大，天线 Q 值低些，工作频率带宽就大一些。

⑧ 八木天线的架设。架设八木天线时，要注意振子是与大地平行还是垂直，并注意收信、发信双方保持姿态一致，以保证收发双方保持相同的极化方式。振子以大地为参考面，振子水平安装时，发射电波的电场与大地平行，称为水平极化波；振子与地垂直安装时，发射的电波与大地垂直，是垂直极化波。

（5）非频变天线。

一般来说，若天线的相对带宽达到百分之几十，这类天线称为宽频带天线；若天线的频带宽度能够达到 10：1，这类天线称为非频变天线。非频变天线能在一个很宽的频率范围内，保持天线的阻抗特性和方向特性基本不变或稍有变化。

现在，RFID 使用的频率很多，这要求一台读写器可以接收不同频率电子标签的信号，因此，读写器发展的一个趋势是可以在不同的频率使用，这使得非频变天线成为 RFID 的一个关键技术。非频变天线有多种形式，有圆锥等角螺旋天线和对数周期天线等。

① 圆锥等角螺旋天线。平面等角螺旋天线的辐射是双方向的，为了得到单方向辐射，可以做成圆锥等角螺旋天线。图 3.23 所示为实际的圆锥等角螺旋天线。

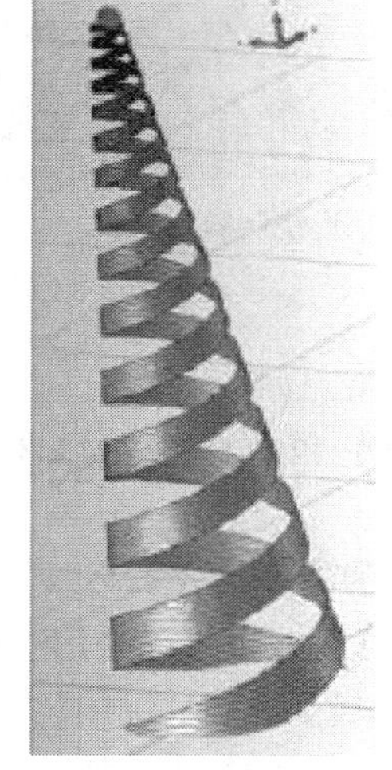

图 3.23　圆锥等角螺旋天线

② 对数周期天线。对数周期天线是非频变天线的另一种形式，它基于以下的概念：当某一天线按某一比例因子 τ 变换后，若依然等于它原来的结构，则天线的性能在频率为 f 和频率为 τf 时保持相同。对数周期天线常采用振子结构，其结构简单，在短波、超短波和微波波段都得到了广泛应用。对数周期天线有时需要圆极化，两个对数周期天线可以构成圆极化，这需要将这两个天线的振子相对垂直放置。圆极化对数周期天线如图 3.24 所示。

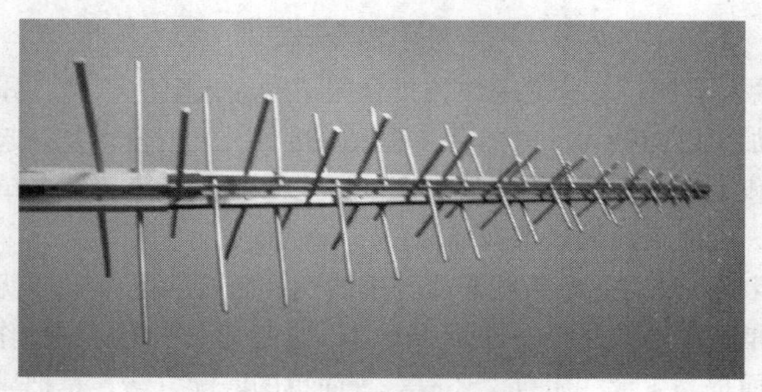

图 3.24　圆极化对数周期天线

3.4 RFID 天线的制造工艺

为适应电子标签的快速应用和发展，RFID 天线采用了多种制作工艺。RFID 天线制作工艺主要有线圈绕制法、蚀刻法和印刷法。低频 RFID 电子标签天线基本是采用绕线方式制作而成；高频 RFID 电子标签天线利用以上 3 种方式均可实现，但以蚀刻天线为主，其材料一般为铝或铜；微波 RFID 电子标签天线则以印刷天线为主。

3.4.1　线圈绕制法

利用线圈绕制法制作 RFID 天线时，要在一个绕制工具上绕制标签线圈，并使用烤漆对其进行固定，此时，天线线圈的匝数一般较多。将芯片焊接到天线上之后，需要对天线和芯片进行粘合，并加以固定。线圈绕制法制作的 RFID 天线如图 3.25 所示。

（a）矩形绕制线圈天线

（b）圆形绕制线圈天线

图 3.25　线圈绕制法制作的 RFID 天线

线圈绕制法的特点如下。

（1）频率范围在 125 kHz～134 kHz 的 RFID 电子标签，只能采用这种工艺，线圈的圈数一般为几百到上千。

（2）这种方法的缺点是成本高，生产速度慢。

（3）高频 RFID 天线也可以采用这种工艺，线圈的匝数一般为几到几十。

（4）UHF 天线很少采用这种工艺。

（5）这种方法天线通常采用焊接的方式与芯片连接，此种技术只有在保证焊接牢靠、天线硬实、模块位置十分准确以及焊接电流控制较好的情况下，才能保证较好的连接，由于受控的因素

较多，这种方法容易出现虚焊、假焊和偏焊等缺陷。

3.4.2　蚀刻法

蚀刻法是在一个塑料薄膜上层压一个平面铜箔片，然后在铜箔片上涂覆光敏胶；干燥后通过一个正片（具有所需形状的图案）对其进行光照，然后放入化学显影液中，此时，感光胶的光照部分被洗掉，露出铜；最后放入蚀刻池，所有未被感光胶覆盖部分的铜被蚀刻掉，从而得到所需形状的天线。蚀刻法制作的 RFID 天线如图 3.26 所示。

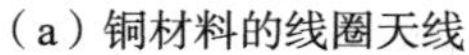

（a）铜材料的线圈天线

（b）铝材料的线圈天线

图 3.26　蚀刻法制作的 RFID 天线

蚀刻法的特点如下。

（1）蚀刻天线精度高，能够与读写器的询问信号相匹配，天线的阻抗、方向性等性能都很好，制造良率较高，天线性能优异且稳定。

（2）这种方法的缺点是成本太高，制作程序繁琐，产能低下，成本昂贵。

（3）高频 RFID 标签常采用这种工艺。

（4）蚀刻的 RFID 标签耐用年限为十年以上。

3.4.3　印刷法

印刷天线是直接用导电油墨在绝缘基板（薄膜）上印刷导电线路，形成天线和电路。目前，印刷天线的主要印刷方法已从只用丝网印刷，扩展到胶印印刷、柔性版印刷和凹印印刷等，较为成熟的制作工艺为网印技术与凹印技术。印刷天线技术的进步，使 RFID 标签的生产成本降低，从而促进了 RFID 电子标签的应用。

印刷天线技术可以用于大量制造 13.56 MHz 和 UHF 频段的 RFID 电子标签。该工艺的优点是产出最大，成本最低；但是这种方法的缺点是电阻大，附着力低，耐用年限较短。印刷法制作的 RFID 天线如图 3.27 所示。

1．印刷天线的特点

印刷天线与蚀刻天线、绕制天线相比，具有以下独特之处。

（1）可更加精确地调整电性能参数。

RFID 标签天线的主要技术参数有谐振频率、Q 值和阻抗等。为了达到天线的最优性能，印刷 RFID 标签可以采用改变天线匝数、天线尺寸和线径粗细的方法，将电性能参数精确调整到所需的目标值。

（a）印刷法制作的天线可批量生产

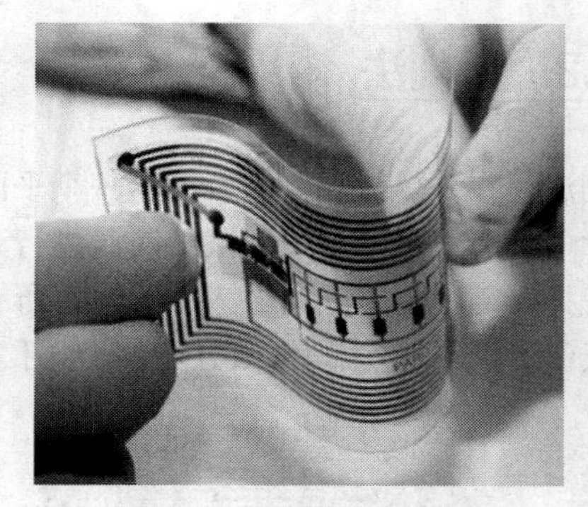

（b）印刷法制作的天线有柔韧性

图 3.27　印刷法制作的 RFID 天线

（2）可满足各种个性化要求。

印刷天线技术可以通过局部改变天线的宽度、晶片层的厚度、改变物体表面的曲率和角度等，来完成 RFID 多种使用用途，以满足客户各种个性化的要求，而不降低任何使用性能。

（3）可使用各种不同基体材料。

印刷天线可按用户要求使用不同基体材料，除可以使用聚氯乙烯（PVC）外，还可使用共聚酯（PET-G）、聚酯（PET）、丙烯腈-丁二烯-苯乙烯共聚物（ABS）、聚碳酸酯（PC）和纸基材料等。如果采用绕线技术或蚀刻技术，就很难用 PC 等材料生产出适应恶劣环境条件的 RFID 标签。

（4）可使用各种不同厂家提供的晶片模块。

随着 RFID 标签的广泛使用，越来越多的 IC 晶片厂家加入到 RFID 晶片模块生产的队伍。由于缺乏统一标准，IC 晶片的电性能参数也都不同。而印刷天线的结构灵活，可分别与各种不同晶片以及采用不同封装形式的模块相匹配，能达到最佳使用性能。

2. RFID 印刷天线的应用价值

（1）促进各行业 RFID 应用。

对于一般商品，RFID 标签的使用会导致产品成本的提高，从而阻碍了 RFID 技术的进一步应用。但导电油墨技术可使 RFID 应用走出成本瓶颈，利用导电油墨进行 RFID 标签天线的印刷，可大大降低 HF 及 UHF 天线的制作成本，从而降低 RFID 标签的总体成本。

（2）促进印刷产业的发展。

RFID 天线的制作需要借助于先进的印刷技术，这无疑为印刷行业拓宽了发展的方向，使印刷行业不再仅仅局限于传统的纸面印刷，而是与自动识别行业、半导体行业等有了交叉点，这可以促进各个行业的共同进步。

习题

3.1 简述天线的定义和天线的分类方法。

3.2 天线的电参数包括天线的效率、输入阻抗、方向性参数、增益、有效长度、极化、频带宽度等。简述上述电参数分别定量分析了天线的哪些性能指标。

3.3 画出电基本振子的立体方向图、E 面方向图和 H 面方向图，计算电基本振子的半功率波

瓣宽度和方向性系数。

3.4 简述半波和全波对称振子天线的结构、方向图形状、半功率波瓣宽度和辐射电阻的数值。对称振子天线加粗能提高频带宽度吗？

3.5 简述引向天线、螺旋天线、微带天线、缝隙天线和旋转抛物面天线的结构、方向性、频带宽度和优缺点。

3.6 RFID 天线应用的一般要求是什么？RFID 天线分为电子标签天线和读写器天线，这两种天线的设计要求和面临的技术问题相同吗？典型的天线设计方法是什么？

3.7 简述低频和高频 RFID 天线的结构和磁场分布。以圆环形线圈为例，线圈天线的最佳尺寸是什么？当线圈天线的半径为常数时，与线圈相距多少可以获得最大的磁场？

3.8 简述微波频段 RFID 采用哪些天线？其中弯曲偶极子天线的设计特点是什么？举例说明微波 RFID 天线的应用方式。

3.9 简述线圈绕制法、蚀刻法和印刷法的天线制作工艺特点。哪种频段的 RFID 天线采用上述工艺？印刷天线的应用价值是什么？

第4章 RFID射频前端电路

无线通信传递的原始电信号频率很低，称为基带信号。但是以自由空间作为信道的无线传输，却无法直接传送这些基带信号。把基带信号变换成适合在无线信道中传输的信号，并在接收端进行反变换，需要采用射频前端电路。天线发射频率很高的射频信号，是通过射频前端电路由基带信号变换而来；天线接收十分微弱、与发射频率相同的射频信号，通过射频前端电路又变换成为基带信号。基带信号和射频信号携带的消息本质没有发生变化，而频率大为不同。本章将讨论射频前端电路，并以 RFID 为基础给出设计和应用的现状。

4.1 RFID电感耦合方式的射频前端

低频和高频 RFID 是采用电感耦合的方式进行工作的，在这种工作方式中，线圈形式的天线相当于电感，电感线圈产生交变磁场，使读写器与电子标签之间相互耦合，构成了电感耦合的工作方式。同时，线圈产生的电感与射频电路中的电容组合在一起，形成谐振电路，读写器和电子标签的射频前端都采用谐振电路，谐振电路可以实现 RFID 射频信号和能量的传输。

4.1.1 线圈的自感和互感

读写器与电子标签线圈形式的天线相当于电感，电感有自感和互感两种。读写器线圈、电子标签线圈分别都有自感，同时，读写器线圈与电子标签线圈之间形成互感。线圈的电感与通过线圈的磁通量有关，下面先介绍通过线圈的磁通量，然后介绍线圈的自感和互感。

1. 磁通量

磁感应强度 $\boldsymbol{B}$ 通过曲面 $\boldsymbol{S}$ 的通量称为磁通量，磁通量用Φ表示。

$$\Phi = \int_S \boldsymbol{B} \cdot \mathrm{d}\boldsymbol{S} \tag{4.1}$$

式中，$\mathrm{d}\boldsymbol{S}$ 的方向是面的法线方向 $\boldsymbol{n}$，磁通量的单位是韦伯（Wb）。磁通量也称为磁通，相当于通过一个闭合回路磁力线的总数，磁通量如图 4.1 所示。

在 RFID 中，读写器与电子标签的线圈通常都有很多匝，假设通过一匝线圈的磁通量为Φ，线圈的匝数为 N，则通过 N 匝线圈的总磁通量Ψ为

$$\psi = N\Phi \tag{4.2}$$

2. 线圈的电感

当磁场是由线圈本身的电流产生时，通过线圈的总磁通量与电流的比值称为线圈的自感，也即线圈的电感 L。在 RFID 中，读写器的线圈与电子标签的线圈都有电感。线圈的电感为

$$L = \frac{\psi}{I} \tag{4.3}$$

在计算线圈的电感时，线圈产生的磁通如图 4.2 所示。

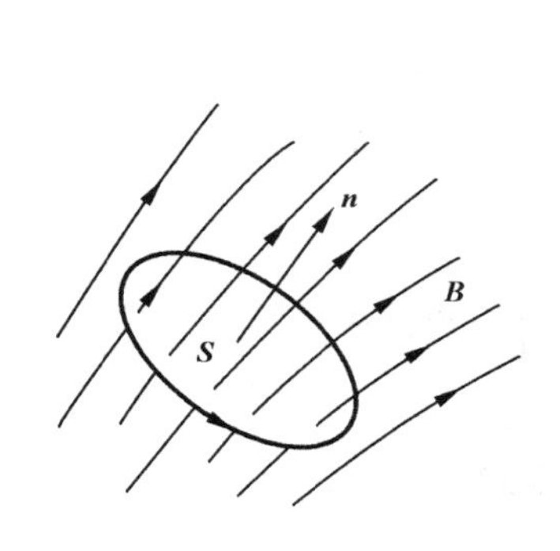

图 4.1 通过一个闭合回路的磁通量

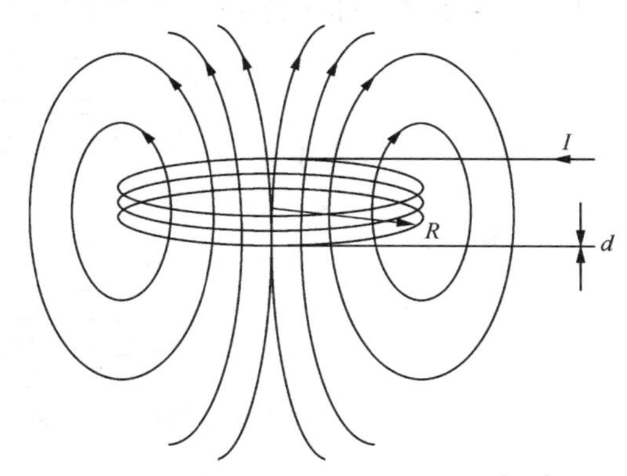

图 4.2 在计算自感时线圈产生的磁通

电感是线圈的一种电参量，线圈的电感仅与线圈的结构、尺寸和材料有关。如果读写器或电子标签线圈的匝数为 N，线圈为圆形，线圈的半径为 R，线圈导线的直径为 d，$d<<R$，如图 4.2 所示，则这种线圈的电感近似可以表示为

$$L = \mu_0 N^2 R \ln\left(\frac{2R}{d}\right) \tag{4.4}$$

3. 线圈间的互感

当第一个线圈上的电流产生磁场，并且该磁场通过第二个线圈时，通过第二个线圈的总磁通量与第一个线圈上电流的比值，称为两个线圈间的互感，互感用 M 表示。在 RFID 中，读写器的线圈与电子标签的线圈之间有互感。互感定义为

$$M_{12} = \frac{\psi_{12}}{I_1} \tag{4.5}$$

在计算线圈的互感时，线圈产生的磁通如图 4.3 所示。

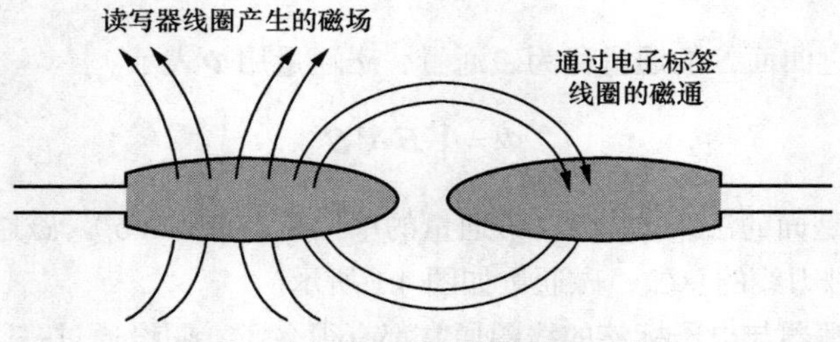

图 4.3　在计算互感时线圈产生的磁通

线圈之间的互感也是一种电参量，线圈之间的互感仅与两个线圈的结构、尺寸、相对位置和材料有关。如果读写器线圈的圈数为 N_1，电子标签线圈的圈数为 N_2，线圈都为圆形，线圈的半径分别为 R_1 和 R_2，两个线圈圆心之间的距离为 d，两个线圈平行放置，其中一个线圈的半径远小于 d 时，两个线圈之间的互感近似可以表示为

$$M_{12}=\frac{\mu_0\pi N_1N_2R_1^2R_2^2}{2\left(R_1^2+d^2\right)^{3/2}} \tag{4.6}$$

读写器与电子标签线圈之间的互感示意图如图 4.4 所示。

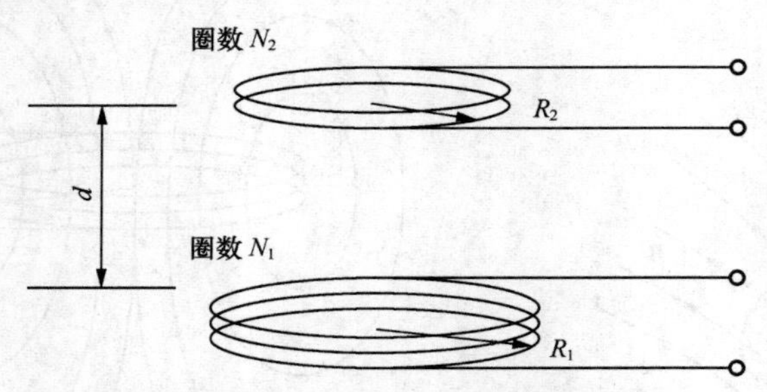

图 4.4　读写器与电子标签之间的互感示意图

4.1.2　RFID 读写器的射频前端

RFID 读写器的射频前端常采用串联谐振电路。串联谐振电路由电感和电容串联构成，在某一个频率上谐振，其功能是有选择地让一部分频率的信号通过，同时衰减通带外的信号。串联谐振电路可以使低频和高频 RFID 读写器有较好的能量输出。

1. RFID 读写器射频前端的结构

低频和高频 RFID 读写器天线与电子标签天线产生耦合，向电子标签提供电源，并建立读写器与电子标签的通信联系。对读写器射频前端（也称天线电路）的构造有如下要求。

（1）读写器天线上的电流最大，使读写器线圈产生最大的磁通。

（2）功率匹配，最大程度地输出读写器的能量。

（3）足够的带宽，使读写器信号无失真输出。

根据以上要求，读写器天线的电路应该是串联谐振电路。

串联谐振时，电路可以获得最大的电流，使读写器线圈上的电流最大；读写器可以最大程度地输出能量；根据带宽要求调整谐振电路的品质因数，可以满足读写器信号无失真输出。RFID

读写器射频前端电路如图 4.5 所示。

在图 4.5 中，电感 L 由线圈天线构成，电容 C 与电感 L 串联，构成串联谐振电路。实际应用时，电感 L 和电容 C 有损耗（主要是电感的损耗），串联谐振电路相当于电感 L、电容 C 和电阻 R 3 个元件串联而成。

2. 串联谐振电路

串联谐振电路如图 4.6 所示，由电阻 R、电感 L 和电容 C 串联而成。电路中的电感 L 储存磁能并提供感抗，电容 C 储存电能并提供容抗。当电感 L 储存的平均磁能与电容 C 储存的平均电能相等时，电路产生谐振，此时，电感 L 的感抗和电容 C 的容抗相互抵消，输入阻抗为纯电阻 R。串联谐振电路的特性可以用谐振频率、品质因数、输入阻抗、带宽等描述。

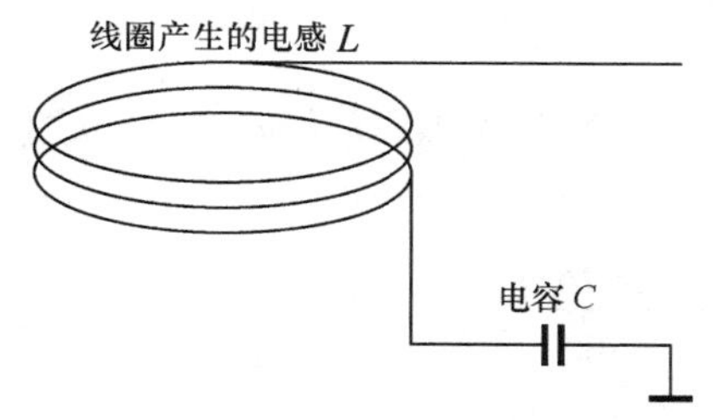

图 4.5　读写器射频前端天线电路的结构

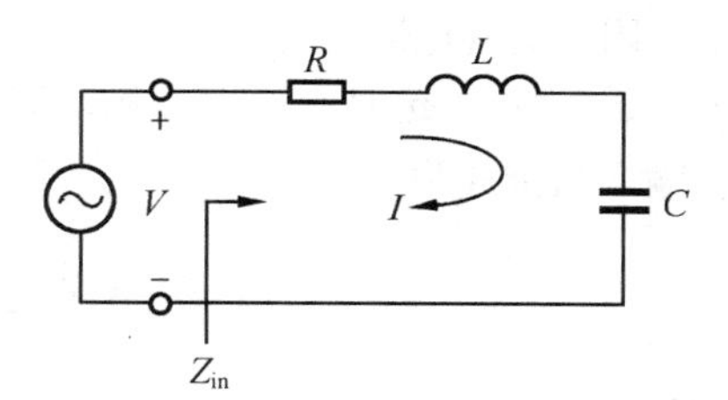

图 4.6　串联谐振电路

（1）谐振频率。

图 4.6 所示的电路，只有当频率为某一特殊值时，才能产生谐振，此频率称为谐振频率。图 4.6 中电感 L 储存的平均磁能为

$$W_m = \frac{1}{4}|I|^2 L \tag{4.7}$$

电容 C 储存的平均电能为

$$W_e = \frac{1}{4}|V_C|^2 C = \frac{1}{4}\left|\frac{I}{j\omega C}\right|^2 C \tag{4.8}$$

当电感 L 储存的平均磁能 W_m 与电容 C 储存的平均电能 W_e 相等时，可以计算出谐振频率。由式（4.7）和式（4.8）可以得到，谐振时的角频率为

$$\omega_0 = \frac{1}{\sqrt{LC}} \tag{4.9}$$

（2）品质因数。

品质因数描述了能耗这一谐振电路的重要内在特征。品质因数定义为

$$Q = \omega_0 \frac{\text{平均储能}}{\text{功率损耗}} \tag{4.10}$$

其中

$$\text{平均储能} = W_m + W_e = 2\times\frac{1}{4}|I|^2 L = \frac{1}{2}|I|^2 L$$

$$\text{功率损耗} = \frac{1}{2}|I|^2 R$$

于是可以得到品质因数为

$$Q = \frac{\omega_0 L}{R} \tag{4.11}$$

可以看出，串联电阻 R 越小，电路损耗越小，品质因数越高。

（3）输入阻抗。

输入阻抗为

$$Z_{in} = R + j\omega L - j\frac{1}{\omega C} = |Z_{in}|e^{j\varphi} \tag{4.12}$$

当 $\omega = \omega_0$ 时，电感 L 的感抗和电容 C 的容抗相互抵消，输入阻抗为

$$Z_{in} = R \tag{4.13}$$

这时的输入阻抗为纯电阻。

当 $\omega = \omega_0 \pm \Delta\omega \neq \omega_0$ 时，Z_{in} 是复数。若 $\omega > \omega_0$，$\varphi > 0$，Z_{in} 呈现感性；若 $\omega < \omega_0$，$\varphi < 0$，Z_{in} 呈现容性。输入阻抗成为

$$Z_{in} \approx R + j2L\Delta\omega \approx R + j\frac{2RQ\Delta\omega}{\omega_0} \tag{4.14}$$

（4）带宽。

输入阻抗的模 $|Z_{in}|$ 随频率而变，当 $\omega = \omega_0$ 时，$|Z_{in}|$ 达到最小值 R，当 ω 偏离 ω_0 时，$|Z_{in}|$ 增大。当频率由 ω_0 变为 ω_1 及 ω_2 时，若 $|Z_{in}|$ 从最小值 R 上升到 $\sqrt{2}R$，$\omega_2 - \omega_1$ 称为带宽，用 BW 表示。串联谐振电路的带宽如图 4.7 所示。

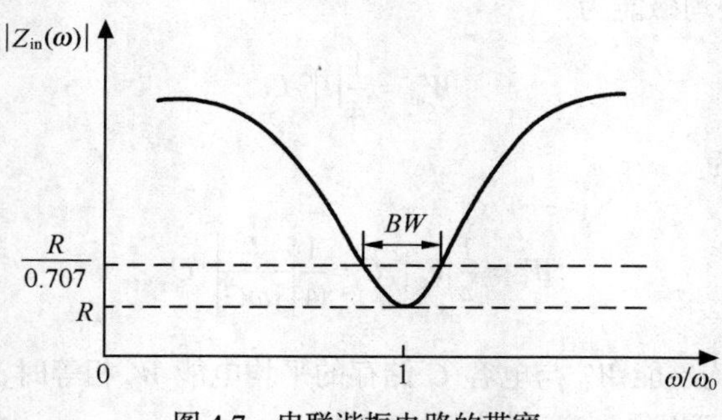

图 4.7　串联谐振电路的带宽

利用 $Q = \frac{\omega_0 L}{R} = \frac{1}{\omega_0 RC}$，输入阻抗为

$$Z_{in} = R\left[1 + jQ\left(\frac{\omega}{\omega_0} - \frac{\omega_0}{\omega}\right)\right] \tag{4.15}$$

若 $|Z_{in}| = R/2$，可以得到

$$\omega_0^2 = \omega_1\omega_2$$

$$\omega_1 - \frac{\omega_0^2}{\omega_1} = -\frac{\omega_0}{Q}$$

于是

$$BW = \omega_2 - \omega_1 = \frac{\omega_0}{Q} \tag{4.16}$$

上式说明，带宽可以由品质因数和谐振频率求得，如果品质因数越高，则相对带宽越小。

（5）有载品质因数。

前面定义的 Q 称为无载品质因数，它体现了谐振电路自身的特性。实际应用中，谐振电路总是要与外负载相耦合，由于外负载消耗能量，使有载品质因数下降。

假设外负载为 R_L，外部品质因数定义为

$$Q_e = \frac{\omega_0 L}{R_L} \tag{4.17}$$

R_L 将与 R 串联，总的电阻为 $R + R_L$，此时有载品质因数设为 Q_L，Q_L 为

$$Q_L = \frac{\omega_0 L}{R + R_L} \tag{4.18}$$

无载品质因数、外部品质因数和有载品质因数关系为

$$\frac{1}{Q_L} = \frac{1}{Q} + \frac{1}{Q_e} \tag{4.19}$$

4.1.3 RFID 电子标签的射频前端

RFID 电子标签的射频前端常采用并联谐振电路。并联谐振电路由电感和电容并联构成，在某一个频率上谐振，可以使低频和高频 RFID 电子标签从读写器耦合到最大的能量。

1. RFID 电子标签射频前端的结构

低频和高频 RFID 电子标签的天线用于耦合读写器的磁通，向电子标签提供电源，并在读写器与电子标签之间传递信息。对电子标签天线的构造有如下要求。

（1）电子标签天线上感应的电压最大，使电子标签线圈输出最大的电压。

（2）功率匹配，电子标签最大程度地耦合来自读写器的能量。

（3）足够的带宽，使电子标签接收的信号无失真。

根据以上要求，电子标签天线的电路应该是并联谐振电路。

并联谐振时，电路可以获得最大的电压，使电子标签线圈上输出的电压最大；可以最大程度地耦合读写器的能量；根据带宽要求调整谐振电路的品质因数，可以满足电子标签接收的信号无失真。RFID 电子标签射频前端天线电路的结构如图 4.8 所示。

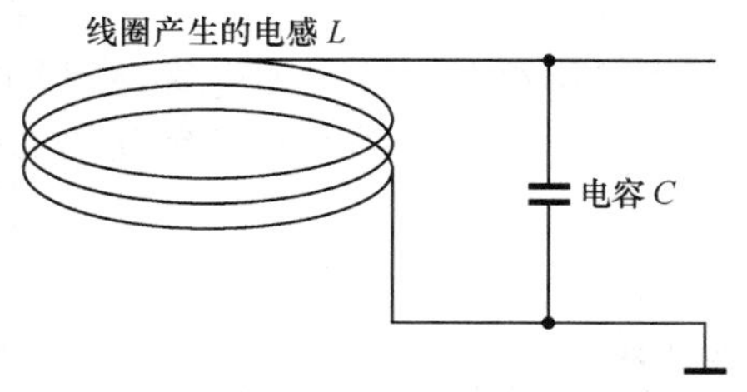

图 4.8　电子标签射频前端天线电路的结构

在图 4.8 中，电感 L 由线圈天线构成，电容 C 与电感 L 并联，构成并联谐振电路。实际应用时，电感 L 和电容 C 有损耗（主要是电感的损耗），并联谐振电路相当于电感 L、电容 C 和电阻 R 3 个元件并联而成。

2. 并联谐振电路

并联谐振电路如图 4.9 所示，由电阻 R、电感 L 和电容 C 并联而成。并联谐振电路的特性也可以用谐振频率、品质因数、输入阻抗和带宽等参量描述。

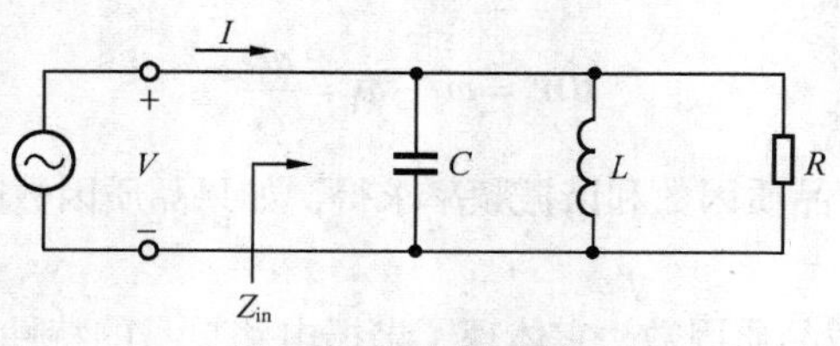

图 4.9　并联谐振电路

串联谐振电路和并联谐振电路的参量见表 4.1。

表 4.1　串联谐振电路和并联谐振电路参量一览表

参　量	串联谐振电路	并联谐振电路
输入阻抗或导纳	$Z_{in}=R+j\omega L-j\frac{1}{\omega C}$ $\approx R+j\frac{2RQ\Delta\omega}{\omega_0}$	$Y_{in}=\frac{1}{R}+\frac{1}{j\omega L}+j\omega C$ $\approx\frac{1}{R}+j\frac{2Q\Delta\omega}{\omega_0 R}$
储存的平均磁能	$W_m=\frac{1}{4}\lvert I\rvert^2 L$	$W_m=\frac{1}{4}\lvert V\rvert^2\frac{1}{\omega^2 L}$
储存的平均电能	$W_e=\frac{1}{4}\lvert I\rvert^2\frac{1}{\omega^2 C}$	$W_e=\frac{1}{4}\lvert V\rvert^2 C$
谐振角频率	$\omega_0=1/\sqrt{LC}$	$\omega_0=1/\sqrt{LC}$
带宽	$BW=\omega_2-\omega_1=\omega_0/Q$	$BW=\omega_2-\omega_1=\omega_0/Q$
无载品质因数	$Q=\frac{\omega_0 L}{R}$	$Q=\frac{R}{\omega_0 L}$
外部品质因数	$Q_e=\frac{\omega_0 L}{R_L}$	$Q_e=\frac{R_L}{\omega_0 L}$
有载品质因数	$Q_L=\frac{\omega_0 L}{R+R_L}$	$Q_L=\frac{RR_L}{\omega_0 L(R+R_L)}$
品质因数关系	$\frac{1}{Q_L}=\frac{1}{Q}+\frac{1}{Q_e}$	$\frac{1}{Q_L}=\frac{1}{Q}+\frac{1}{Q_e}$

例 4.1　设计一个由理想电感和理想电容构成的并联谐振电路，要求在负载 $R_L=50\Omega$ 及 $f=13.56$ MHz 时，有载品质因数 $Q_L=1.1$。讨论通过改变电感和电容值提高有载品质因数的途径。

解　由理想电感和理想电容构成的并联谐振电路，有载品质因数为

$$Q_L=\frac{R_L}{\omega_0 L}=1.1$$

所以电感为

$$L=\frac{50}{1.1\times 2\pi\times 13.56\times 10^6}\approx 533.5(\text{nH})$$

谐振时的角频率为

$$\omega_0=2\pi f_0=\frac{1}{\sqrt{LC}}$$

所以电容为

$$C=\frac{1}{533.5\times10^{-9}\times\left(2\pi\times13.56\times10^{6}\right)^{2}}\approx258(\text{pF})$$

并联谐振电路如图 4.10（a）所示。可以通过将电感值降低 n 倍、同时将电容值提高 n 倍的方法来提高有载品质因数，这时，有载品质因数可以提高 n 倍，而没有改变谐振频率。例如，选 $n=2$，电感、电容和有载品质因数分别为

$$L=\frac{533.5}{2}=267(\text{nH})$$

$$C=258\times2=516(\text{pF})$$

$$Q_{\text{L}}=1.1\times2=2.2$$

提高有载品质因数后的并联谐振电路如图 4.10（b）所示。

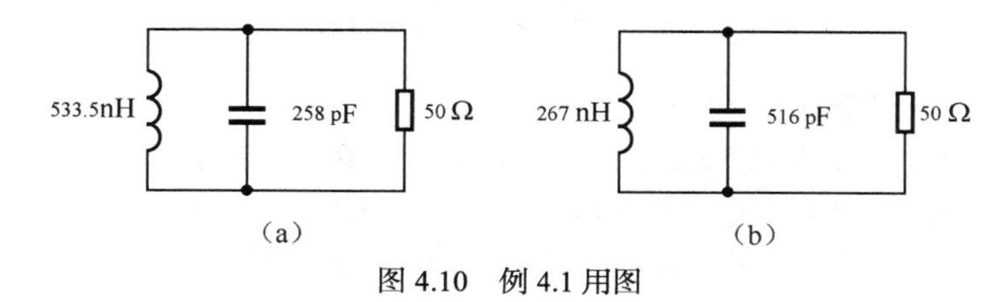

图 4.10　例 4.1 用图

4.1.4　读写器与电子标签之间的电感耦合

RFID 电感耦合系统的电子标签主要是无源的。对无源电子标签来说，交变电压从电感耦合中获得后，需要采用整流器把交变电压转换为直流，然后对电压进行滤波，以便给电子标签数据载体供电。

1. 电子标签的感应电压

当电子标签进入读写器产生的磁场区域后，电子标签的线圈上就会产生感应电压，当电子标签与读写器的距离足够近时，电子标签获得的能量可以使标签开始工作。

（1）电子标签线圈感应的电压。

在磁场中有一个任意闭合导体回路，当穿过回路的磁通量 ψ 改变时，回路中将出现电流，表明回路中出现了感应电动势。感应电动势与磁通量 ψ 的关系为

$$v=-\frac{\mathrm{d}\psi}{\mathrm{d}t}$$

电子标签线圈上感应电压的示意图如图 4.11 所示。

如果读写器线圈的圈数为 N_1，电子标签线圈的圈数为 N_2，线圈都为圆形，线圈的半径分别为 R_1 和 R_2，两个线圈圆心之间的距离为 d，两个线圈平行放置，电子标签线圈上感应的电压为

$$v_2=-\frac{\mathrm{d}\psi}{\mathrm{d}t}=-\frac{\mu_0\pi N_1N_2R_1^2R_2^2}{2\left(R_1^2+d^2\right)^{3/2}}\frac{\mathrm{d}i_1}{\mathrm{d}t}=-M\frac{\mathrm{d}i_1}{\mathrm{d}t}\qquad(4.20)$$

上式中的 M 即为式（4.6）中的互感。可以看出，电子标签上感应的电压 v_2 与互感 M 成正比，即 v_2 与两个线圈的结构、尺寸、相对位置和材料有关；电子标签上感应的电压 v_2 与两个线圈距离

的 3 次方成反比，即电子标签与读写器的距离越近，电子标签上耦合的电压越大。结论是，在电感耦合工作方式中，电子标签必须靠近读写器才能工作。

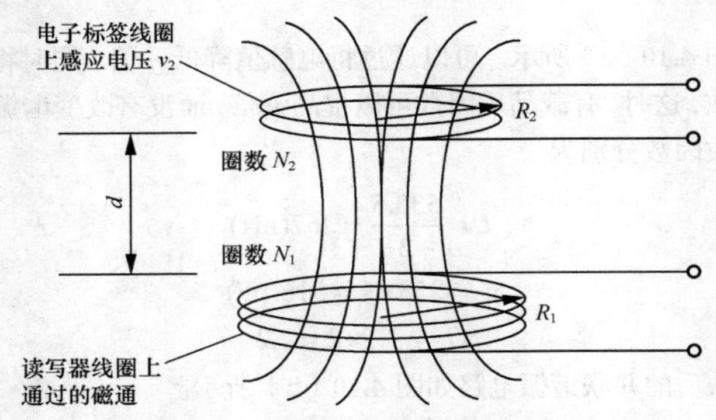

图 4.11　电子标签线圈上感应电压的示意图

（2）电子标签谐振回路的电压输出。

电子标签射频前端采用并联谐振电路，其等效电路如图 4.12 所示，其中，v_2 为线圈的感应电压，L_2 为线圈的电感，R_2 为线圈的损耗电阻，C_2 为谐振电容，R_L 为负载电阻。当负载电阻上产生的电压 v_2' 达到一定值之后，通过整流电路可以产生电子标签芯片工作的直流电压。

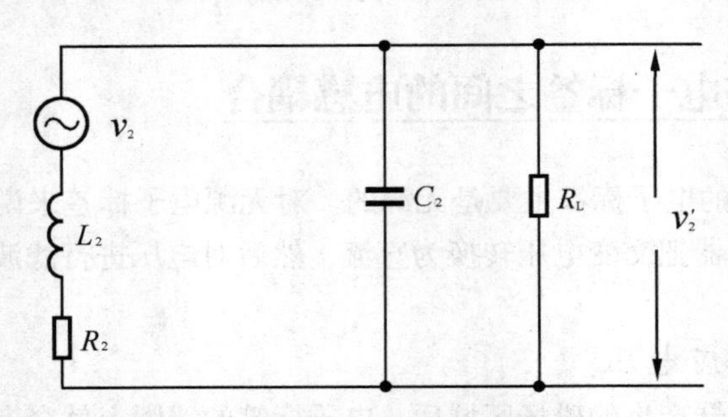

图 4.12　电子标签并联谐振的等效电路

电压 v_2' 的频率等于读写器电压的工作频率，也等于电感 L_2 和电容 C_2 的谐振频率，所以有

$$v_2' = v_2 Q = -M\frac{\mathrm{d}i_1}{\mathrm{d}t}Q \tag{4.21}$$

2. 电子标签的直流电压

电子标签的线圈产生交变电压后，该交变电压通过整流、滤波和稳压，给电子标签的芯片提供所需的直流电压。电子标签交变电压转换为直流电压的过程如图 4.13 所示。

（1）整流和滤波。

电子标签可以采用全波整流电路，线圈耦合得到的交变电压通过整流后，再经过滤波电容 C_p 滤掉高频成分，可以获得直流电压。这时，滤波电容 C_p 又可以作为储能元件。

（2）稳压电路。

由于电子标签与读写器的距离在不断变化，使得电子标签获得的交变电压也在不断变化，导致电子标签整流和滤波以后，直流电压不是很稳定，因此需要稳压电路。稳压电路输出直流电压 V_{cc}，给电子标签的芯片提供所需的直流电压。

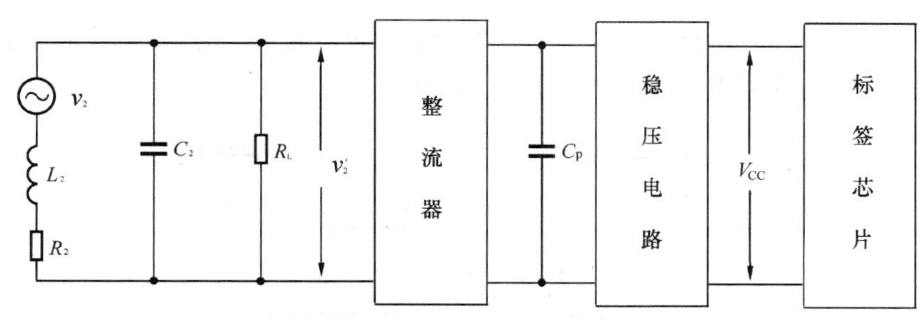

图 4.13 电子标签交变电压转换为直流电压

4.1.5 RFID 负载调制技术

在 RFID 系统中，电子标签向读写器的信息传输采用负载调制技术。负载调制通过对电子标签振荡回路的电参数按照数据流的节拍进行调节，使电子标签阻抗的大小和相位随之改变，从而完成调制的过程。负载调制技术主要有电阻负载调制和电容负载调制两种方式。

1. 电阻负载调制

在电阻负载调制中，负载 R_L 并联一个电阻 R_{mod}，R_{mod} 称为负载调制电阻，该电阻按数据流的时钟接通和断开，开关 S 的通断由二进制数据编码控制。电阻负载调制的原理图如图 4.14 所示。

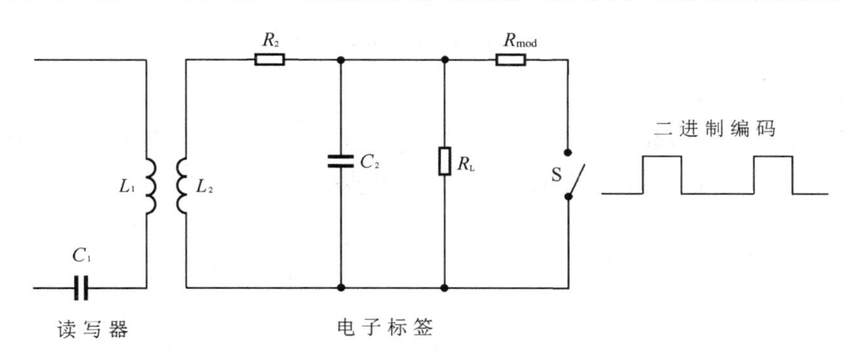

图 4.14 电阻负载调制的电路原理图

电阻负载调制的特性如下。

（1）当二进制数据编码为“1”时，开关 S 接通，电子标签的负载电阻为 R_{mod} 和 R_L 的并联；当二进制数据编码为“0”时，开关 S 断开，电子标签的负载电阻为 R_L。这说明，开关 S 接通时，电子标签的负载电阻比较小。

（2）对于并联谐振，如果并联电阻比较小，将降低品质因数。也就是说，当电子标签的负载电阻比较小时，品质因数 Q 值将降低，这将使谐振回路两端的电压下降。

（3）上述分析说明，开关 S 接通或断开，会使电子标签谐振回路两端的电压发生变化。为了恢复（解调）电子标签发送的数据，上述变化应该输送到读写器。

（4）当电子标签谐振回路两端的电压发生变化时，由于线圈电感耦合，这种变化会传递给读写器，表现为读写器线圈两端电压的振幅发生变化，因此产生对读写器电压的调幅。

（5）电阻负载调制的波形变化过程如图 4.15 所示。图 4.15（a）所示为电子标签数据的二进制数据编码，图 4.15（b）所示为电子标签线圈两端的电压，图 4.15（c）所示为读写器线圈两端

的电压，图 4.15（d）所示为读写器线圈解调后的电压。可以看出，图 4.15（a）与图 4.15（d）的二进制数据编码一致，表明电阻负载调制完成了信息传递的工作。

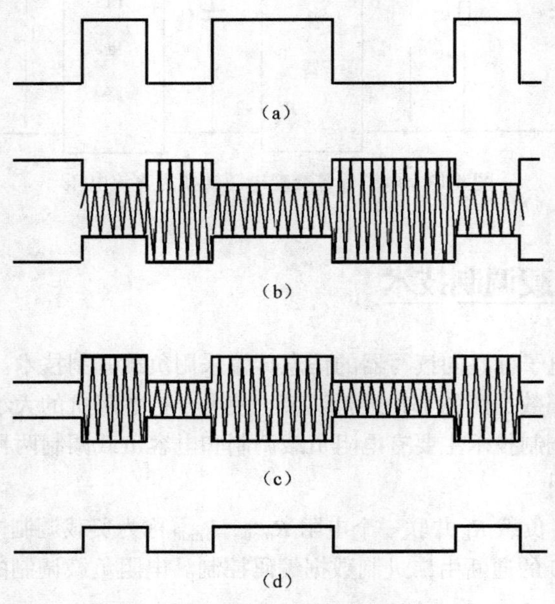

图 4.15　电阻负载调制的波形变化过程

2. 电容负载调制

在电容负载调制中，负载 R_L 并联一个电容 C_{mod}，C_{mod} 取代了由二进制数据编码控制的负载调制电阻 R_{mod}。电容负载调制的电路原理图如图 4.16 所示。

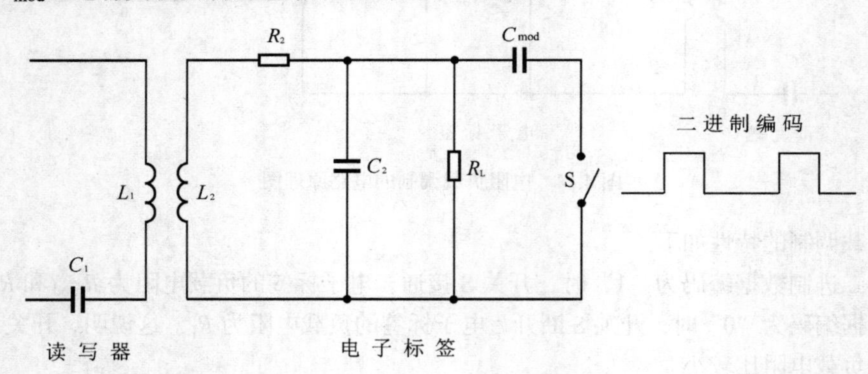

图 4.16　电容负载调制的电路原理图

电容负载调制的特性如下。

（1）在电阻负载调制中，读写器和电子标签在工作频率下都处于谐振状态；而在电容负载调制中，由于接入了电容 C_{mod}，电子标签回路失谐，又由于读写器与电子标签的耦合作用，导致读写器也失谐。

（2）开关 S 的通断控制电容 C_{mod} 按数据流的时钟接通和断开，使电子标签的谐振频率在两个频率之间转换。

（3）通过定性分析可以知道，电容 C_{mod} 的接入使电子标签电感线圈上的电压下降。

（4）由于电子标签电感线圈上的电压下降，使读写器电感线圈上的电压上升。

（5）电容负载调制的波形变化，与电阻负载调制的波形变化相似，但此时读写器电感线圈上电压不仅发生振幅的变化，也发生相位的变化，应尽量缩小相位变化。

4.2 RFID 电磁反向散射方式的射频前端

微波 RFID 系统采用电磁反向散射方式进行工作。在这种工作方式中，射频前端涉及很多射频电路的模块，其中包括射频滤波器、射频放大器、混频器及射频振荡器等，这些模块都是射频前端电路的基本组成部分，本节将介绍这些内容。

4.2.1 微波射频前端的一般框图

微波 RFID 的射频前端主要包括发射机电路和接收机电路，需要处理收、发两个过程。天线接收到的信号通过双工器进入接收通道，然后通过带通滤波器进入放大器，这时信号的频率还为射频；射频信号在混频器中与本振信号混频，生成中频信号；中频信号的频率为射频与本振信号频率的差值，混频后中频信号的频率比射频信号的频率大幅度降低。发射的过程与接收的过程相反，在发射的通道中首先利用混频器将中频信号与本振信号混频，生成射频信号；然后将射频信号放大，并经过双工器由天线辐射出去。在上述过程中，滤波、放大、本地振荡器和混频都属于射频前端电路的范畴，图 4.17 所示为微波射频前端的一般框图。

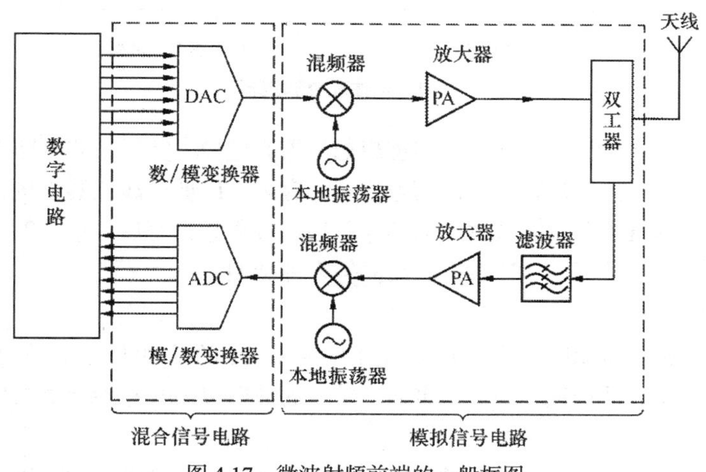

图 4.17 微波射频前端的一般框图

4.2.2 射频滤波器

滤波器是一个双端口网络，它允许所需要频率的信号以最小可能的衰减通过，同时大幅度衰减不需要频率的信号。射频电路许多有源和无源部件都没有获得精确的频率特性，因而在设计射频系统时通常会加入滤波器，滤波器可以非常精确地实现预定的频率特性。

1. 滤波器的类型

滤波器有低通、高通、带通和带阻 4 种基本类型。理想滤波器的输出在通带内与它的输入相同，在阻带内为零。图 4.18（a）所示为理想低通滤波器，它允许低频信号无损耗地通过滤波器，当信号频率超过截止频率后，信号的衰减为无穷大；图 4.18（b）所示为理想高通滤波器，它与理想低通滤波器正好相反，允许高频信号无损耗地通过滤波器，当信号频率低于截止频率后，信号的衰减为无穷大；图 4.18（c）所示为理想带通滤波器，它允许某一频带内的信号无损耗地通过滤波器，频带外的信号衰减为无穷大；图 4.18（d）所示为理想带阻滤波器，它让某一频带内的信号衰减为无穷大，频带外的信号无损耗地通过滤波器。

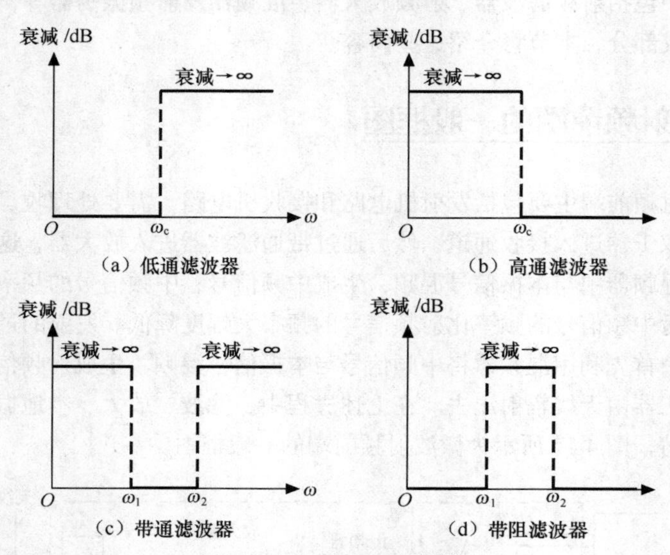

图 4.18　4 种理想滤波器

理想滤波器是不存在的，实际滤波器与理想滤波器有差异。实际滤波器即不能实现通带内的信号无损耗地通过，也不能实现阻带内的信号衰减无穷大。以低通滤波器为例，实际低通滤波器允许低频信号以很小的衰减通过滤波器，当信号频率超过截止频率后，信号的衰减将急剧增大。实际滤波器有巴特沃思滤波器、切比雪夫滤波器等多种类型。

2. 低通滤波器原型

低通滤波器原型是假定源阻抗为 1Ω、截止频率为 $\omega_c = 1$ 的低通滤波器。低通滤波器原型是设计滤波器的基础，集总元件低通、高通、带通、带阻滤波器以及分布参数滤波器，可以根据低通滤波器原型变换而来。

一般选择插入损耗作为考察滤波器的指标。插入损耗定义为来自源的可用功率与传送到负载功率的比值，用 dB 表示的插入损耗定义为

$$IL = 10\lg\frac{1}{1-\left|\Gamma_{\text{in}}(\omega)\right|^2} \tag{4.22}$$

式中，$\left|\Gamma_{\text{in}}(\omega)\right|$ 为滤波器输入端的反射系数。插入损耗可以选特定的函数，随所需的响应而定，常用的有通带内最平坦、通带内有等幅波纹起伏等，对应的滤波器分别称为巴特沃斯滤波器、切比雪夫滤波器等。

（1）巴特沃斯低通滤波器原型。

如果滤波器在通带内的插入损耗随频率的变化是最平坦的，这种滤波器称为巴特沃斯滤波器，也称为最平坦滤波器。对于低通滤波器，最平坦响应的数学表示式为

$$IL = 10\lg\left[1+k^2\left(\frac{\omega}{\omega_c}\right)^{2N}\right] \tag{4.23}$$

式中，N 为滤波器的阶数，ω_c 为截止角频率。一般选 $k=1$，这样当 $\omega=\omega_c$ 时，$IL=10\lg2$，插入损耗 IL 等于 3 dB。图 4.19 所示为低通滤波器的最平坦响应。

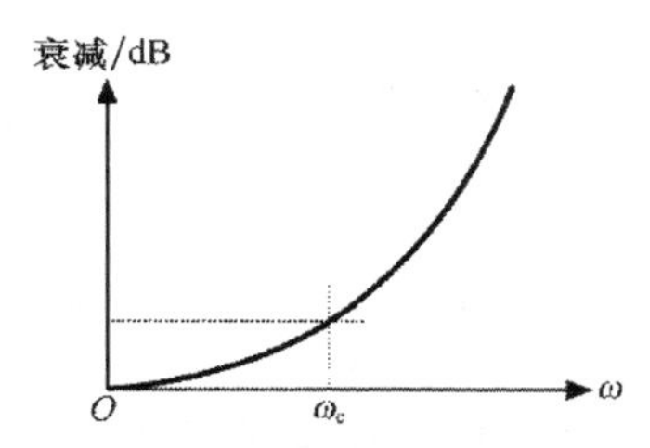

图 4.19　低通滤波器的最平坦响应

① 滤波器的阶数。

滤波器的 N 值越大，阻带内衰减随着频率增大的越快。可以将衰减随着频率的变化情况制成图表，图 4.20 所示为巴特沃斯滤波器衰减随频率变化的对应关系。

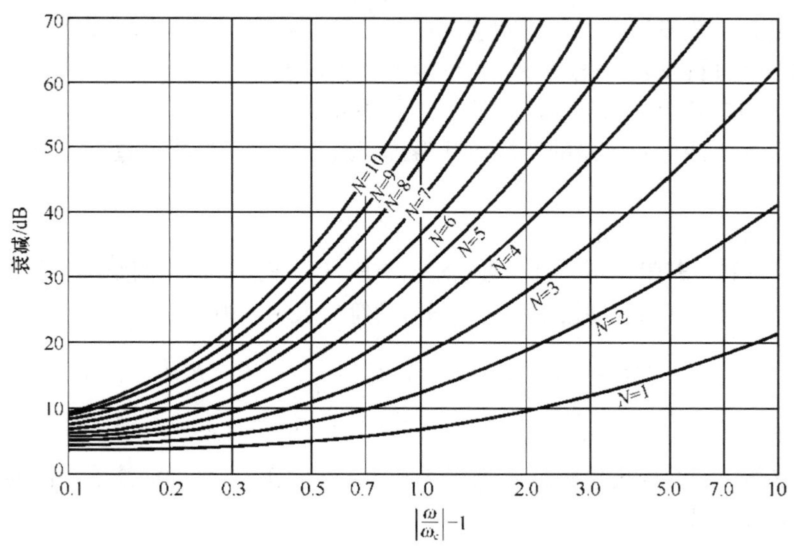

图 4.20　低通巴特沃斯滤波器衰减随频率变化的关系

② 滤波器的结构。

低通滤波器原型可以由集总元件电感和电容构成。低通滤波器原型的源阻抗为 1Ω，截止频率为 $\omega_c=1$。图 4.21 所示为低通滤波电路，图 4.21（a）与图 4.21（b）互为共生的电路形式，两者能给出同样的响应。

（2）切比雪夫低通滤波器原型。

如果滤波器在通带内有等波纹的响应，这种滤波器称为切比雪夫滤波器，也称为等波纹滤波

器。低通等波纹响应的数学表示式为

$$IL = 10\lg\left[1 + k^2 T_N^2\left(\frac{\omega}{\omega_c}\right)\right] \tag{4.24}$$

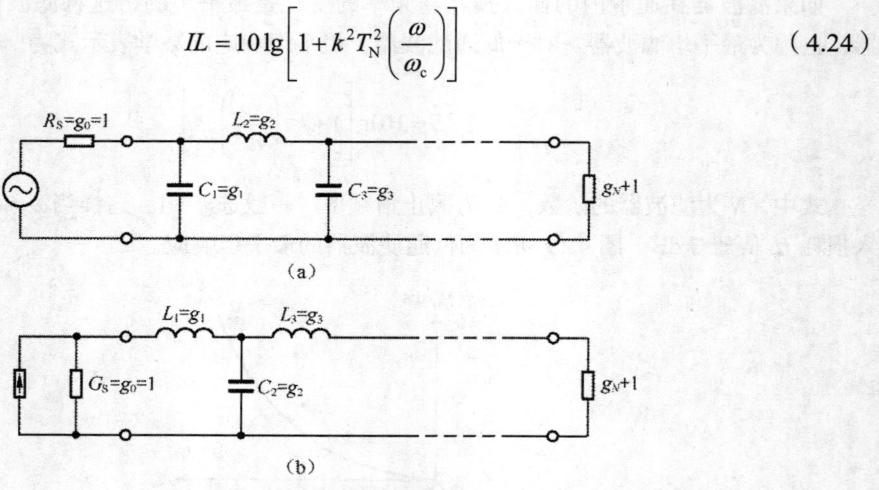

图 4.21 低通滤波器原型电路

式中 $T_N(x)$是切比雪夫多项式。图 4.22 所示为等波纹低通滤波器的响应。

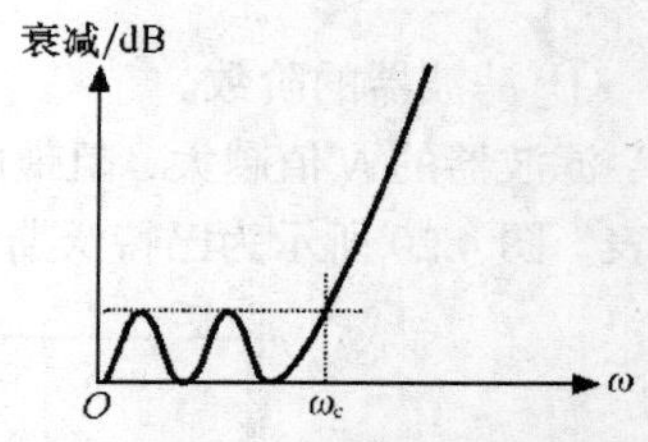

图 4.22 等波纹低通滤波器的响应

3. 滤波器的变换及集总参数滤波器

前面讨论的低通滤波器原型是假定源阻抗为 1Ω和截止频率为$\omega_c = 1$ 的归一化设计。为了得到实际的滤波器，必须对前面讨论的参数进行反归一化设计，将低通滤波器原型变换到任意源阻抗和任意频率的低通滤波器、高通滤波器、带通滤波器和带阻滤波器。滤波器的变换包括阻抗变换和频率变换两个过程，以满足实际的源阻抗和工作频率。

（1）阻抗变换。

实际的源阻抗和负载阻抗不为 1，必须对所有阻抗的表达式作比例变换。若实际的源电阻为 R_S，令变换后实际滤波器的元件值用下面带撇号的符号表示，则

$$R'_S = 1R_S\,,\quad L' = R_S L\,,\quad C' = \frac{C}{R_S}\,,\quad R'_L = R_S R_L \tag{4.25}$$

（2）频率变换。

将低通滤波器原型的截止频率由 1 改变为ω_c（$\omega_c \neq 1$），在低通滤波器中需要用ω/ω_c代替低通滤波器原型中的ω，即

$$\frac{\omega}{\omega_c} \to \omega \tag{4.26}$$

图 4.23 所示为低通滤波器原型到低通滤波器的频率变换，其中，图 4.23（a）所示为低通滤波器原型的响应，图 4.23（b）所示为低通滤波器的响应。为更清楚地表明衰减曲线在频域上的对称性，图 4.23 引入了负值频率。

低通滤波器原型也能变换到高通、带通和带阻滤波器的情形。从低通滤波器原型到低通滤波器、高通滤波器、带通滤波器和带阻滤波器的变换，如图 4.24 所示，图中只包括频率变换，不包括阻抗变换。

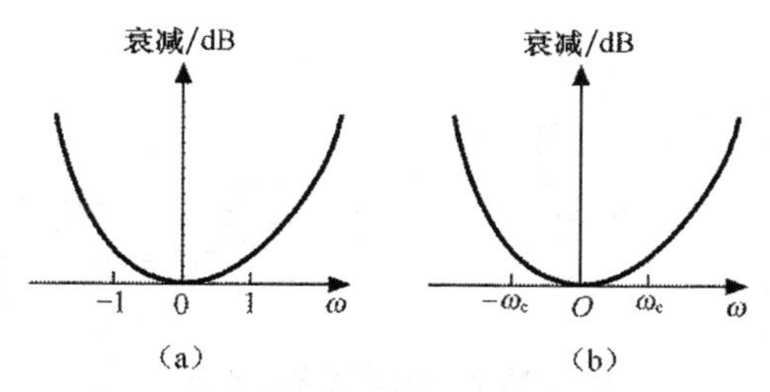

图 4.23　低通滤波器原型到低通滤波器的频率变换

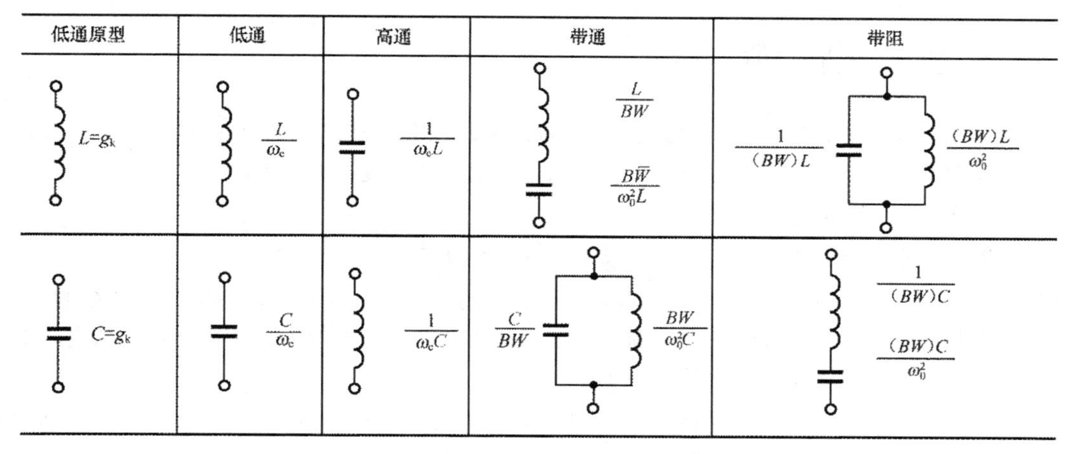

图 4.24　从低通滤波器原型到低通、高通、带通和带阻滤波器的变换

4. 分布参数滤波器的设计

前面讨论的滤波器是由集总元件电感和电容构成，当频率不高时，集总元件滤波器工作良好，但当频率高于 500 MHz 时，滤波器通常由分布参数元件构成。这是由两个原因造成的，其一是频率高时电感和电容应选的元件值过小，由于寄生参数的影响，如此小的电感和电容已经不能再使用集总参数元件；其二是此时工作波长与滤波器元件的物理尺寸相近，滤波器元件之间的距离不可忽视，需要考虑分布参数效应。分布参数滤波器的种类很多，下面只介绍微带短截线低通滤波器和平行耦合微带线带通滤波器。

（1）微带短截线低通滤波器。

在微波波段，可以将集总元件的电感和电容用一段终端短路或终端开路的传输线等效。终端短路和终端开路传输线的输入阻抗具有纯电抗性，利用传输线的这一特性，可以实现集总元件到分布参数元件的变换。某一 3 阶微带短截线低通滤波电路如图 4.25 所示。

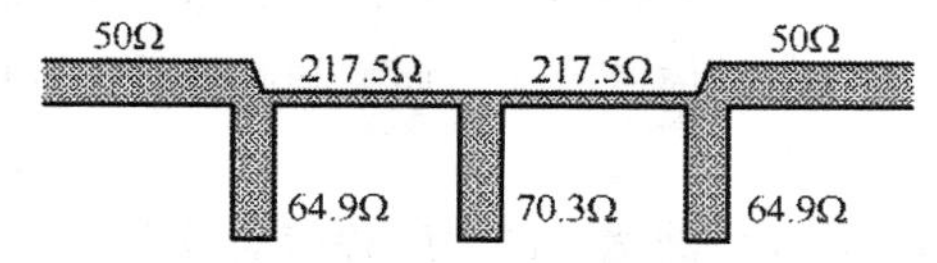

图 4.25　微带短截线低通滤波电路

（2）平行耦合微带线带通滤波器。

平行耦合微带传输线由两个无屏蔽的平行微带传输线紧靠在一起构成。平行耦合微带线可以构成带通滤波器，这种滤波器由多个四分之一波长耦合线段构成，它是一种常用的分布参数带通滤波器。多节平行耦合微带线带通滤波器如图 4.26 所示。

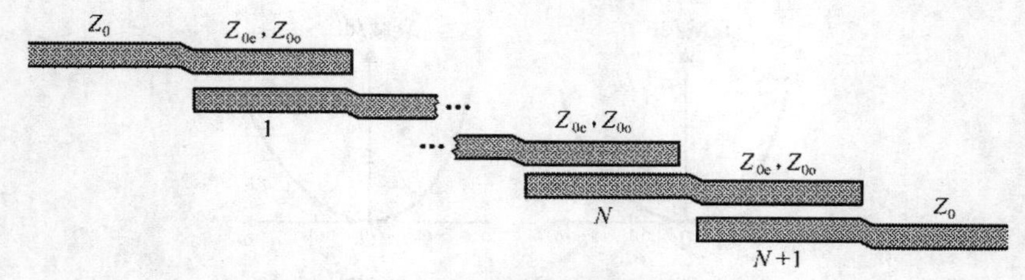

图 4.26　多节平行耦合微带线带通滤波器

4.2.3　射频低噪声放大器

在射频接收系统中，接收机前端需要放置低噪声放大器。设计射频低噪声放大器时，必须考虑电路的稳定性、增益、失配和噪声，这一点与低频放大器的设计方法不同。

1．放大器的稳定性

放大器的二端口网络如图 4.27 所示。图中，传输线上有反射波传输，源的反射系数为Γ_S，负载的反射系数为Γ_L，二端口网络输入端的反射系数为Γ_{in}，二端口网络输出端的反射系数为Γ_{out}。如果反射系数的模大于 1，传输线上反射波的振幅将比入射波的振幅大，这将导致不稳定产生。因此，放大器稳定意味着反射系数的模小于 1，即

$$|\Gamma_S|<1,\ |\Gamma_L|<1,\ |\Gamma_{in}|<1,\ |\Gamma_{out}|<1 \tag{4.27}$$

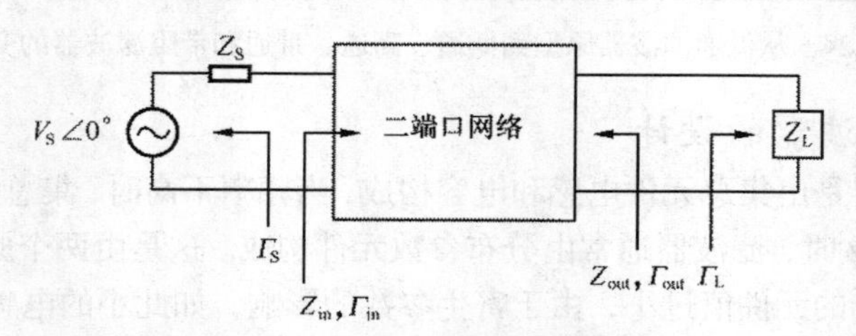

图 4.27　接有源和负载的放大器二端口网络

2．放大器的功率增益

对输入信号进行放大，是放大器最重要的任务，因此在低噪声放大器的设计中，增益的概念很重要。放大器的转换功率增益为

$$G_T = G_S\left|S_{21}\right|^2 G_L \tag{4.28}$$

式中，$\left|S_{21}\right|^2$为晶体管的增益，G_S为输入匹配网络的有效增益，G_L为输出匹配网络的有效增益。也就是说，放大器的增益不仅与晶体管有关，而且与晶体管的匹配网络有关。

3．放大器输入输出驻波比

信源与晶体管之间以及晶体管与负载之间的失配程度对放大器有影响。在很多情况下，放大器的失配由输入和输出电压驻波比表示。放大器输入、输出电压驻波比为

$$\text{VSWR} = \frac{1+\left|\Gamma\right|}{1-\left|\Gamma\right|} \tag{4.29}$$

由上式可以看出，晶体管反射系数越大，电压驻波比越大，失配也就越大。

4. 放大器的噪声

放大器的噪声系数定义为

$$F = \frac{P_{\mathrm{Si}} / P_{\mathrm{Ni}}}{P_{\mathrm{So}} / P_{\mathrm{No}}} \tag{4.30}$$

P_{Si}/P_{Ni} 为放大器输入端的额定信噪比，P_{So}/P_{No} 为放大器输出端的额定信噪比。

当 n 个放大器级连，放大器的总噪声系数 F 为

$$F = F_1 + \frac{F_2 - 1}{G_{A1}} + \frac{F_3 - 1}{G_{A1}G_{A2}} + \cdots + \frac{F_n - 1}{G_{A1}G_{A2}\cdots G_{An-1}} \tag{4.31}$$

可以看出，多级级连的高增益放大器，仅第一级对总噪声有较大影响。

4.2.4　射频功率放大器

功率放大器是大信号放大器，由于信号幅度比较大，晶体管时常工作于非线性区域。功率放大器可以设计为 A 类放大器、AB 类放大器、B 类放大器或 C 类放大器。当工作频率大于 1 GHz 时，常使用 A 类功率放大器，A 类放大器的效率最高为 50%。

1. 1 dB 增益压缩点

当晶体管的输入功率较低时，输出与输入功率成线性关系；当输入功率达到饱和状态时，其增益开始下降，或者称为压缩。小信号线性功率增益为 $G_{0\mathrm{dB}}$，当晶体管的增益由小信号线性功率增益下降 1 dB 时，对应的点称为 1 dB 增益压缩点，功率记为 $G_{1\mathrm{dB}}$。即

$$G_{1\mathrm{dB}} = G_{0\mathrm{dB}} - 1\ \mathrm{dB} \tag{4.32}$$

在 1 dB 增益压缩点，输入功率记为 $P_{\mathrm{in,1dB}}$，输出功率记为 $P_{\mathrm{out,1dB}}$，功率放大器输入功率与输出功率的关系如图 4.28 所示。图中 $P_{\mathrm{out,mds}}$ 为最小可检测的输出信号，$DR = P_{\mathrm{out,1dB}} - P_{\mathrm{out,mds}}\,(\mathrm{dB})$ 为功率放大器的动态范围。动态范围 DR 基本是放大器的线性工作范围，1 dB 增益压缩点的功率越大，DR 越大，功率放大器的工作范围就越大。

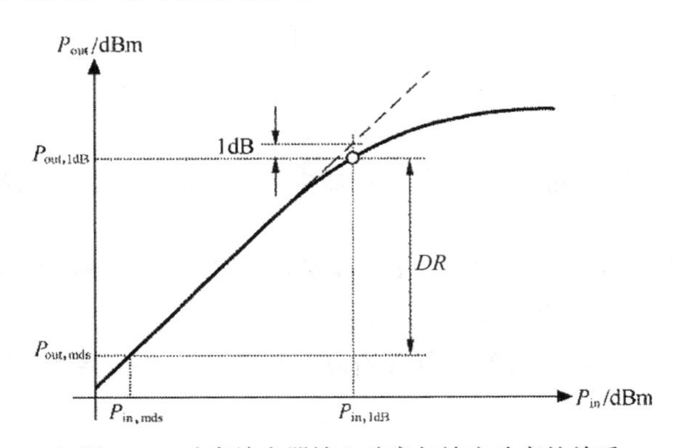

图 4.28　功率放大器输入功率与输出功率的关系

2. 交调失真

在非线性放大器的输入端加两个或两个以上频率的正弦信号时，在输出端将产生附加的频率分量，这会引起输出信号的失真。

在非线性放大器中，假设输入信号的频率为 f_1 和 f_2，输出信号有新的频率分量，是非线性系统失真的产物，称为谐波失真或交调失真。新的频率分量除三阶交调 $2f_1 - f_2$ 和 $2f_2 - f_1$ 以外，都很

容易被滤除，但三阶交调 $2f_1-f_2$ 和 $2f_2-f_1$ 由于距 f_1 和 f_2 太近而落在了放大器的频带内，不易滤除，可以导致信号失真。因此，希望功率放大器有较高的三阶截止点。

4.2.5 射频振荡器

振荡器是射频系统中最基本的部件之一，它可以将直流功率转换成射频功率，在特定的频率点建立起稳定的正弦振荡，成为所需的射频信号源。早期的振荡器在低频下使用，考毕兹（Colpitts）、哈特莱（Hartley）等结构都可以构成低频振荡器，并可以使用晶体谐振器来提高低频振荡器的频率稳定性。当工作频率达到微波波段时，电压和电流的波动特性将不能被忽略，需要采用传输线理论来描述电路的特性，讨论基于反射系数和 S 参量的微波振荡器。

1. 振荡条件

双端口振荡器如图 4.29 所示，由晶体管、调谐网络和终端网络 3 部分组成。

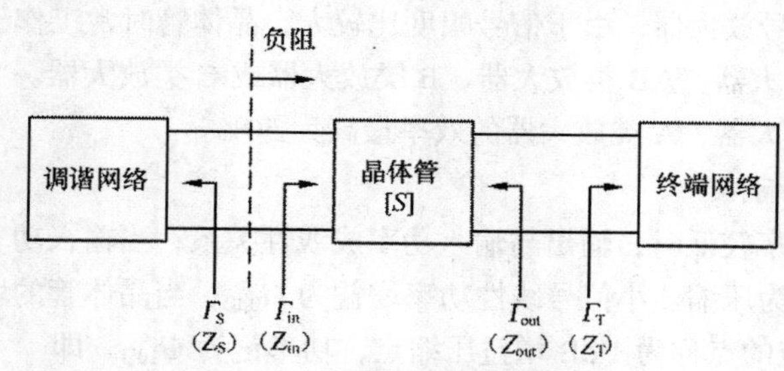

图 4.29 双端口振荡器的框图

图 4.29 所示的双端口振荡器，产生振荡需要满足如下 3 个条件。

条件 1：存在不稳定有源器件

$$k<1 \tag{4.33}$$

条件 2：振荡器左端满足

$$\Gamma_{in}\Gamma_S=1 \tag{4.34}$$

条件 3：振荡器右端满足

$$\Gamma_{out}\Gamma_T=1 \tag{4.35}$$

放大器和振荡器都可以采用晶体管实现，但放大器有输入信号，振荡器无输入信号。振荡器与放大器的主要差异如下。

（1）在放大器的情形，$\Gamma_{in}<1$、$\Gamma_{out}<1$；在振荡器的情形，调谐网络和终端网络由无源网络构成，有 $\Gamma_S<1$、$\Gamma_T<1$，因此要求 $\Gamma_{in}>1$、$\Gamma_{out}>1$。

（2）在放大器的情形，希望晶体管器件具有高度稳定性；在振荡器的情形，希望晶体管器件具有高度不稳定性。

（3）振荡器的起振由任意噪声或暂态信号触发，但很快达到一个稳定的振荡状态。振荡器由起振到稳态需要一个非线性有源器件完成，对振荡器的全面分析比较复杂。

2. 晶体管振荡器

晶体管振荡器实际是工作于不稳定区域的晶体管二端口网络。晶体管振荡器的设计步骤如下。

（1）选择一个在期望振荡频率处潜在不稳定的晶体管。

（2）选择一个合适的晶体管电路结构。为增强上述电路的不稳定性，还常常配以正反馈来增

加其不稳定性。

（3）在不稳定区域中选择一个合适的反射系数值Γ_T，使其在晶体管的输入端产生一个大的负阻，由选定的反射系数值Γ_T可以确定终端网络。

（4）此时电路可以视为单端口振荡器，需要选择调谐网络的阻抗。

（5）如果输入或输出端口中的任何一个端口符合振荡条件，则电路的两个端口都将产生振荡。

4.2.6　射频混频器

混频器是射频系统中用于频率变换的部件，可以将输入信号的频率升高或降低而不改变原信号的特性。以射频接收系统为例，混频器可以将频率较高的射频输入信号变换为频率较低的中频输出信号，以便更容易对信号进行后续的调整和处理。

混频器是一个三端口器件，其中两个端口输入，一个端口输出。混频器采用非线性或时变参量元件，它可以将两个不同频率的输入信号变为一系列不同频率的输出信号，输出频率分别有两个输入频率的和频、差频及谐波。混频器通常是以二极管或晶体管的非线性为基础。非线性元件能产生众多的其他频率分量，然后通过滤波来选取所需的频率分量，在混频器中希望得到的是和频或差频。

1．混频器的特性

混频器的符号和功能如图 4.30 所示。图 4.30（a）所示为上变频的工作状况，两个输入端为本振端（LO）和中频端（IF），输出端为射频端（RF）；图 4.30（b）所示为下变频的工作状况，两个输入端为本振端（LO）和射频端（RF），输出端为中频端（IF）。混频器符号的意思是输出信号为两个输入信号的乘积，输出频率为输入频率的和频与差频，这是混频器工作的理想化观点。

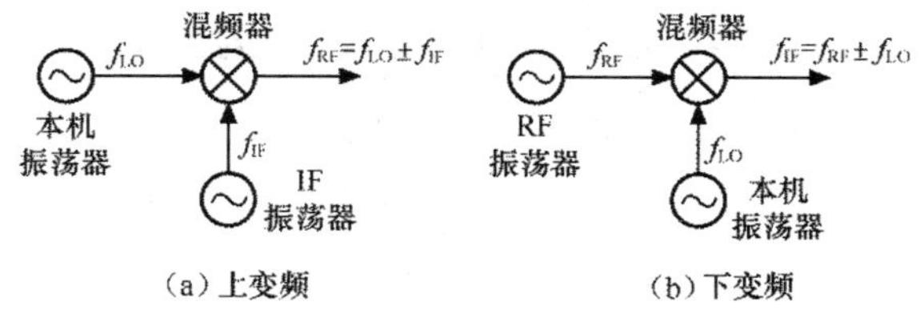

图 4.30　混频器的符号和功能

理想上变频混频器输出的 RF 信号为

$$f_{RF}=f_{LO}\pm f_{IF} \tag{4.36}$$

本振频率f_{LO}比中频频率f_{IF}高许多，输出信号的频谱如图 4.31（a）所示，一般希望输出为和频。

理想下变频混频器输出的 IF 信号为

$$f_{IF}=f_{RF}\pm f_{LO}$$

输出信号的频谱如图 4.31（b）所示，希望输出为差频。

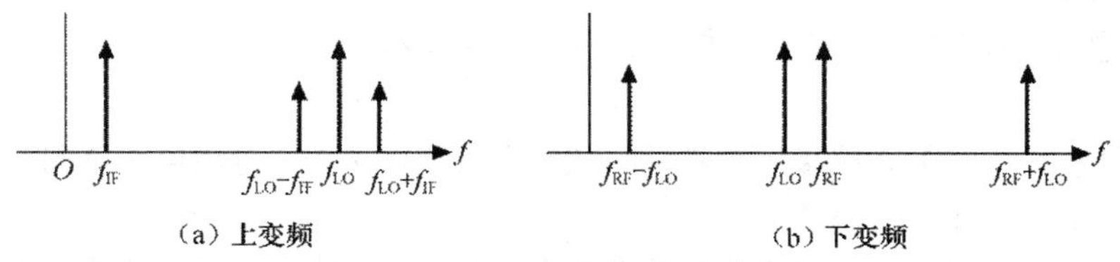

图 4.31　理想上变频和下变频的频谱

2. 单端二极管混频器

实际混频器是由二极管或晶体管构成的。由于二极管或晶体管的非线性，会输出众多的其他频率分量，需要用滤波器来选取所需的频率分量。

仅用一个二极管产生所需 IF 信号的混频器称为单端二极管混频器。单端二极管混频器如图 4.32 所示，RF 和 LO 输入到同相耦合器中，两个输入电压合为一体，利用二极管进行混频。由于二极管的非线性，从二极管输出的信号存在多个频率，经过一个低通滤波器，可以获得 IF 信号。二极管用 DC 电压偏置，该 DC 偏置电压必须与射频信号去耦，因此，二极管与偏置电压源之间采用射频扼流圈 RFC 来通直流、隔交流。

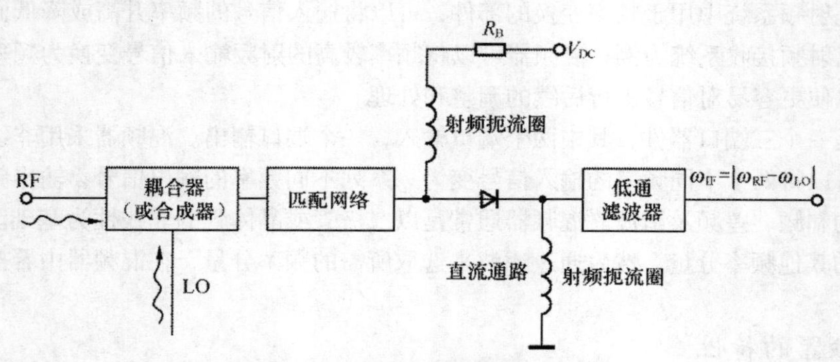

图 4.32　单端二极管混频器的一般框图

3. 单平衡混频器

前面讨论的单端二极管混频器虽然容易实现，但在宽带应用中不易保持输入匹配及本振信号与射频信号之间的相互隔离，为此常采用单平衡混频器。两个单端混频器与一个 3 dB 耦合器可以组成单平衡混频器，单平衡混频器在 RF 端口可以得到完全的输入匹配，同时可以除去所有偶数阶互调产物。

习题

4.1 磁通量是怎么定义的？线圈自感的定义与磁通有什么关系？两个线圈之间互感的定义与磁通有什么关系？

4.2 RFID 读写器的射频前端常采用哪种电路？串联谐振电路的谐振频率是什么？品质因数描述了谐振电路的什么特征？带宽与品质因数有什么关系？

4.3 RFID 电子标签的射频前端常采用哪种电路？并联谐振电路的谐振频率是什么？带宽与品质因数有什么关系？简述无载品质因数、外部品质因数、有载品质因数三者之间的关系。

4.4 电子标签上感应的电压与两个线圈的距离有什么关系？画出电子标签交变电压转换为直流电压的电路框图。

4.5 什么是电子标签向读写器信息传输的负载调制技术？简述电阻负载调制和电容负载调制的工作原理。

4.6 什么频率的 RFID 系统采用电磁反向散射方式进行工作？画出电磁反向散射方式射频前端的一般框图，简述框图中各模块的作用。

4.7 给出滤波器的定义，画出理想低通滤波器、高通滤波器、带通滤波器和带阻滤波器衰减

随频率变化的曲线。

4.8 什么是低通滤波器原型？画出低通原型巴特沃斯滤波器和切比雪夫滤波器衰减随频率变化的曲线，画出两种低通滤波器原型的电路图。

4.9 简述怎样由低通滤波器原型变换到任意源阻抗和任意频率的低通滤波器、高通滤波器、带通滤波器和带阻滤波器。什么频率时采用集总参数滤波器？什么频率时采用分布参数滤波器？

4.10 画出射频低噪声放大器的结构框图，说明射频低噪声放大器的主要性能指标是什么。什么是低噪声放大器的稳定性？射频放大器的增益仅与晶体管的增益有关吗？级联网络放大器的噪声系数主要取决于哪一级？为什么功率放大器产生增益压缩和交调失真？

4.11 低频振荡器可以采用哪些结构？微波振荡器产生振荡的 3 个条件是什么？射频振荡器与射频放大器的主要差异是什么？说明射频振荡器的设计步骤。

4.12 混频器是几端口网络？说明理想混频器的工作原理，说明单端二极管混频器的非线性会导致输出信号存在多个频率，说明单平衡混频器的优点。

第5章 编码与调制

读写器与电子标签之间消息的传递是通过电信号实现的，即把消息寄托在电信号的某一参量上，如寄托在电信号连续波的幅度、频率或相位上。原始的电信号通常称为基带信号，有些信道可以直接传输基带信号，但以自由空间作为信道的无线传输，却无法直接传递基带信号。将基带信号编码，然后变换成适合在信道中传输的信号，这个过程称为编码与调制；在接收端进行反变换，这个过程称为解调与解码。经过调制以后的信号称为已调信号，它具有两个基本特征，一个是携带有信息，另一个是适合在信道中传输。

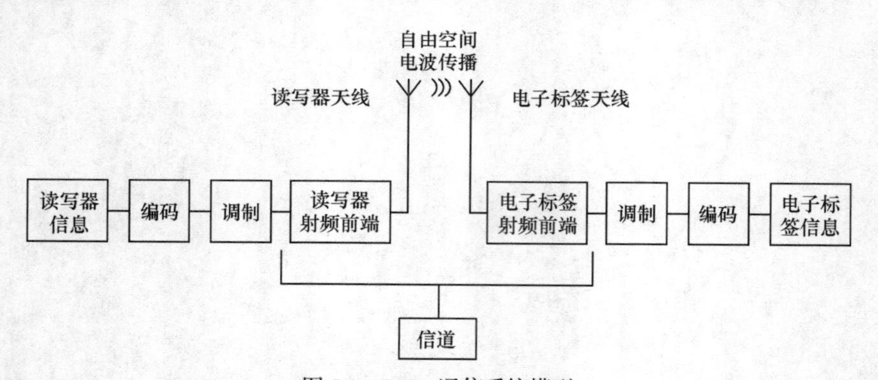

图 5.1　RFID 通信系统模型

图 5.1 所示为 RFID 系统的通信模型。在这个模型中，信道由自由空间、读写器天线、读写器射频前端、电子标签天线和电子标签射频前端构成，这部分的内容在前几章中已经介绍过了。本章讨论这个模型中的编码与调制，主要介绍 RFID 系统编码与调制的基本概念，并给出了编码与调制的常用方法。这个模型是一个开放的无线系统，外界的各种干扰容易使信号传输产生错误，同时数据也容易让外界窃取，因此需要有数据校验和保密措施，使信号保持完整性和安全性，这部分的内容将在第 6 章中介绍。

5.1 信号与信道

信号是消息的载体，在通信系统中，消息以信号的形式从一点传送到另一点。信道是信号的传输媒质，信道的作用是把携有信息的信号从它的输入端传递到输出端。在 RFID 系统中，读写器与电子标签之间传递信息，读写器与电子标签构成一个无线通信系统，其中，读写器是通信的一方，电子标签是通信的另一方。

5.1.1 信号

信号分为模拟信号和数字信号，RFID 系统主要处理的是数字信号。信号可以从时域和频域两个角度来分析，在 RFID 无线传输技术中，更注重对信号频域的研究。读写器与电子标签之间传输的信号有其自身的特点，需要讨论信号的工作方式。

1．模拟信号和数字信号

模拟信号是指用连续变化的物理量表示的信息，其信号的幅度、频率或相位随时间作连续变化。例如，电话传输中的音频电压是连续变化的电压，它是模拟信号。

数字信号是指幅度的取值是离散的，幅值被限制在有限的数值表示之内。二进制码就是一种数字信号，例如，恒定的正电压表示二进制数 1，恒定的负电压表示二进制数 0。

数字信号较模拟信号有许多优点，RFID 系统常采用数字信号。RFID 系统数字信号的主要特点如下。

（1）信号的完整性。

RFID 系统采用非接触技术传递信息，容易遇上干扰，使信息传输发生改变。数字信号容易校验，并容易防碰撞，可以使信号保持完整性。

（2）信号的安全性。

RFID 系统采用无线方式传递信息，开放的无线系统存在安全隐患，信息传输的安全性和保密性变得越来越重要。数字信号的加密处理比模拟信号容易，数字信号可以用简单的数字逻辑运算进行加密和解密处理。

（3）便于存储、处理和交换。

电子标签存储的数据一般为二进制码，数字信号的形式与计算机所用的信号一致，因此便于与计算机联网，也便于用计算机对数字信号进行存储、处理和交换。

（4）设备便于集成化、微型化。

RFID 设备中大部分电路是数字电路，可用集成电路实现，设备体积小、功耗低。

（5）便于构成物联网。

采用数字传输方式，可以实现传输和交换的综合，实现业务数字化，更容易与互联网结合构成物联网，更容易使物联网的管理和维护实现自动化、智能化。

2．时域和频域

时域的自变量是时间，时域表达信号随时间的变化。在时域中，通常对信号的波形进行观察，画出图来就是横轴是时间，纵轴是信号的振幅。

频域的自变量是频率，频域表达信号随频率的变化。对信号进行时域分析时，有时一些信号

的时域参数相同，但并不能说明信号就完全相同。因为信号不仅随时间变化，还与频率、相位等信息有关，这就需要进一步在频域中对信号进行描述。

在 RFID 无线传输技术中，对信号频域的研究比对信号时域的研究更重要，需要讨论信号的频率和带宽等参数。

3. 信号工作方式

读写器与电子标签之间的工作方式可以分为时序系统、全双工系统和半双工系统。下面讨论读写器与电子标签之间的工作方式。

（1）时序系统。

在时序系统中，从电子标签到读写器的信息传输是在电子标签能量供应间歇进行的，读写器与电子标签不同时发射，这种方式可以改善信号受干扰的状况，提高系统的工作距离。时序系统的工作过程如下。

1）读写器先发射射频能量，该能量传送到电子标签，给电子标签的电容器充电，将能量用电容器存储起来，这时，电子标签的芯片处于省电模式或备用模式；

2）读写器停止发射能量，电子标签开始工作，电子标签利用电容器的储能向读写器发送信号，这时，读写器处于接收电子标签响应的状态；

3）能量传输与信号传输交叉进行，一个完整的读出周期由充电阶段和读出阶段构成。

（2）全双工系统。

全双工表示电子标签与读写器之间可以在同一时刻互相传送信息。

（3）半双工系统。

半双工表示电子标签与读写器之间可以双向传送信息，但在同一时刻只能向一个方向传送信息。

4. 通信握手

通信握手是指读写器与电子标签双方在通信开始、结束和通信过程中的基本沟通，通信握手要解决通信双方的工作状态、数据同步和信息确认等问题。

（1）优先通信。

RFID 由通信协议确定谁优先通信，也即是读写器先讲，还是电子标签先讲。对于无源和半有源系统，都是读写器先讲；对于有源系统，双方都有可能先讲。

（2）数据同步。

读写器与电子标签在通信之前，要协调双方的位速率，保持数据同步。读写器与电子标签的通信是空间通信，数据传输采用串行方式进行。

（3）信息确认。

信息确认是指确认读写器与电子标签之间信息的准确性，如果信息不正确，将请求重发。在 RFID 系统中，通信双方经常处于高速运动状态，重发请求加重了时间开销，而时间是制约速度的最主要因素。因此，RFID 的通信协议常采用自动连续重发，接收方比较数据后丢掉错误数据，保留正确数据。

5.1.2 信道

信道可以分为两大类，一类是电磁波在空间传播的渠道，如短波信道、微波信道等；另一类是电磁波的导引传播渠道，如电缆信道、光纤信道等。RFID 的信道是具有各种传播特性的空间，因此 RFID 采用无线信道。

1. 信道带宽

信号所拥有的频率范围叫做信号的频带宽度，简称为带宽。模拟信道的带宽为

$$BW = f_2 - f_1 \tag{5.1}$$

其中，f_1 是信号在信道中能够通过的最低频率，f_2 是信号在信道中能够通过的最高频率，两者都是由信道的物理特性决定的。当信道的组成确定了，信道的带宽就决定了。

2. 信道传输速率

信道传输速率就是数据在传输介质（信道）上的传输速率。数据传输速率是描述数据传输系统的重要技术指标之一，在数值上等于每秒钟传输数据代码的二进制比特数，单位为比特/秒，记做 bps 或 b/s。

例如，如果在通信信道上发送 1 bit 信号所需要的时间是 0.001 ms，那么信道的数据传输速率为 1 000 000 bps。在实际应用中，常用的数据传输速率单位有 kbps、Mbps 和 Gbps，它们的关系如下。

1 kbps=10^3 bps，1 Mbps=10^3 kbps，1 Gbps=10^3 Mbps

3. 波特率与比特率

（1）波特率。

波特率是指数据信号对载波的调制速率，它用单位时间内载波调制状态改变的次数来表示。在信息传输通道中，携带数据信息的信号单元称为码元，每秒钟通过信道传输的码元称为码元传输速率，简称波特率。

（2）比特率。

每秒钟通过信道传输的信息量称为“位传输速率”，简称比特率。比特率是数据传输速率，表示单位时间内可传输二进制数据的位数。

（3）波特率与比特率的关系。

如果一个码元的状态数可以用 M 个电平数来表示，有如下关系。

$$\text{比特率}=\text{波特率}\times\log_2 M \tag{5.2}$$

4. 信道容量

信道容量是信道的一个参数，反映了信道无错误传送的最大信息传输速率。在通信技术中，通信信道最大传输速率与信道带宽之间存在着明确的关系，“速率”是建立在“带宽”的基础上，“高数据传输速率”必须有“高带宽”作为支撑。

（1）具有理想低通矩形特性的信道。

根据奈奎斯特准则，这种信道的最高码元传输速率为

$$\text{最高码元传输速率}=2BW \tag{5.3}$$

也即这种信道的最高数据传输速率为

$$C = 2BW\log_2 M \tag{5.4}$$

上式称为具有理想低通矩形特性的信道容量。

（2）带宽受限且有高斯白噪声干扰的信道。

香农提出并证明了在被高斯白噪声干扰的信道中，最大信息传送速率的公式。这种情况的信道容量为

$$C = BW\log_2\left(1+\frac{S}{N}\right) \tag{5.5}$$

其中，BW 的单位是赫兹（Hz），S 是信号功率，N 是噪声功率。可以看出，信道容量与信道带宽成正比，同时还取决于系统信噪比以及编码技术种类。香农定理指出，如果信息源的信息速率 $R \leqslant C$，那么在理论上存在一种方法，可以使信息源的输出能够以任意小的差错概率通过信道传输；如果 $R > C$，则没有任何办法传递这样的信息，或者说传递这样的二进制信息有差错率。

（3）RFID 的信道容量。

信道最重要的特征参数是信息传递能力，在典型的情况（即高斯信道）下，信道的信息通过能力与信道的带宽、信道的工作时间、信道中信号功率与噪声功率之比有关，带宽越宽，工作时间越长，信号与噪声功率之比越大，则信道的通过能力越强。

① 带宽越大，信道容量越大。因此，在物联网中 RFID 主要选用微波频率，微波频率比低频频率和高频频率有更大的带宽。

② 信噪比越大，信道容量越大。RFID 无线信道有传输衰减和多径效应等，应尽量减小衰减和失真，提高信噪比。

5.2 编码与调制

数字通信系统是利用数字信号传递信息的通信系统，其涉及的技术问题很多，其中包括信源编码与解码、加密与解密、信道编码与解码、数字调制与解调等。数字通信系统的模型如图 5.2 所示。

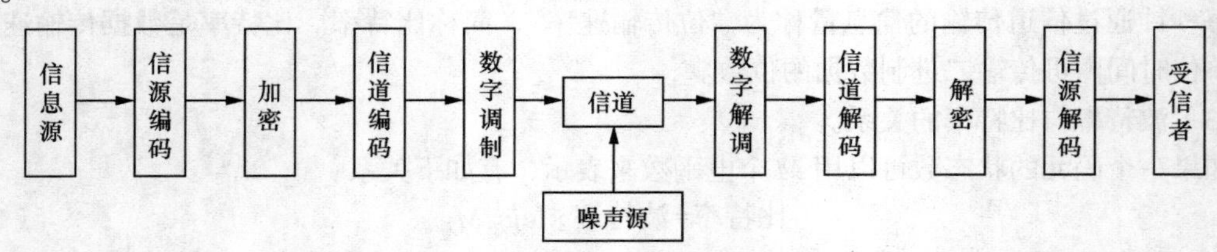

图 5.2　数字通信系统的模型

5.2.1 编码与解码

编码是为了达到某种目的而对信号进行的一种变换。其逆变换称为解码或译码。根据编码的目的不同，编码理论有信源编码、信道编码和保密编码 3 个分支，编码理论在数字通信、计算技术、自动控制和人工智能等方面都有广泛的应用。

1. 信源编码与解码

信源编码是对信源输出的信号进行变换，包括连续信号的离散化（即将模拟信号通过采样和量化变成数字信号），以及对数据进行压缩以提高信号传输有效性而进行的编码。信源解码是信源编码的逆过程。信源编码有如下两个主要功能。

（1）完成模/数转换。

当信息源给出的是模拟信号时，信源编码器将其转换为数字信号，以实现模拟信号的数字化传输。

（2）提高信息传输的有效性。

这需要通过某种数据压缩技术，设法减少码元数目和降低码元速率。码元速率决定传输所占的带宽，而传输带宽反映了通信的有效性。

2. 信道编码与解码

信道编码是对信源编码器输出的信号进行再变换，包括区分通路、适应信道条件和提高通信可靠性而进行的编码。信道解码是信道编码的逆过程。

信道编码的主要目的是前向纠错，以增强数字信号的抗干扰能力。数字信号在信道传输时受到噪声等影响会引起差错，为了减小差错，信道编码器对传输的信息码元按一定的规则加入保护成分（监督元），组成抗干扰编码。接收端的信道解码器按相应的逆规则进行解码，从中发现错误或纠正错误，以提高通信系统的可靠性。

3. 保密编码与解码

保密编码是对信号进行再变换，即为了使信息在传输过程中不易被人窃译而进行的编码。在需要实现保密通信的场合，为了保证所传信息的安全，人为地将被传输的数字序列扰乱，即加上密码，这种处理过程称为加密。保密解码是保密编码的逆过程，保密解码利用与发送端相同的密码复制品，在接收端对收到的数据进行解密，恢复原来信息。

保密编码的目的是为了隐藏敏感信息，它常采用替换、乱置或两者兼有的方法实现。一个密码体制通常包括加（解）密算法和可以更换控制算法的密钥两个基本部分。

密码根据它的结构分为序列密码和分组密码两类。序列密码是算法在密钥控制下产生的一种随机序列，并逐位与明文混合而得到密文，其主要优点是不存在误码扩散，但对同步有较高的要求，它广泛应用于通信系统中。分组密码是算法在密钥控制下对明文按组加密，这样产生的密文位一般与相应的明文组和密钥中的位有相互依赖性，因而能引起误码扩散，它多用于消息的确认和数字签名中。

5.2.2　调制和解调

调制的目的是把传输的模拟信号或数字信号，变换成适合信道传输的信号，这就意味着要把信源的基带信号转变为一个相对基带频率而言非常高的频带信号。调制的过程用于通信系统的发端，调制就是将基带信号的频谱搬移到信道通带中的过程。经过调制的信号称为已调信号，已调信号的频谱具有带通的形式，已调信号称为带通信号或频带信号。在接收端需将已调信号还原成原始信号，解调是将信道中的频带信号恢复为基带信号的过程。

1. 信号需要调制的原因

为了有效地传输信息，无线通信系统需要采用频率较高的信号，这种需要主要是由下面的原因造成的。

（1）工作频率越高带宽越大。

当工作频率为 1 GHz 时，若传输的相对带宽为 10%时，可以传输 100 MHz 带宽的信号；当工作频率为 1 MHz 时，若传输的相对带宽也为 10%，只可以传输 0.1 MHz 带宽的信号。通过比较可以看出，较高的工作频率可以带来较大的带宽。

当信号带宽加大时，可以实现传输带宽与信噪比之间的互换；同时，还可以将多个基带信号分别搬移到不同的载频处，实现信道多路复用，提高信道的利用率。

（2）工作频率越高天线尺寸越小。

无线通信需要采用天线来发射和接收信号，如果天线的尺寸可以与工作波长相比拟，天线的辐射更为有效。由于工作频率与波长成反比，提高工作频率可以降低波长，进而可以减小天线的尺寸。进一步说，工作频率的提高导致需要的天线尺寸减小，这迎合了现代通信对尺寸小型化的要求。

2. 信号调制的方法

在无线通信中，调制是指载波调制。载波调制就是用调制信号去控制载波参数的过程。未受调制的周期性振荡信号称为载波，它可以是正弦波，也可以不是正弦波。调制信号是基带信号，基带信号可以是模拟的，也可以是数字的。载波调制后称为已调信号，它含有调制信号的全部特征。

RFID 基带信号一般是数字信号，用数字基带信号去控制载波，把数字基带信号变换为数字带通信号（已调信号），这个过程称为数字调制。调制在通信系统中有着十分重要的作用。通过调制不仅可以进行频谱搬移，把调制信号的频谱搬移到所希望的频率位置，从而将调制信号转换成适合传播的已调信号；而且它对系统传输的有效性和可靠性有很大的影响，调制方式往往决定了一个通信系统的性能。

载波是消息的载体信号，当载波是正弦信号时，数字调制是通过改变载波的幅度、相位或者频率，使其随着基带信号的变化而变化。解调则是将基带信号从载波中提取出来，以便预定的接收者处理的过程。数字调制的方法通常称为键控法，主要键控方法如下。

（1）调幅。

使载波的幅度随着调制信号的变化而变化。

（2）调频。

使载波的瞬时频率随着调制信号的变化而变化，而幅度保持不变。

（3）调相。

利用调制信号控制载波信号的相位。

5.3 RFID 常用的编码方法

RFID 系统一般采用二进制编码，二进制编码是用不同形式的代码来表示二进制的 1 和 0。对于数字信号的传输来说，最常用的方法是用不同的电压电平来表示两个二进制数字，也即数字信号由矩形脉冲组成。按照数字编码方式，可以将编码划分为单极性码和双极性码，单极性码使用正（或负）的电压表示数据；双极性码 1 为反转，0 为保持零电平。按照信号是否归零，还可以将编码划分为归零码和非归零码，归零码在码元中间信号回归到 0 电平；非归零码遇 1 电平翻转，遇 0 电平不变。

RFID 常用的编码方式有反向不归零（NRZ）编码、曼彻斯特（Manchester）编码、单极性归零（Unipolar RZ）编码、差动双相（DBP）编码、米勒（Miller）编码和差动编码等。

5.3.1 编码格式

1. 反向不归零（NRZ）编码

反向不归零编码用高电平表示二进制的 1，用低电平表示二进制的 0。反向不归零（Not Return

to Zero，NRZ）编码如图 5.3 所示。

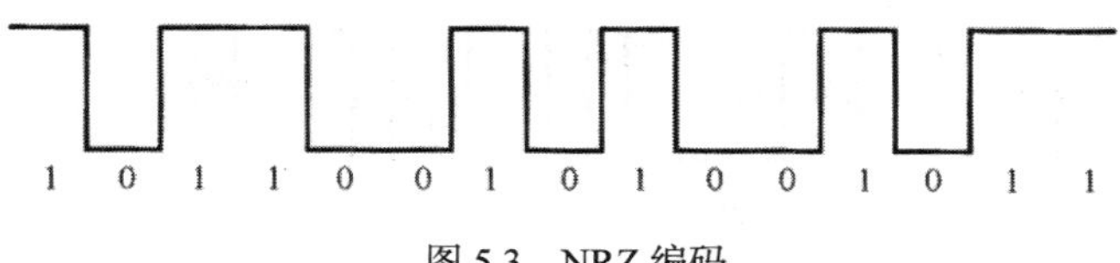

图 5.3　NRZ 编码

图 5.3 所示的波形在码元之间无空隙间隔，在全部码元时间内传送码，所以称为反向不归零编码。这是一种简单的数字基带编码方式，这种编码方式仅适合近距离传输信息，原因如下。

（1）有直流。一般信道难以传输零频率附近的频率分量，因此该方式不适宜传输，且要求传输线有一根接地。

（2）接收端判决门限与信号功率有关，不方便使用。

（3）不包含位同步成分，不能直接用来提取位同步信号。

2. 曼彻斯特（Manchester）编码

曼彻斯特编码也称为分相编码（Split-Phase Coding）。在曼彻斯特编码中，用电压跳变的相位不同来区分 1 和 0，其中从高到低的跳变表示 1，从低到高的跳变表示 0。曼彻斯特编码如图 5.4 所示。

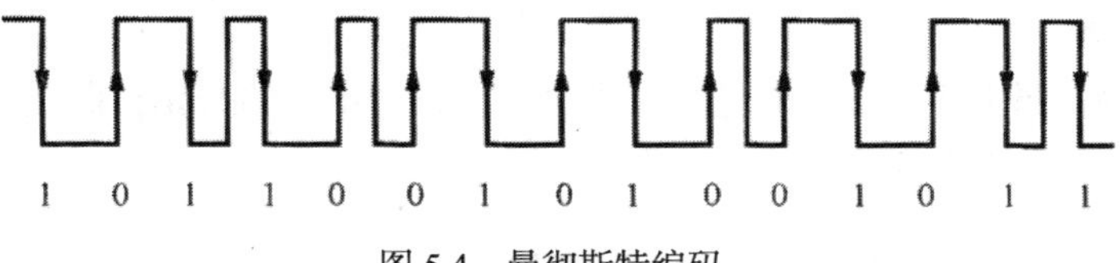

图 5.4　曼彻斯特编码

曼彻斯特编码的特点如下。

（1）曼彻斯特编码由于跳变都发生在每一个码元的中间，接收端可以方便地利用它作为位同步时钟，因此这种编码也称为自同步编码。

（2）曼彻斯特编码在采用副载波的负载调制或反向散射调制时，通常用于从电子标签到读写器的数据传输，因为这有利于发现数据传输的错误。

（3）曼彻斯特编码是一种归零码。

3. 单极性归零（Unipolar RZ）编码

对于单极性归零码，当发 1 码时发出正电流，但正电流持续的时间短于一个码元的时间宽度，即发出一个窄脉冲；当发 0 码时，完全不发送电流。单极性归零编码如图 5.5 所示。

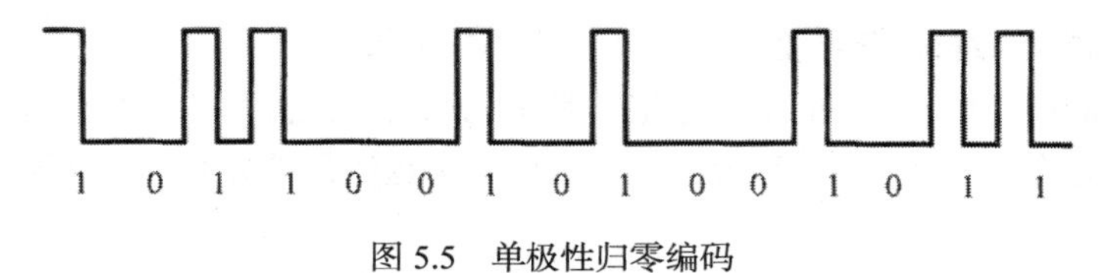

图 5.5　单极性归零编码

4. 差动双相（DBP）编码

差动双相编码在半个位周期中的任意的边沿表示二进制 0，而没有边沿就是二进制 1。此外，在每个位周期开始时，电平都要反相。差动双相编码对接收器来说，位节拍比较容易重建。差动双相编码如图 5.6 所示。

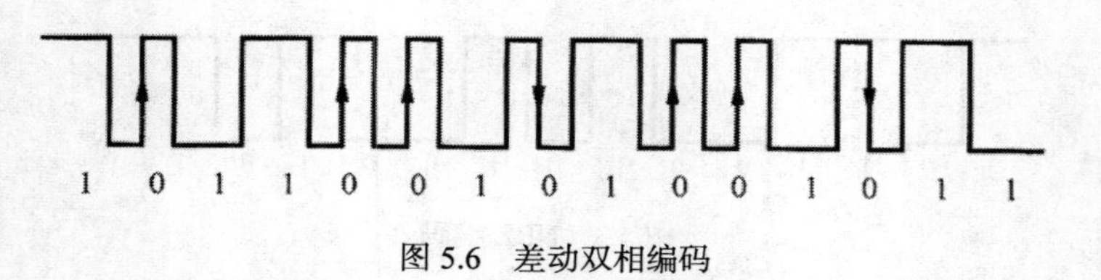

图 5.6　差动双相编码

5. 米勒（Miller）编码

米勒编码在位周期开始时产生电平交变，对接收器来说，位节拍比较容易重建。米勒编码在半个位周期内的任意的边沿表示二进制 1，而经过下一个位周期中不变的电平表示二进制 0。米勒编码如图 5.7 所示。

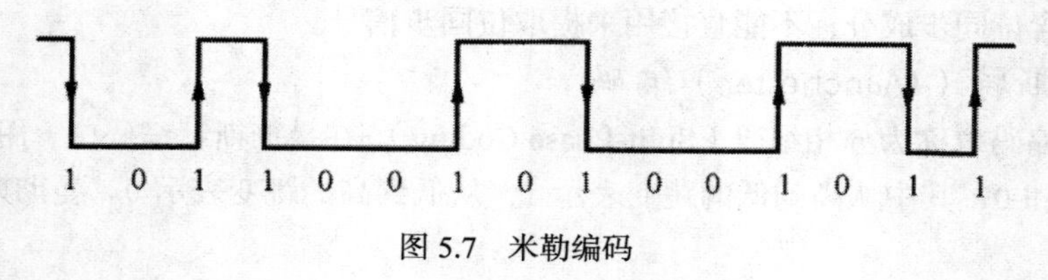

图 5.7　米勒编码

6. 差动编码

对于差动编码，每个要传输的二进制 1 都会引起信号电平的变化，而对于二进制 0，信号电平保持不变。差动编码如图 5.8 所示。

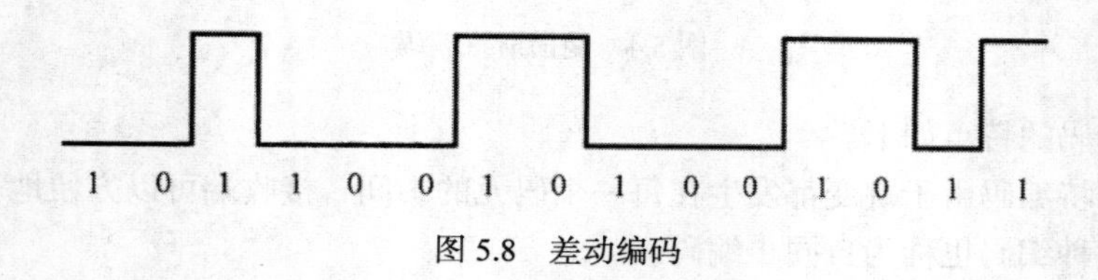

图 5.8　差动编码

5.3.2　编码方式的选择因素

在一个 RFID 系统中，编码方式的选择要考虑电子标签能量的来源、检错的能力、时钟的提取等多方面因素。前面介绍的每一种编码方式，都有某方面的优点，实际应用中要综合考虑，兼顾选择。

1. 编码方式的选择要考虑电子标签能量的来源

在 RFID 系统中，由于使用的电子标签常常是无源的，无源标签在与读写器的通信过程中需要获得自身的能量供应。为了保证系统的正常工作，信道编码首先必须保证不能中断读写器对电子标签的能量供应。

当电子标签是无源标签时，经常要求编码在每两个相邻数据位元之间具有跳变的特点，这种相邻数据间有跳变的码，不仅可以保证在连续出现 0 的时候对电子标签能量的供应，而且便于电子标签从接收到的码中提取时钟信息。也就是说，如果要求编码方式保证电子标签能量供应不中断，必须选择码型变化丰富的编码方式。

2. 编码方式的选择要考虑电子标签检错的能力

为保障系统工作的可靠性，必须在编码中提供数据一级的校验保护，编码方式应该提供这一功能，并可以根据码型的变化来判断是否发生误码或有电子标签冲突发生。

在实际的数据传输中，由于信道中存在干扰，数据必然会在传输过程中发生错误，这就要求信道编码能够提供一定程度检测错误的能力。

在多个电子标签同时存在的环境中，读写器逐一读取电子标签的信息，读写器应该能够从接收到的码流中检测出是否有冲突，并采用某种算法来实现多个电子标签信息的读取，这需要选择检测错误能力较高的编码。在上述编码中，曼彻斯特编码、差动双向编码和单极性归零码具有较强的编码检错能力。

3. 编码方式的选择要考虑电子标签时钟的提取

在电子标签芯片中，一般不会有时钟电路，电子标签芯片一般需要在读写器发来的码流中提取时钟，读写器发出的编码方式应该能够使电子标签容易提取时钟信息。在上述编码中，曼彻斯特编码、米勒编码和差动双向编码容易使电子标签提取时钟。

5.3.3 编码方式仿真方法

计算机仿真相对物理性实验而言具有实现简单、参数修改方便等特点，而且可以完成许多物理性实验不能完成的工作。MATLAB 软件中的 Simulink 软件工具，是一个功能强大而且非常易用的动态系统软件仿真工具，利用该软件可以完成 RFID 编码方式的仿真。

1. MATLAB/Simulink 软件

MATLAB、Mathematica 和 Maple 并称为三大数学软件，其中 MATLAB 是矩阵实验室（Matrix Laboratory）的简称，是美国 MathWorks 公司出品的商业数学软件。MATLAB 软件可以进行矩阵运算、函数绘制、算法实现、与其他编程语言连接和用户界面创建等，主要应用于工程计算、控制设计、信号处理以及多个行业建模设计与分析等，可实现算法开发、数据可视化、数据分析和数值计算等多种功能。

Simulink 是 MATLAB 最重要的组件之一，它提供了一个动态系统建模、仿真和综合分析的集成环境，在该环境中，无需大量书写程序，只需要通过简单直观的鼠标操作，就可以构造出复杂的系统。Simulink 提供了交互式图形化环境和可定制模块库，可实现设计、仿真、执行和测试等功能，具有适应面广、结构和流程清晰、仿真精细、贴近实际、效率高和灵活等优点。Simulink 已被广泛应用于线性系统、非线性系统、数字控制及数字信号处理的建模和仿真中，同时有大量的第三方软件和硬件可应用于或被要求应用于 Simulink。

2. Simulink 使用简介

MATLAB 是开放式的，也就是说，它支持别人给它写工具包，而 Simulink 就是 MATLAB 这个软件的工具包之一。Simulink 是 MATLAB 中的一种可视化仿真工具，是一种基于 MATLAB 框图的设计环境，是实现动态系统建模、仿真和分析的一个软件包。

仿真就是用程序去模仿真的事情。比如“用欧姆表测电阻”这个实验，是用欧姆表、电阻和连线等，按照电路图连接起来，然后打开开关进行测量。在 Simulink 中，就有虚拟的欧姆表、电阻和连线，只要新建一个文件，就相当于建了一个“板”，然后把需要的欧姆表、电阻和连线等复制到新建的文件中，Simulink 就会自动模仿真的情形开始仿真。当然，Simulink 的目的不是用来解决上面这个小问题的，它里面有很多的虚拟元器件，一般一些大型工程为了省钱就直接用

Simulink 仿真模拟做实验。Simulink 是一个虚拟的实验室，里面有丰富的工具，只要按照软件的操作要求去连接工具，就能做仿真实验了。Simulink 功能很强大，美国宇航局也有很多大型项目用 Simulink 进行仿真。

利用 Simulink 软件包提供的功能，可以仿真 RFID 中的各种编码，例如仿真曼彻斯特编码。在仿真结束后，还可以打开软件中的示波器查看编码波形。利用 Simulink 库中的资源，可以封装 RFID 通信系统中常见的信道编码模块。可以基于这些封装的编码模块，仿真信道编码的抗干扰能力，即仿真 RFID 编码的检错能力。

5.4 RFID 常用的调制方法

读写器与电子标签之间传递信息，首先需要编码，然后通过调制器调制，最后通过无线信道相互传送信息。一般来说，数字基带信号往往具有丰富的低频分量，在无线通信中必须用数字基带信号对载波进行调制，而不是直接传送数字基带信号，以使信号与信道的特性相匹配。用数字基带信号控制载波，把数字基带信号变换为数字已调信号的过程称为数字调制。RFID 主要采用数字调制的方式。

5.4.1 数字调制

数字信号有离散取值的特点，数字调制技术利用数字信号的这一特点，通过开关“键控”载波，从而实现数字调制。这种方法通常称为键控法，其对载波的振幅、频率或相移进行键控，使高频载波的振幅、频率或相位与调制的基带信号相关，从而获得振幅键控、频移键控和相移键控 3 种基本的数字调制方式。

数字信息有二进制与多进制之分，数字调制也分为二进制调制与多进制调制。在二进制调制中，调制信号只有两种可能的取值；在多进制调制中，调制信号可能有 M 种取值，$M>2$，其中包括多进制相移键控等。为了提高调制的性能，又对数字调制体系不断加以改进，提出了多种新的调制解调体系，出现了一些特殊的、改进的和现代的调制方式，例如正交振幅调制（QAM）和正交频分复用（OFDM）等。

1. 载波

在信号传输的过程中，并不是将信号直接进行传输，而是将信号与一个固定频率的波进行相互作用，这个过程称为加载，这样一个固定频率的波称为载波。

举个例子说明为什么用载波。将人（这里指信号源）从一个地方送到另外一个地方，走路需要很长时间，人会很累（这里指信号衰减）。如果让人坐车（这里指载波），则需要的时间很短，人也很舒服（这里指信号不失真）。那么坐什么交通工具呢（这里指选择调制方法）?这要根据不同人的具体情况来判断（这里指信号的特点和用途）。

载波是指被调制以传输信号的波形。载波一般为正弦振荡信号，正弦振荡的载波信号可以表示为

$$v(t)=A\cos(\omega_c t+\varphi) \tag{5.6}$$

其中，A 称为载波的振幅，ω_c 称为载波的角频率，φ 称为载波的相位。可以看出，在没有加载信号时，载波为高频正弦波，这个高频信号的波幅 A 是固定的、角频率 ω_c 是固定的，初相 φ 也

是固定的。

角频率、频率、波长和速度之间有如下关系。

$$\omega_c = 2\pi f_c \tag{5.7}$$

$$\lambda = \frac{c}{f_c} \tag{5.8}$$

$$c = 3\times10^8 \mathrm{m/s} \tag{5.9}$$

其中，f_c称为载波的频率，λ称为载波的波长，c称为自由空间电磁波的速度。

载波加载之后，也即载波被调制以后，载波的振幅、频率或相位就随基带信号的变化而变化，就是把一个较低频率的基带信号调制到一个频率相对较高的载波上去。载波信号一般要求正弦载波的频率远远高于调制信号的带宽，否则会发生混叠，使传输信号失真。

不同的应用目的会采用不同的载波频率，不同的载波频率可以使多个无线通信系统同时工作，避免了相互干扰。在 RFID 系统中，正弦载波除了是信息的载体外，在无源电子标签中还具有提供能量的作用，这一点与其他无线通信有所不同。

2. 振幅键控

调幅是指载波的频率和相位不变，载波的振幅随调制信号的变化而变化。调幅有模拟调制与数字调制两种，这里只介绍数字调制，也即振幅键控（Amplitude Shift Keying，ASK）。ASK 是利用载波的幅度变化来传递数字信息，在二进制数字调制中，载波的幅度只有两种变化，分别对应二进制信息的 1 和 0。目前，电感耦合 RFID 系统经常采用 ASK 调制方式，例如 ISO/IEC14443 及 ISO/IEC15693 标准均采用 ASK 调制方式。

（1）二进制振幅键控的定义。

二进制振幅键控信号可以表示成具有一定波形的二进制序列（二进制数字基带信号）与正弦载波的乘积，即

$$v(t) = s(t)\cos(\omega_c t) \tag{5.10}$$

其中，$s(t)$为二进制序列，$\cos(\omega_c t)$为载波。其中

$$s(t) = \sum_n a_n g\left(t - nT_s\right) \tag{5.11}$$

式（5.11）中，T_S为二进制码元持续的时间，$g(t)$为持续时间 T_S的基带脉冲波形，a_n为第 n 个符号的电平取值。

在振幅键控时，载波振荡的振幅按二进制编码在 a_0 和 a_1 两种状态之间切换（键控），其中，a_0对应“1”状态，a_1对应“0”状态。载波的振幅按二进制编码在两种状态之间切换如图 5.9 所示，其中，图 5.9（a）为数字信号，图 5.9（b）为正弦载波，图 5.9（c）为振幅键控的波形。

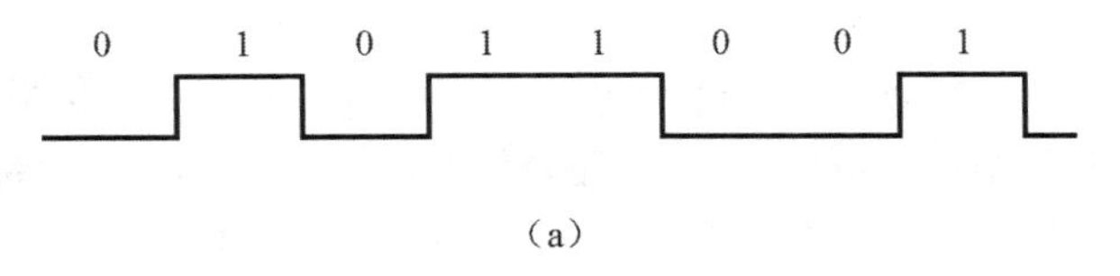

（a）

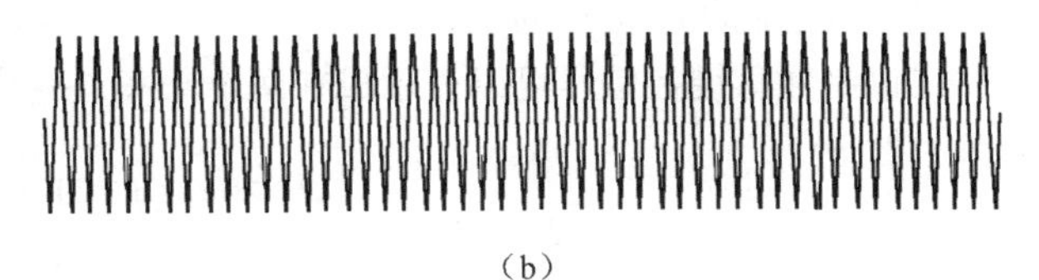

（b）

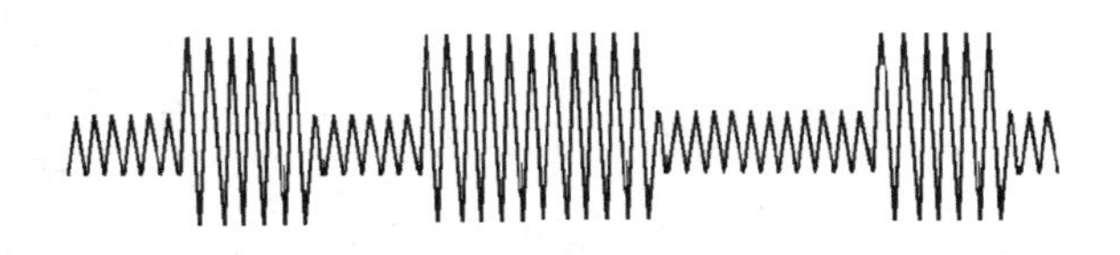

（c）

图 5.9　振幅键控的时间波形

已调波的键控度 m 定义为

$$m = \frac{a_0 - a_1}{a_0 + a_1} \tag{5.12}$$

键控度 m 表示了调制的深度。当键控度 m 为 100%时，载波的振幅在 a_0 与 0 之间切换，这时为通-断键控。

（2）二进制振幅键控的电路原理图。

二进制振幅键控信号的产生方法通常有两种，一种是模拟调制法，另一种是键控法。模拟调制法是用乘法器实现，键控法是用开关电路实现，相应的调制器原理图如图 5.10 所示，其中，图 5.10（b）的键控度 m 为 100%。

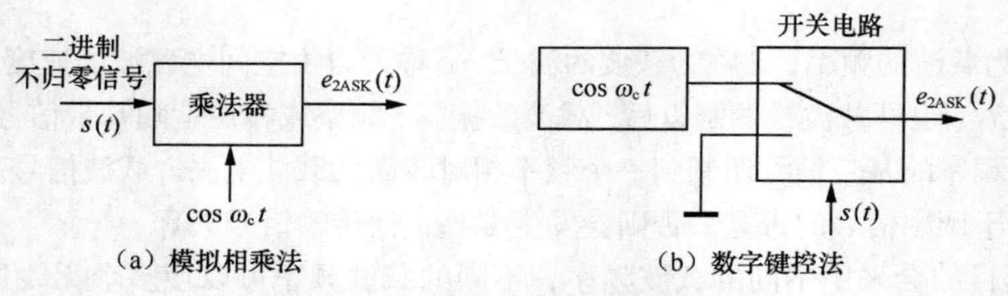

图 5.10　二进制振幅键控电路原理图

二进制振幅键控是运用最早的无线数字调制方法，但这种方法在传输时受噪声影响较大，噪声电压和信号一起可能改变振幅，使信号“0”变为“1”，信号“1”变为“0”。

（3）二进制振幅键控的功率谱密度。

二进制振幅键控信号是随机信号，因此，研究它的频谱特性时，应该讨论它的功率谱密度。二进制振幅键控信号可以表示为

$$v(t) = s(t)\cos(\omega_c t)$$

其中，二进制基带信号是随机的单极性矩形脉冲序列。分析表明，二进制振幅键控信号功率谱密度的特性如下。

① 二进制振幅键控信号的功率谱由连续谱和离散谱两部分组成，连续谱取决于经线性调制后的双边带谱，而离散谱由载波分量确定。

② 二进制振幅键控信号的带宽是基带信号带宽的两倍，若只计功率谱密度的主瓣（第一个谱零点的位置），传输的带宽是码元速率的两倍。

3. 频移键控

频移键控（Frequency Shift Keying，FSK）是利用载波的频率变化来传递数字信息，是对载波的频率进行键控。二进制频移键控载波的频率只有两种变化状态，载波的频率在 f_1 和 f_2 两个频率点变化，分别对应二进制信息的“1”和“0”。

（1）二进制频移键控的定义。

二进制频移键控信号可以表示成在两个频率点变化的载波，其表达式为

$$v(t) = \begin{cases} A\cos(\omega_1 t + \varphi_n) & \text{发送“1”时} \\ A\cos(\omega_2 t + \theta_n) & \text{发送“0”时} \end{cases} \tag{5.13}$$

可以看出，发送“1”和发送“0”时，信号的振幅不变，角频率在变。其中

$$\omega_1 = 2\pi f_1 \tag{5.14}$$

$$\omega_2 = 2\pi f_2 \tag{5.15}$$

在频移键控时，载波振荡的频率按二进制编码在两种状态之间切换（键控）。其中，f_1 对应“1”状态，f_2 对应“0”状态，如图 5.11 所示，其中，图 5.11（a）为数字信号，图 5.11（b）为频移键

控波形。

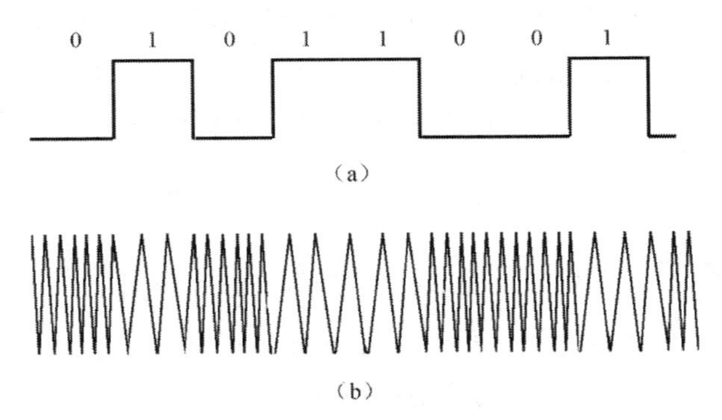

图 5.11　频移键控的时间波形

（2）二进制频移键控的特点。

① 从时间函数的角度来看，可以将二进制频移键控信号看作是 f_1 和 f_2 两种不同载频振幅键控信号的组合，因此，二进制频移键控信号的频谱可以由两种振幅键控的频谱叠加得到。

② 二进制频移键控在数字通信中应用较广，国际电信联盟（ITU）建议，在数据率低于 1 200 bit/s 时采用该体制，这种方式适合于衰落信道的场合。

4．相移键控

相移键控（Phase Shift Keying，PSK）是利用载波的相位变化来传递数字信息，是对载波的相位进行键控。二进制相移键控载波的初始相位有两种变化状态，通常载波的初始相位在 0 和 π 两种状态变化，分别对应二进制信息的“1”和“0”。

（1）二进制相移键控的定义。

二进制相移键控信号的表达式为

$$v(t) = A\cos(\omega_c t + \varphi_n) \tag{5.16}$$

其中，φ_n 表示第 n 个符号的绝对相位。φ_n 为

$$\varphi_n = \begin{cases} 0 & \text{发送“1”时} \\ \pi & \text{发送“0”时} \end{cases} \tag{5.17}$$

载波振荡的相位 φ_n 按二进制编码在两种状态之间切换（键控），如图 5.12 所示，其中，图 5.12（a）为数字信号，图 5.12（b）为相移键控波形。

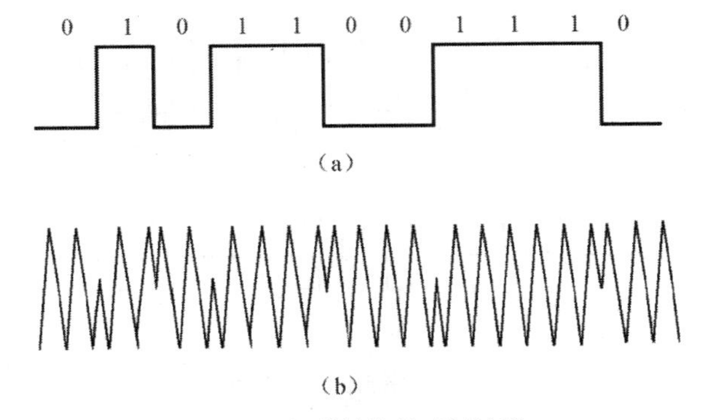

图 5.12　相移键控的时间波形

（2）二进制相移键控的特点。

① PSK 系统具有较高的频带利用率，PSK 方式在误码率和信号平均功率等方面都比 ASK 系统的性能更好。

② 二进制 PSK 系统在实际中很少直接使用，实际应用经常采用差分相移键控（DPSK）和相位抖动调制（PJM）等方式。

5.4.2 副载波调制

副载波调制是指首先把信号调制在载波 1 上，出于某种原因，决定对这个结果再进行一次调制，于是用这个结果再去调制另外一个频率更高的载波 2。

在无线电技术中，副载波调制应用广泛。例如，802.11a 是 802.11 原始标准的一个修订标准，802.11a 标准采用了与原始标准相同的核心协议，工作频率为 5 GHz，使用 52 个正交频分复用（OFDM）副载波，最大原始数据传输率为 54 Mbit/s，达到了中等吞吐量的要求。在 52 个 OFDM 副载波中，48 个用于传输数据，4 个是引示副载波（Pilot Carrier），每一个带宽为 0.312 5 MHz（20 MHz/64），可以是二相移相键控（BPSK）、四相移相键控（QPSK）、16-QAM 或 64-QAM，总带宽为 20 MHz，占用带宽为 16.6 MHz。

对 RFID 系统来说，副载波调制方法主要用在 6.78 MHz、13.56 MHz 或 27.125 MHz 的电感耦合系统中，而且是从电子标签到读写器方向的数据传输，有着与负载调制时读写器天线上高频电压的振幅键控调制相似的效果。通常，副载波频率是对工作频率分频产生的，例如对 13.56 MHz 的 RFID 系统来说，使用的副载波频率可以是 847 kHz（13.56 MHz/16）、424 kHz（13.56 MHz/32）或 212 kHz（13.56 MHz/64）。

在 RFID 副载波调制中，首先用基带编码的数据信号调制低频率的副载波，已调的副载波信号用于切换负载电阻；然后采用振幅键控 ASK、频移键控 FSK 或相移键控 PSK 的调制方法，对副载波进行二次调制。采用振幅键控 ASK 的副载波调制如图 5.13 所示，其中，图 5.13（a）为数字信号，图 5.13（b）为副载波，图 5.13（c）为调制副载波，图 5.13（d）为载波信号，图 5.13（e）为副载波调制后再进行调制的波形。

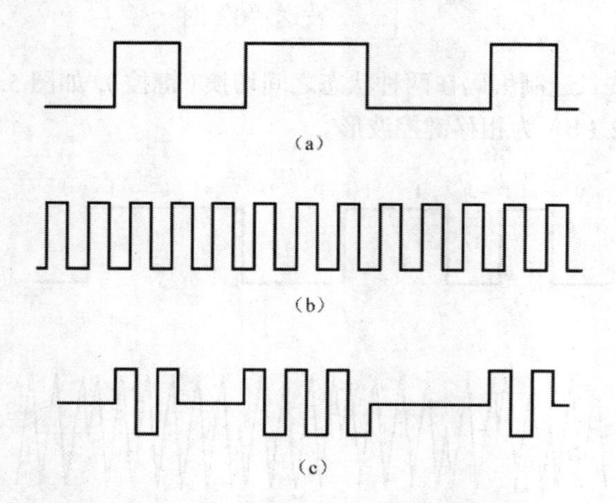

图 5.13　采用振幅键控 ASK 的副载波调制

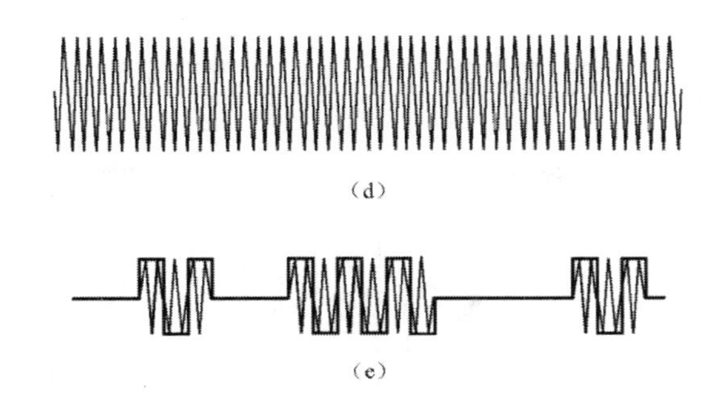

（d）

（e）

图 5.13　采用振幅键控 ASK 的副载波调制（续）

采用副载波进行负载调制，一方面在工作频率±副载波频率上产生两条谱线，信息随着基带编码的数据流对副载波的调制，被传输到两条副载波谱线的边带中；另一方面，在基带中进行负载调制时，数据流的边带将直接围绕着工作频率的载波信号。在解调时，可以将两个副载波之一滤出对其解调。

习题

5.1 RFID 通信系统的模型是什么？简述这个模型的组成。

5.2 简述信道带宽、信道传输速率、信道容量的概念，说明波特率与比特率的不同，说明信道容量和信噪比与带宽的关系。

5.3 数字通信系统的模型是什么？主要涉及哪些技术问题？

5.4 什么是信源编码、信道编码和保密编码？在数字通信系统中各有什么作用？

5.5 调制的目的是什么？简述将基带信号调制为频带信号的过程。

5.6 在数字编码方式中，什么是单极性码和双极性码？什么是归零码和非归零码？RFID 常用的编码格式是什么？

5.7 简述 MATLAB/Simulink 软件的功能以及在 RFID 编码中的作用。

5.8 什么是载波？正弦振荡的载波信号振幅、角频率和初相是固定的吗？振幅键控、频移键控和相移键控分别调制正弦载波的哪一个参量？

5.9 分别给出振幅键控、频移键控和相移键控的函数表达式，说明各自的物理意义，并分别画出时间波形。

5.10 什么是副载波调制？画出采用振幅键控的副载波调制波形，并说明在 RFID 中的应用。

第6章 数据完整性与数据安全性

RFID 是一个开放的无线系统，外界的各种干扰容易使数据传输产生错误，同时数据也容易被外界窃取，因此需要有相应的措施，使数据保持完整性和安全性。

在读写器与电子标签的无线通信中，存在许多干扰因素，最主要的干扰因素是信道噪声和多卡操作，这些干扰会使传输的信号发生畸变，从而导致信号传输的错误。要提高数字传输系统的可靠性，就要采用差错控制编码及防碰撞技术。采用恰当的编码和防碰撞技术，能显著提高数据传输的可靠性，从而使数据保持完整性。

随着 RFID 的深入推广，其安全与隐私问题也日益突出。在读写器、电子标签和网络等各个环节，数据都存在安全隐患，安全与隐私问题已经成为制约 RFID 技术的主要因素之一。为防止某些试图欺骗 RFID 系统而进行的非授权访问，或防止跟踪、窃取甚至恶意篡改电子标签的信息，必须采取措施保障数据的有效性和隐私性，从而使数据保持安全性。

6.1 数据完整性

数据传输的完整性主要存在两个方面的问题，一个是各种干扰，另一个是电子标签之间数据的碰撞。由于系统内部有噪声干扰，系统外部有电磁干扰，导致信号的波形会产生失真，在接收端可能误判而产生误码，这将导致数据传输发生错误。在 RFID 系统中，读写器的作用范围内经常有多个电子标签，如果同时要求通信，多个电子标签将同时占用信道，这会使发送的数据发生冲突，导致电子标签之间数据产生碰撞。

为防止各种干扰和电子标签之间数据的碰撞，RFID 系统经常采用差错控制和防碰撞算法，来分别解决这两个问题。

6.1.1　差错控制

通信线路上总有噪声存在，由于噪声会对有用信息进行干扰，因此数据传输会出现差错。差错控制是一种保证接收数据完整、准确的方法。在数字通信中，差错控制利用编码方法对传输中产生的差错进行控制，以提高数字消息传输的准确性。

1. 差错的分类

通信过程中的差错大致可分为两类，一类是由热噪声引起的随机错误，另一类是由冲突噪声引起的突发错误。突发性错误影响局部，随机性错误影响全局。

（1）随机错误。

热噪声引起的差错是一种随机差错，亦即某个码元的出错具有独立性，与前后码元无关。传输随机错误的信道称为无记忆信道或随机信道。

（2）突发错误。

突发错误是由冲击噪声引起的。冲击噪声是由短暂原因造成的，例如电机的启动或停止，电器设备的放弧等。冲击噪声引起的差错是成群的，它们之间有相关性。传输突发错误的信道称为有记忆信道或突发信道。

2. 差错的衡量指标

在数据通信中，误码率是最常用来衡量传输质量的指标。如果发送的信号是“1”，而接收到的信号却是“0”，这就是“误码”，也就是发生了一个差错。在一定时间内收到的数字信号中，发生差错的比特数与同一时间所收到的总比特数之比，称为“误码率”，也可以称为“误比特率”。

$$误码率=\frac{接收出现差错的比特数}{发送的总比特数}$$

误码率（Bit Error Ratio，BER）是衡量在规定时间内数据传输精确性的指标。如果在 10 000 bit 数据中出现 1 bit 差错，误码率为万分之一，即 10^{-4}。

3. 差错控制的基本方式

差错控制最常用的方法是差错控制编码。数据信息位在向信道发送之前，先按照某种关系增加监督码元，即附加上一定的冗余位，利用监督码元去发现或纠正传输中发生的错误，这个过程称为差错控制编码过程。接收端收到该码后，检查信息位和附加冗余位之间的关系，以检查传输过程中是否有差错发生，这个过程称为检验过程。

差错控制编码可以分为检错码和纠错码。检错码是能自动发现差错的编码；纠错码是不仅能发现差错，而且能自动纠正差错的编码。

差错控制方法主要分为两类，一类称为反馈纠错（ARQ），另一类称为前向纠错（FEC）。在这两类基础上，又派生出一种称为“混合纠错”的方法。对于不同类型的信道，应该采用不同的差错控制技术，否则就将事倍功半。

（1）反馈纠错（ARQ）。

这种方式是能发现传输差错的编码方法。这种方法在发送端加入了少量监督码元，根据编码的规则，在接收端对收到的信号进行检查，当发现有错码时，即向发送端发出询问信号，要求重发。发送端收到询问信号后，立即重发，直到信息正确接收为止。

在 ARQ 方式中，所谓发现差错是指在若干接收码元中，知道有一个或一些是错的，但不一定知道错误的准确位置。这种方法是检错重发，只能发现差错，但不能自动纠正差错，因此需要

请求重发。ARQ 原理方框图如图 6.1 所示。

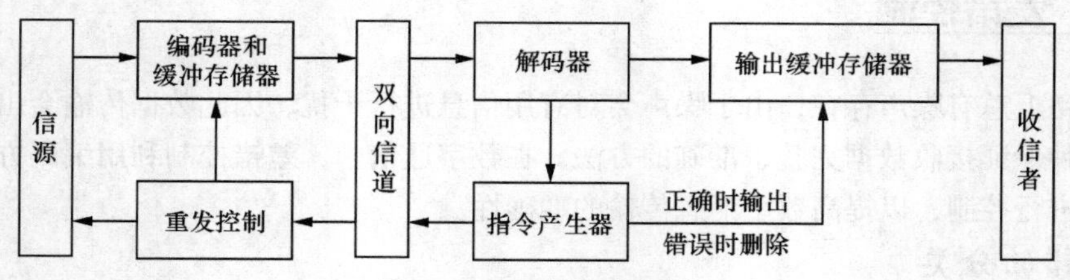

图 6.1　ARQ 原理方框图

（2）前向纠错（FEC）。

这种编码方法是较为复杂的编码方法，这种方式不但能发现传输差错，而且能纠正一定程度的传输差错。采用前向纠错方式时，不需要反馈信道，也无需反复重发而延误传输时间，这对实时传输有利。但是，FEC 方式的纠错设备比较复杂。

FEC 方式必须使用纠错码。在 FEC 方式中，接收端不但能发现差错，而且能确定二进制码元发生错误的位置，从而加以纠正。

（3）混合纠错。

混合纠错的方式是综合采用反馈纠错和前向纠错的方法。当少量纠错时，采用前向纠错的方法，在接收端自动纠正；当差错较严重，超出自行纠正能力时，采用反馈纠错的方法，向发送端发出询问信号，要求重发。因此，“混合纠错”是“前向纠错”及“反馈纠错”两种纠错方式的混合。

4. 误码控制的基本原理

为了判断传送的信息是否有误，可以在传送时增加必要的附加判断数据。如果既能判断传送的信息是否有误，又能纠正错误，则需要增加更多的附加判断数据。这些附加的判断数据在不发生误码的情况下完全是多余的，但如果发生误码，就可以利用信息数据与附加数据之间的特定关系，实现检出错误和纠正错误，这就是误码控制的基本原理。

为了使通信系统具有检错和纠错的能力，应当按照一定的规则在信源编码的基础上增加一些冗余码元（又称为监督码元），使这些冗余码元与被传送信息码元之间建立一定的关系。在收信端，根据信息码元与监督码元的特定关系，可以实现检错或纠错。

信源编码的中心任务是消去冗余，实现码率压缩。但是为了检错与纠错，信道编码又不得不增加冗余，这必然导致码率增加，编码的效率降低。分析误码控制编码的目的，正是为了寻求较好的编码方式，能在增加冗余不太多的前提下实现检错和纠错。

（1）信息码元与监督码元。

信息码元又称为信息序列或信息位，这是发端由信源编码得到的被传送的信息数据比特，通常以 k 表示。在二元码的情况下，由信息码元组成的信息码组为 2^k，即不同信息码元取值的组合共有 2^k。

监督码元又称为监督位或附加数据比特，这是为了检纠错码而在信道编码时加入的判断数据位。监督码元通常以 r 表示，即有如下的关系：

$$n = k + r \tag{6.1}$$

其中，经过分组编码后的总码长为 n 位，其中信息码长（码元数）为 k 位，监督码长（码元数）为 r 位，通常称为长为 n 的码字。

（2）许用码组与禁用码组。

若码组中的码元数为 n，在二元码的情况下，总码组数为 2^n 个。其中，被传输的信息码组为 2^k 个，称为许用码组；其余的 2^n-2^k 个码组不予传送，称为禁用码组。

发端的编码任务是寻求某种规则，从总码组中选出许用码组；收端的解码任务是利用相应的规则，判断及校正收到的码字符合许用码组。

下面举例说明许用码组和禁用码组。

1）由 3 位二进制数字构成的码组，共有 8 种不同的可能组合。若将其全部用来表示天气，可以表示 8 种不同的天气，例如："000"（晴）、"001"（云）、"010"（阴）、"011"（雨）、"100"（雪）、"101"（霜）、"110"（雾）、"111"（雹）。其中，任何一个码组在传输中若发生一个或多个错码，则将变成另一个信息码组。但这时，接收端无法发现传输错误。

2）现在假设上述 8 种码组中只准许 4 种传送天气，例如："000"（晴）、"011"（云）、"101"（阴）、"110"（雨）。这时虽然只能传送 4 种不同的天气，但接收端却有可能发现码组中的 1 个错码。

例如，若"000"（晴）中发生 1 位错码，则接收码组将变成"100"或"010"或"001"，这 3 种码组都是不准使用的，称为禁用码组。在接收端收到了禁用码组时，就认为传输出现了差错。可以看出，"000"（晴）、"011"（云）、"101"（阴）、"110"（雨）为许用码组，而"100"、"010"、"001"、"111"为禁用码组。

若"000"（晴）中错了 3 位，则接收码组将变成"111"，这也是禁用码组，故这种编码也能检测 3 个错码。

3）如果希望编码不仅能够检测错码，而且能够纠正错码，还要增加更多的冗余度。例如，规定许用码组只有两个："000"（晴）和"111"（雨），其他都是禁用码组。这种规定可以检测两个以下错码，或能够纠正一个错码。

例如，当收到禁用码组"100"时，若当作仅有一个错码，则可以判断错码发生在"1"位，从而纠正为"000"（晴）。但是，这时若假定错码数不超过两个，则存在两种可能性："000"错 1 位和"111"错 2 位都可能变成"100"，因而这时只能检测出传输存在误码，而无法纠正错码。

（3）编码的效率。

衡量编码性能好坏的一个重要参数是编码效率，编码效率是码字中信息位占总码元数的比例。编码效率越高，信道中用来传送信息码元的有效利用率就越高。编码效率的计算公式为

$$R=\frac{k}{n}=\frac{k}{k+r} \tag{6.2}$$

编码效率是衡量纠错码性能的一个重要指标。一般情况下，监督位越多（即 r 越大），检纠错能力越强，但相应的编码效率也随之降低了。

（4）码重与码距。

① 码重。

在分组编码后，每个码组中码元为"1"的数目称为码的重量，简称码重。例如，码组 11001 的码重为 W=3。

② 码距。

两个码组对应位置上取值不同的位数，称为码组的距离，简称码距，又称汉明距离，通常用 d 表示。例如，码组 10010 和 01110 有 3 个位置的码元不同，所以 d=3，即汉明距离为 3。最小码距的大小与信道编码的检纠错能力密切相关。

5. 误码控制编码的分类

目前已经开发了多种误码控制编码方案，但每种编码所依据的原理各不相同。不同的编码建立在不同的数学模型基础上，具有不同的检错与纠错特性，可以从不同的角度对误码控制编码进行分类。

（1）纠正随机错误码与纠正突发错误码。

按照误码产生的原因不同，误码控制编码可以分为纠正随机错误的码与纠正突发性错误的码。随机错误码主要产生于独立的局部误码信道，而突发错误码主要产生于大面积的连续误码的情况。例如，磁带数码记录中磁粉脱落而发生的信息丢失，属于突发错误码。

（2）线性码与非线性码。

按照信息码元与附加的监督码元之间的数学检验关系，误码控制编码可以分为线性码与非线性码。

如果信息码元与监督码元呈线性关系，即满足一组线性方程式，就称为线性码。奇偶校验码和循环码都是线性码。

如果信息码元与监督码元呈非线性关系，就称为非线性码。

（3）分组码与卷积码。

按照信息码元与附加的监督码元之间约束方式的不同，误码控制编码可以分为分组码与卷积码。

在分组码中，编码后的码元序列每 n 位分为一组，其中包括 k 位信息码元和 r 位附加监督码元，即 $n=k+r$。每组的监督码元仅与本组的信息码元有关，而与其他组的信息码元无关。线性码属于分组码。

在卷积码中，虽然编码后码元序列也划分为码组，但每组的监督码元不但与本组的信息码元有关，而且与前面码组的信息码元也有约束关系。

6. 奇偶校验码

奇偶校验码也称为奇偶监督码，它是一种最简单的线性分组检错编码方式。奇偶校验码分为奇数校验码和偶数校验码两种，两者具有完全相同的工作原理和检错能力，原则上采用任何一种都是可以的。

这种编码方法首先把信源编码后的信息数据流分成等长的码组，在每一信息码组之后加入一位（1 bit）监督码元作为奇偶检验位，使得总码长 n（包括信息位 k 和监督位 1）中的码重为偶数（称为偶校验码）或者奇数（称为奇校验码）。如果在传输过程中任何一个码组发生一位（或奇数位）的错误，则收到的码组必然不再符合奇偶校验的规律，因此可以发现误码。奇偶校验码分组码的结构如图 6.2 所示。

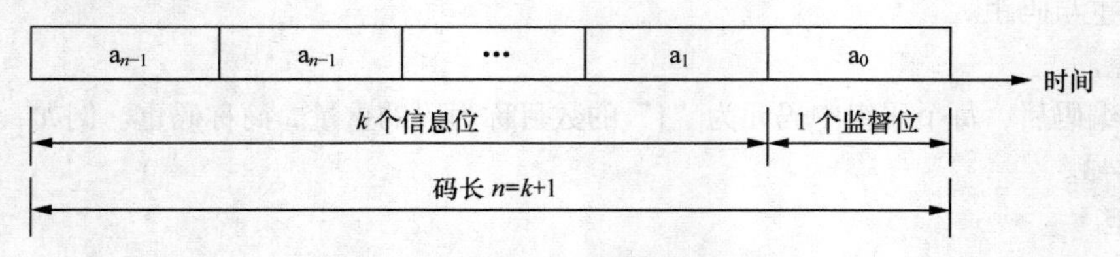

图 6.2　奇偶校验码分组码的结构

由于每两个 1 的模 2 相加为 0，因此，利用模 2 加法可以判断一个码组中码重是奇数或是偶数。模 2 加法等同于“异或”运算。

（1）偶数监督码。

奇偶校验码无论信息位有多少，监督码元只有一位。在偶数监督码中，它使码组中“1”的数目为偶数，即满足下面的条件。

$$a_{n-1} \oplus a_{n-2} \oplus \cdots \oplus a_0 = 0 \qquad (6.3)$$

其中，a_0 为监督位，其余为信息位。

（2）奇数监督码。

在奇数监督码中，它使码组中“1”的数目为奇数，即满足下面的条件。

$$a_{n-1} \oplus a_{n-2} \oplus \cdots \oplus a_0 = 1 \qquad (6.4)$$

奇数监督码的检错能力与偶数监督码相同。

7. CRC 校验

循环冗余校验（Cyclic Redundancy Check，CRC）是数据通信领域中最常用的一种差错校验方法，其特征是信息字段和校验字段的长度可以任意选定。

（1）CRC 码的特点。

循环码具有循环性，即循环码中任意一个码组循环一位（将最右端的码移至最左端）以后，仍为该码中的一个码组。

循环码组中任意两个码组之和（模 2）必定为该码组集合中的一个码组。

（2）生成 CRC 码的原则。

任意一个由二进制位串组成的代码都可以和一个系数仅为 0 和 1 取值的多项式一一对应，即把一个长度为 n 的代码可以表示为

$$T(x) = a_{n-1}x^{n-1} + a_{n-2}x^{n-2} + \cdots + a_1 x + a_0 \qquad (6.5)$$

例如，代码 1100101 对应的多项式为

$$T(x) = 1 \bullet x^6 + 1 \bullet x^5 + 0 \bullet x^4 + 0 \bullet x^3 + 1 \bullet x^2 + 0 \bullet x^1 + 1 \qquad (6.6)$$

若设码字长度为 n 位，信息字段为 k 位，校验字段为 r 位，则对于 CRC 码中的任意一个码字，有如下关系。

$$T(x) = x^r m(x) + r(x) \qquad (6.7)$$

其中，$m(x)$ 为 $k-1$ 次信息多项式，$r(x)$ 为 $r-1$ 次校验多项式。

（3）CRC 码的校验方法。

CRC 码是基于多项式的编码技术。在计算 CRC 码时，发送方和接收方必须采用一个共同的生成多项式 $g(x)$，$g(x)$ 的阶为 r，$g(x)$ 的最高、最低项系数必须为 1。选用的生成多项式不同，产生的循环码组也不同，目前已经有多个 CRC 生成多项式成为国际标准。

CRC 编码的过程是将要发送的信息字段看作是信息多项式 $m(x)$ 的系数，$x^r m(x)$ 除以生成多项式，然后把余数作为校验字段，校验字段挂在原信息多项式之后一起发送。发送方通过指定的 $g(x)$ 产生 CRC 码字，接收方则通过该 $g(x)$ 来验证收到的 CRC 码字。

CRC 校验方法借助于多项式除法，其余数为校验字段。例如：

① 若信息字段代码为 1011001，对应 $m(x)=x^6+x^4+x^3+1$；

② 假设生成多项式为 $g(x)=x^4+x^3+1$，则对应 $g(x)$ 的代码为 11001；

③ $x^4 m(x)=x^{10}+x^8+x^7+x^4$，对应的代码记为 10110010000；

④ 采用多项式除法 $x^4m(x)/g(x)$，得余数为 1010，即校验字段为 1010；

⑤ 发送方发出的传输字段为 10110011010，前 7 位为信息字段，后 4 位为校验字段；

⑥ 接收方使用相同的生成码进行校验，接收到的多项式如果能够除尽，则正确。

6.1.2 数据传输中的防碰撞问题

在 RFID 系统中，读写器的作用范围内经常有多个电子标签同时要求通信，导致数据传输经常发生碰撞问题，因此需要对防碰撞进行研究。

1. 数据传输的工作方式

读写器与电子标签之间的工作方式主要有 3 种，分别为无线电广播工作方式、多路存取工作方式以及多个读写器给多个电子标签同时发送数据的工作方式。

（1）无线电广播方式。

这是一种从一个读写器到多个电子标签的工作方式，读写器发送的信号同时被多个电子标签接收。这种工作方式与一个广播电台发射信号，多个接收机同时接收相类似，所以被称为“无线电广播”工作方式。无线电广播的工作方式如图 6.3 所示。

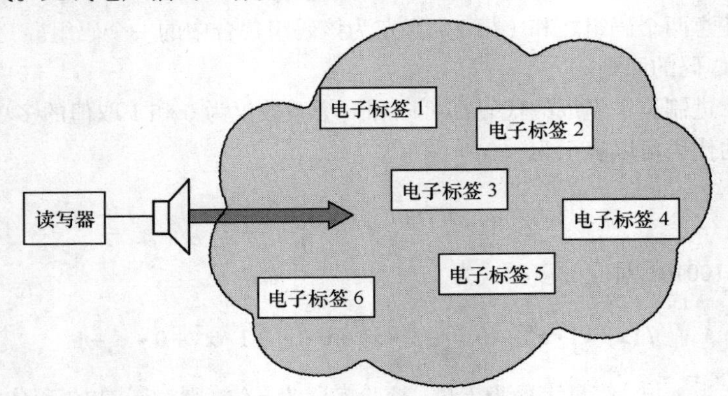

图 6.3　无线电广播的工作方式

（2）多路存取方式。

在这种工作方式中，读写器的工作范围内同时有多个电子标签，多个电子标签同时将数据传送给读写器。多路存取的工作方式如图 6.4 所示。

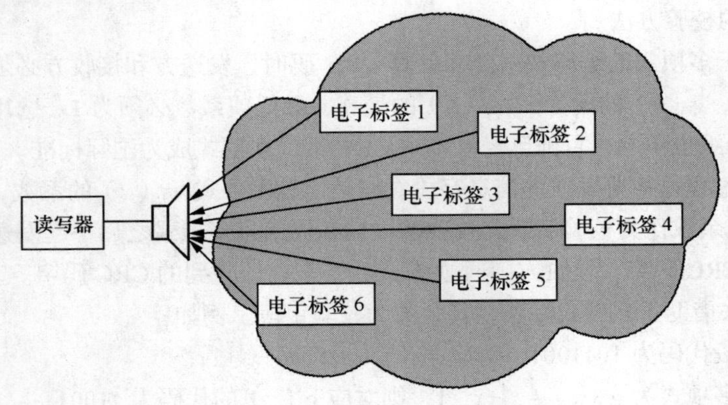

图 6.4　多路存取的工作方式

在多路存取的工作方式中，各个电子标签会同时对读写器发出信号，从而造成电子标签数据的碰撞，使读写器不能正常读取各个电子标签的有关数据，这就是 RFID 系统中的多路存取问题。只有解决好电子标签的碰撞问题，才能使 RFID 系统正常工作。

解决防碰撞问题需要用到多路存取法。在无线通信中，多路存取法主要有空分多路法（SDMA）、频分多路法（FDMA）、时分多路法（TDMA）和码分多路法（CDMA），如图 6.5 所示。在 RFID 系统中，根据读写器与电子标签之间的通信特点，空分多路法、频分多路法和码分多路法在应用中都受到一定的限制，只能应用到一些特定的场合，一般系统主要采用时分多路法。

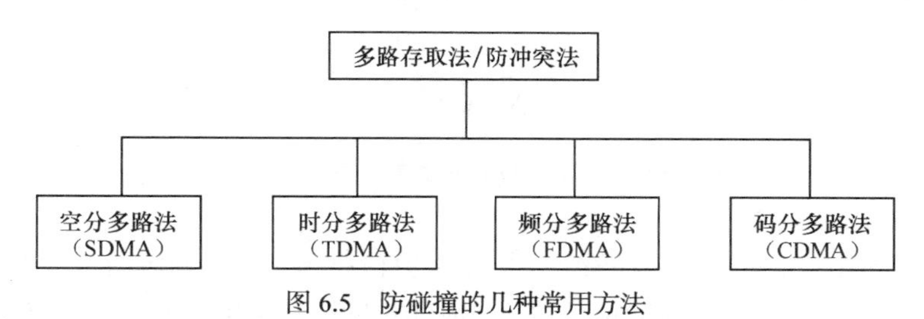

图 6.5　防碰撞的几种常用方法

① 空分多路法。

在空分多路法（Space Division Multiple Access，SDMA）中，RFID 系统利用天线空间分离的技术分别读取电子标签的数据。

② 频分多路法。

在频分多路法（Frequency Division Multiple Access，FDMA）中，RFID 系统把不同载波频率的传输通道分别提供给电子标签用户。

③ 时分多路法。

在时分多路法（Time Division Multiple Access，TDMA）中，RFID 系统把整个可供使用的通路容量按时间不同分配给多个用户分别读取数据。

（3）多个读写器给多个电子标签同时发送数据的方式。

这是一种由多个相邻的读写器试图同时与多个电子标签通信而引起的干扰。

2. 防碰撞算法

解决电子标签防碰撞问题的关键是优化的防碰撞算法。现有的 RFID 防碰撞算法都是基于 TDMA 算法，可划分为 ALOHA 防碰撞算法和基于二进制搜索（Binary Search，BS）算法两大类。ALOHA 防碰撞算法有 ALOHA 算法和时隙 ALOHA 算法；BS 防碰撞算法有二进制树型搜索算法和修剪枝的二进制树型搜索算法等。防碰撞算法可以使系统的吞吐率及信道的利用率更高，需要的时隙更少，数据的准确率更高，能够更好地解决 RFID 系统的碰撞问题，有助于推动 RFID 技术更广泛的应用。

（1）ALOHA 算法。

ALOHA 是 1968 年美国夏威夷大学一项研究计划的名字，ALOHA 网络是世界上最早的无线电计算机通信网络。20 世纪 70 年代初，美国夏威夷大学研制成功一种分组交换计算机网络，这种网络采用无线广播技术，这也是最早、最基本的无线数据通信方式。ALOHA 是夏威夷人表示致意的问候语，这项研究计划是要解决夏威夷群岛之间的通信问题。ALOHA 网络可以使分散在夏威夷各岛的多个用户通过无线信道来使用中心计算机，实现一点到多点的数据通信，ALOHA 采用的是一种随机接入的信道访问方式。

ALOHA 算法因具有简单易实现等优点而成为应用最广的算法之一。ALOHA 算法是在 ALOHA 思想的基础上，根据 RFID 系统的特点不断改进而形成的算法体系，它的本质是分离电子标签的应答时间，使电子标签在不同的时隙发送应答。ALOHA 算法是一种随机接入算法，这种算法多采取“标签先发言”的方式，即标签一旦进入读写器的阅读区域，就自动向读写器发送其自身的 ID，随即标签和读写器间开始通信。一旦发生碰撞，一般采取退避原则，等待下一循环周期再发送应答。

纯 ALOHA 算法信道利用率不高。分析表明，纯 ALOHA 算法的信道吞吐率 S 与帧产生率 G 之间的关系为

$$S = Ge^{-2G} \tag{6.8}$$

例如，计算可以得出，当 $G = 0.5$ 时，信道吞吐率 $S = 18.4\%$。

（2）时隙 ALOHA 算法。

帧时隙（Framed Slotted Aloha，FSA）ALOHA 算法是基于通信领域的 ALOHA 协议提出的。在 FSA 中，帧（Frame）是由读写器定义的一段时间长度，其中包含若干个时隙（Slot），电子标签在每帧内随机选择一个时隙发送数据。所有电子标签应答都要同步，即只能在时隙开始点向读写器发送信息，每个电子标签发送的时隙是随机选择的。

时隙可以分为 3 类，分别为空闲时隙、应答时隙和碰撞时隙。在空闲时隙中没有识别任何标签；在应答时隙中可以正确识别一个标签；当一个时隙中有多个标签同时发送应答时，就会产生碰撞，形成碰撞时隙。碰撞的标签退出当前循环，等待参与新的帧循环。

在帧时隙 ALOHA 算法中，信道的利用率有所提高。帧时（Frame time）表示发送一个标准长度的帧所需的时间，吞吐率表示平均每帧时成功传送的帧数，帧产生率表示每帧时尝试传送帧的总次数。分析表明，帧时隙 ALOHA 算法的信道吞吐率 S 与帧产生率 G 之间的关系为

$$S = Ge^{-G} \tag{6.9}$$

例如，计算可以得出，当 $G = 0.5$ 时，信道吞吐率 $S = 0.368\%$。

6.1.3 RFID 中数据完整性的实施策略

在读写器与电子标签的无线通信中，存在多种干扰因素，最主要的干扰因素是信道噪声和信号冲突。采用恰当的信号编码、调制与校检方法，并采取信号防冲突控制技术，能显著提高数据传输的完整性和可靠性。

1．信号的编码、调制与校检

RFID 系统基带编码的方式有多种，编码方式与系统所用的防碰撞算法有关。RFID 系统一般采用曼彻斯特编码，该编码半个 bit 周期中的负边沿表示 1，正边沿表示 0。该编码若码元片内没有电平跳变，则被识别为错误码元。这样可以按位识别是否存在碰撞，易于实现读写器对多个标签的防碰撞处理。

信号传输前先进行降噪处理，去除信号中的低频分量和高频分量，以减少误码率。然后进行载波调制，载波调制主要有 ASK、FSK 和 PSK 等几种制式，分别对应于正弦波的幅度、频率和相位来传递数字基带信号。在 RFID 系统中，为简化设计、降低成本，大多数系统采用 ASK 的调制技术。

为减少信号传输过程中的波形失真，还应使用校验码对可能或已经出现的差错进行控制，鉴别是否发生错误，进而纠正错误，甚至重新传输全部或部分消息。常用的校验方法有奇偶校验方法和 CRC 校验方法等。

2. 信号防冲突

为使读写器能顺利完成其作用范围内的标签识别和信息读写等操作，防止碰撞，RFID 主要采用时分多路法（TDMA），每个标签在单独的某个时隙内占用信道与读写器进行通信。然而，在多读写器、多电子标签的系统中，信号之间的冲突与干扰在所难免，这会导致信息叠混，严重影响 RFID 的使用性能。信号之间的冲突分为标签冲突和读写器冲突两类，解决冲突的关键在于使用防碰撞算法。

（1）标签冲突。

当多个电子标签处于同一个读写器的作用范围时，在没有采取多址访问控制机制的情况下，信息的传输过程将产生干扰，这将导致信息读取失败。

① 随机性解决方案。

对于标签冲突，一般采用 ALOHA 搜索算法。例如，目前高频频段（HF）的电子标签都使用 ALOHA 算法来处理。ALOHA 算法在一个周期性的循环中将数据不断地发送给读写器，数据的传输时间只占重复时间的很小部分，传输间歇长，电子标签重复时间小，各电子标签可在不同的时段上传输数据，数据包传送时不易发生碰撞。改进型的 ALOHA 算法还可以对标签的数量进行动态估计，并根据一定的优化准则，自适应选取延迟的时间及帧长，显著地提高了识别速度。由于同类型的电子标签工作在同一频率，共享同一通信信道，ALOHA 算法中电子标签利用随机时间响应读写器的命令，其延迟时间和检测时间是随机分布的，是一种不确定的随机算法。

② 确定性解决方案。

除随机性方案外，还有一种确定性解决方案，主要用于超高频频段（UHF）。确定性解决方案的基本思想是，读写器将冲突区域的标签不断划分为更小的子集，根据标签 ID 的唯一性来选择标签进行通信。在确定性解决方案中，最典型的是树型搜索算法，这种算法由读写器发出请求命令，N 个标签同时响应造成冲突后，检测冲突位置，逐个通知不符合要求的标签退出冲突，最后一个标签予以响应。余下的 $N-1$ 个标签重复上述步骤，经过 $N-1$ 次循环后，所有标签访问完毕。确定性解决方案的缺点是标签识别速度较低。

（2）读写器冲突。

在实际应用中，有时需要近距离布局多个 RFID 读写器，一个标签同时接收到多个读写器的命令，从而导致读写器间相互干扰。

读写器冲突有两种，一种是由多个读写器同时在相同频段上运行而引起的频率干扰，另一种是由多个相邻的读写器试图同时与一个标签进行通信而引起的标签干扰。解决干扰最简单的做法是，将相邻的读写器分配在不同的频率或时隙，而将物理上足够分离的读写器分配在同一频率或时隙。例如，目前已提出的 Colorwave 算法提供了一个实时、分布式的 MAC 协议，该协议可以为读写器分配频率与时隙，从而减少了读写器间的干扰。

在欧洲电信标准化协会（European Telecommunications Standards Institute，ETSI）的标准中，读写器在同电子标签通信前，每隔 100 ms 探测一次数据信道的状态，采用载波侦听的方式来解决读写器的冲突。在 EPC 的标准中，在频谱上将读写器传输和标签传输分离开，这样，读写器仅与读写器发生冲突，标签仅与标签发生冲突，简化了问题。

3. ISO 18000-6 编解码和防冲突简介

ISO 18000 是 RFID 的最新国际标准，其中，ISO 18000-6 是频率为 860～960 MHz 的 RFID 标准，该标准给出了读写器与电子标签之间通信的空中接口。ISO 18000-6 标准分为 ISO 18000-6 A 型、ISO 18000-6 B 型和 ISO 18000-6 C 型。

（1）编解码和防冲突。

ISO 18000-6 A 型由电子标签向读写器的数据发送采用 FM0 编码，由读写器向电子标签的数据发送采用 PIE 编码。ISO 18000-6 B 型由电子标签向读写器的数据发送采用 FM0 编码，由读写器向电子标签的数据发送采用曼彻斯特编码。

ISO 18000-6 标准已经实现了防冲突协议的演进。最初，ISO 18000-6 A 型采用了 ALOHA 协议；之后，协议演进到 ISO 18000-6 B 型，该协议使用了二进制树协议；而现在，协议演进到 ISO 18000-6 C 型，该协议要求使用带时隙的 ALOHA 协议。

ISO 18000-6 A 型和 B 型的比较如图 6.6 所示。

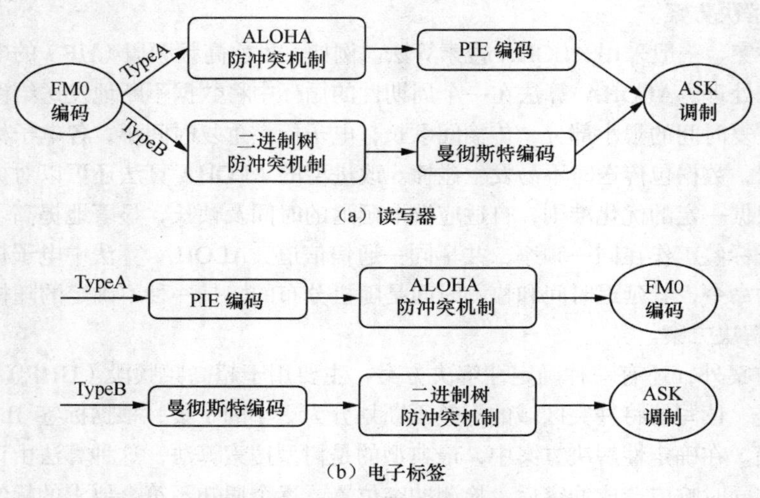

图 6.6　ISO 18000-6 A 型和 B 型的比较

（2）FM0 编码和 PIE 编码。

FM0 编码的全称为双相间隔码（Bi-Phase Space）编码，其工作原理是在一个位窗内采用电平变化来表示逻辑。如果电平从位窗的起始处翻转，则表示逻辑“1”；如果电平除了在位窗的起始处翻转，还在位窗中间翻转则表示逻辑“0”。一个位窗的持续时间为 25 μs。根据 FM0 编码的规则，无论传送的数据是 0 还是 1，在位窗的起始处都需要发生跳变。

PIE（Pulse Interval Encoding）编码的全称为脉冲宽度编码，工作原理是通过定义脉冲下降沿之间的不同时间宽度来表示数据。在该标准的规定中，由读写器发往电子标签的数据帧由 SOF（帧开始信号）、EOF（帧结束信号）、数据 0 和 1 组成。在标准中定义了一个名称为“Tari”的时间间隔，也称为基准时间间隔，该时间段为相邻两个脉冲下降沿的时间宽度，持续时间为 25 μs。

6.2 数据的安全性

在 RFID 系统中，数据信息可能受到人为和自然原因的威胁，数据的安全性主要用来保护信

息不被非授权的泄露和非授权的破坏，确保数据信息在存储、处理和传输过程中的安全和有效使用。数据的安全性主要解决消息认证和数据保密的问题。消息认证是指在RFID数据交易进行前，读写器和电子标签必须确认对方的身份，即双方在通信过程中首先应该互相检验对方的密钥，才能进行进一步的操作。数据加密是指经过身份认证的电子标签和读写器，在数据传输前使用密钥和加密算法对数据明文进行处理，得到密文；在接收方使用解密密钥和解密算法，将密文恢复成明文。

消息认证和数据加密有效地实现了数据的安全性，但同时其复杂的算法和流程也大大提高了RFID 系统的成本。对一些低成本标签，它们往往受成本严格的限制而难以实现上述复杂的密码机制，此时，可以采用一些物理方法限制标签的功能，防止部分安全威胁。物理安全机制包括读写距离控制机制、主动干扰法、自毁机制、休眠机制和静电屏蔽法等。

6.2.1　密码学基础

密码学是研究编制密码和破译密码的技术科学。密码学主要由密码编码技术和密码分析技术两个分支组成，密码编码技术的主要任务是寻求产生安全性高的有效密码算法和协议，以满足对数据和信息进行加密或认证的要求；密码分析技术的主要任务是破译密码或伪造认证信息，以实现窃取机密信息的目的。密码技术是信息安全技术的核心。

1. 加密模型

密码是通信双方按照约定的法则进行信息变换的一种手段。依照这些信息变换法则，变明文为密文，称为加密变换；变密文为明文，称为解密变换。加密模型如图6.7所示，欲加密的信息 m 称为明文，明文经过某种加密算法 E 之后转换为密文 c，加密算法中的参数称为加密密钥 K；密文经过解密算法 D 的变换后恢复为明文，解密算法也有一个密钥 K'，它与加密密钥 K 可以相同也可以不同。

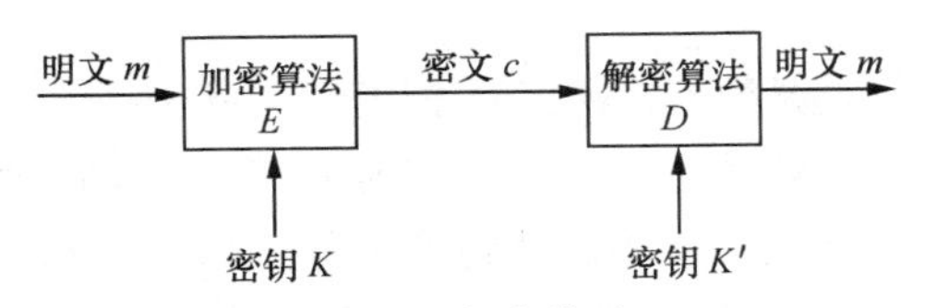

图6.7　加密模型

在图6.7中，加密变换和解密变换的关系式分别为

$$c = E_K(m) \tag{6.10}$$

$$m = D_{K'}(c) = D_{K'}(E_K(m)) \tag{6.11}$$

2. 密钥

密钥是一种参数，它是在明文转换为密文或密文转换为明文的算法中输入的数据。密码学的真正秘密在于密钥，密钥的特点如下。

（1）密钥越长，密钥空间就越大，破译的可能性就越小。但密钥越长，加密算法越复杂，所需的存储空间和运算时间也越长，所需的资源就越多。

（2）密钥易于变换。

（3）密钥通常由一个密钥源提供。

3. 密码的体制

密码学目前主要有两大体制，即公钥密码与单钥密码。其中，单钥密码又可以分为分组密码和序列密码。

（1）公钥密码。

1976 年，Whitfield Diffie 和 Martin Hellman 发表了论文“New directions in cryptography”，提出了公共密钥密码体制，奠定了公钥密码系统的基础。

公钥密码算法又称非对称密钥算法或双钥密码算法，其原理是加密密钥和解密密钥分离，这样一个具体用户就可以将自己设计的加密密钥和算法公诸于众，而只保密解密密钥。任何人利用这个加密密钥和算法向该用户发送的加密信息，该用户均可以将之还原。公共密钥密码的优点是不需要经过安全渠道传递密钥，大大简化了密钥的管理。

公开密钥密码体制是现代密码学最重要的发明和进展。一般理解密码学就是保护信息传递的机密性，但这仅仅是当今密码学主题的一个方面。对信息发送与接收人的真实身份进行验证，对所发出或接收的信息在事后加以承认并保障数据的完整性，是现代密码学主题的另一方面。公开密钥密码体制对这两方面的问题都给出了出色的解答，并正在继续产生许多新的思想和方案。在公钥体制中，加密密钥不同于解密密钥，人们将加密密钥公之于众，谁都可以使用，而解密密钥只有解密人自己知道。

公共密钥密码体制提出后，1978 年，Ron Rivest、Adi Shamirh 和 Len Adleman 在美国麻省理工学院提出了公共密钥密码的具体实施方案，即 RSA 方案，RSA 系统是迄今为止所有公钥密码中最著名和使用最广泛的一种体系。

（2）分组密码。

单钥密码算法又称对称密钥算法，单钥密码的特点是无论加密还是解密都使用同一个密钥。在单钥体制下，加密密钥和解密密钥是一样的，或实质上是等同的，这种情况下，密钥必须经过安全的密钥信道由发方传给收方。因此，单钥密码体制的安全性就是密钥的安全，如果密钥泄露，则此密码系统便被攻破。

所谓分组密码，通俗地说就是数据在密钥的作用下，一组一组、等长地被处理，且通常情况下是明、密文等长。这样做的好处是处理速度快，节约了存储空间，避免浪费带宽。分组密码是许多密码组件的基础，比如很容易转化为流密码（序列密码）。分组密码的另一个特点是容易标准化，由于具有速率高、便于软硬件实现等特点，分组密码已经成为标准化进程的首选体制。但该算法存在一个比较大的缺陷，就是安全性很难被证明。有人为了统一安全性的概念，引入了伪随机性和超伪随机性，但在实际设计和分析中很难应用。关于分组密码的算法，有早期的 DES 密码和现在的 AES 密码，此外还有其他一些分组密码算法，如 IDEA、RC5、RC6 和 Camellia 算法等。

（3）序列密码。

序列密码也称流密码，加密是按明文序列和密钥序列逐位模 2 相加（即“异或”操作 XOR）进行，解密也是按密文序列和密钥序列逐位模 2 相加进行。由于一些数学工具（如代数、数论和概率等）可以用于研究序列密码，序列密码的理论和技术相对而言比较成熟。

序列密码的基本思想是：加密的过程是明文数据与密钥流进行叠加，同时，解密过程就是密钥流与密文的叠加。该理论的核心就是对密钥流的构造与分析，因此，序列密码学在一些文献中被称为流密码。

序列密码与分组密码的区别在于有无记忆性。对于序列密码来说，内部存在记忆元件（存储

器）。根据加密器中记忆元件的存储状态是否依赖于输入的明文序列，序列密码又分为同步流密码和自同步流密码，目前大多数的研究成果都是关于同步流密码的。

在序列密码的设计方法方面，人们将设计序列密码的方法归纳为 4 种，即系统论方法、复杂性理论方法、信息论方法和随机化方法。序列密码不像分组密码那样有公开的国际标准，虽然世界各国都在研究和应用序列密码，但大多数设计、分析和成果还都是保密的。

6.2.2　RFID 电子标签的安全设计

RFID 电子标签自身都有安全设计，但 RFID 电子标签能否足够安全，个人信息存储在电子标签中是否会泄露，RFID 电子标签的安全机制是如何设计的，是目前 RFID 电子标签需要探讨的问题。

1. 电子标签的安全设置

RFID 电子标签按芯片的类型分为存储型、逻辑加密型和 CPU 型标签。RFID 电子标签的安全属性与标签分类直接相关。一般来说，电子标签安全等级存储型最低、逻辑加密型居中、CPU 型最高。目前广泛使用的 RFID 电子标签以逻辑加密型居多。

（1）存储型电子标签。

存储型电子标签没有做特殊的安全设置，标签内有一个厂商固化的、不重复、不可更改的唯一序列号，内部存储区可存储一定容量的数据信息，不需要安全认证即可读出数据。虽然所有存储型的电子标签在通信链路层都没有采用加密机制，并且芯片本身的安全设计也不是非常强大，但在应用方面采取了很多保密手段，使其可以较为安全。

（2）逻辑加密型电子标签。

逻辑加密型电子标签具备一定强度的安全设置，内部采用了逻辑加密电路及密钥算法。逻辑加密型电子标签可设置启用或关闭安全设置，如果关闭安全设置则等同于存储型电子标签。例如，只要启用了一次性编程（One Time Programmable，OTP）这种安全功能，就可以实现一次写入不可更改的效果，可以确保数据不被篡改。

许多逻辑加密型电子标签具备密码保护功能，这种方式是逻辑加密型电子标签采取的主流安全模式，设置后可通过验证密钥实现对存储区数据信息的读取或改写等。采用这种方式的电子标签密钥一般不会很长，通常为 4 B 或 6 B 数字密码。有了这种安全设置的功能，逻辑加密型电子标签还可以具备一些身份认证及小额消费的功能，如我国第二代公民身份证和 MIFARE 卡都采用了这种安全方式。

MIFARE 卡是目前世界上使用数量最大、技术最成熟、性能最稳定、内存容量最大的一种感应式智能 IC 卡，它成功地将 RFID 技术和 IC 卡技术相结合，解决了卡中无源（卡中无电源）和免接触的技术难题。MIFARE 系列非接触 IC 卡是荷兰 Philips 公司的经典 IC 卡产品（现在 Philips 公司 IC 卡部门独立为恩智浦（NXP）公司，产品知识产权归 NXP 所有），它主要包括 MIFARE One S50（1 KB）、MIFARE One S70（4 KB）、简化版 MIFARE Light 和升级版 MIFARE Pro 4 种芯片型号，广泛使用在门禁、校园和公交领域，应用范围已覆盖全球。在这几种芯片中，除 MIFARE Pro 外都属于逻辑加密卡，即内部没有独立的 CPU 和操作系统，完全依靠内置硬件逻辑电路实现安全认证和保护。

（3）CPU 型电子标签。

CPU 型电子标签在安全方面做的最多，因此在安全方面有着很大的优势。从严格意义上说，

这种电子标签不应归属于 RFID 电子标签的范畴，而应属于非接触智能卡，但由于 ISO 14443 Type A/B 协议的 CPU 非接触智能卡与应用广泛的 RFID 高频电子标签通信协议相同，因此通常也被归为 RFID 电子标签。

CPU 类型的广义 RFID 电子标签具备极高的安全性，芯片内部的操作系统（Chip Operating System，COS）本身采用了安全的体系设计，并且在应用方面设计有密钥文件和认证机制，比前几种 RFID 电子标签的安全模式有了极大的提高，也保持着目前唯一没有被人破解的记录。这种 RFID 电子标签将会更多地应用于带有金融交易功能的系统中。

2. 电子标签的安全机制

（1）存储型电子标签。

存储型电子标签的应用主要是通过快速读取 ID 号来达到识别的目的，主要应用于动物识别和跟踪追溯等方面。这种应用要求的是系统的完整性，而对于标签存储的数据要求不高，多是要求数据具有唯一的序列号以满足自动识别的要求。

如果部分容量稍大的存储型电子标签想在芯片内存储数据，对数据做加密后写入芯片即可，这样，信息的安全性主要由密钥体系安全性的强弱来决定，与存储型 RFID 标签本身没有太大的关系。

（2）逻辑加密型电子标签。

逻辑加密型电子标签的应用极其广泛，并且其中还有可能涉及小额消费的功能，因此，它的安全设计是极其重要的。逻辑加密型电子标签内部存储区一般按块分布，并有“密钥控制位”设置每个数据块的安全属性。下面以 MIFARE 公交卡为例，说明逻辑加密型电子标签的密钥认证功能流程，如图 6.8 所示。

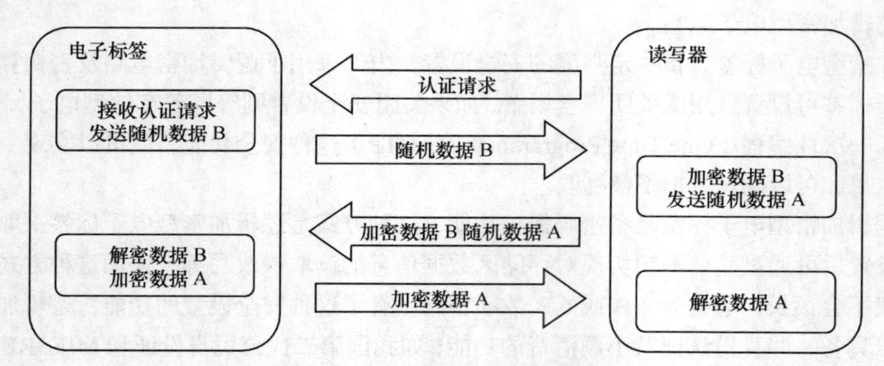

图 6.8　MIFARE 公交卡的认证功能流程

MIFARE 公交卡认证的流程可以分成以下几个步骤。

1）应用程序通过 RFID 读写器向电子标签发送认证请求；

2）电子标签收到请求后向读写器发送一个随机数 B；

3）读写器收到随机数 B 后，向电子标签发送要验证的密钥加密 B 的数据包，其中包含了读写器生成的另一个随机数 A；

4）电子标签收到数据包后，使用芯片内部存储的密钥进行解密，解出随机数 B 并校验与之发出的随机数 B 是否一致；

5）如果是一致的，则 RFID 使用芯片内部存储的密钥对 A 进行加密并发送给读写器；

6）读写器收到此数据包后，进行解密，解出 A 并与其发出的 A 比较是否一致。

如果上述的每一个环节都成功，则验证成功；否则验证失败。这种验证方式可以说是非常安全的，破解的强度也是非常大的。比如，MIFARE 的密钥为 6 B，即 48 bit；MIFARE 一次典型验证需要 6 ms，如果外部使用暴力破解的话，所需的时间为一个非常大的数字，常规破解手段将无能为力。

（3）CPU 型电子标签。

CPU 型电子标签的安全设计与逻辑加密型类似，但安全级别与强度要高得多。CPU 型电子标签芯片内部采用了核心处理器，而不是如逻辑加密型芯片那样在内部使用逻辑电路。CPU 型电子标签芯片安装有专用操作系统，可以根据需求将存储区设计成不同大小的二进制文件、记录文件和密钥文件等。

6.2.3　RFID 应用系统的安全设计

以上几种 MIFARE 电子标签的芯片尽管已经极力做了安全设计，但还是被破解了（目前仅 CPU 型电子标签尚无人破解）。RFID 电子标签是否还安全？

2008 年 2 月，荷兰政府发布了一项警告，指出目前广泛应用的 MIFARE RFID 产品存在很高的风险。这个警告的起因是一个德国的学者和一个弗吉尼亚大学在读的博士已经破解了 MIFARE 卡的 Crypto1 加密算法，二人利用普通的计算机，在几分钟之内就能够破解出 MIFARE Classic 的密钥。一时间，电子标签的安全再度受到审视。

这两位专家使用了反向工程方法，一层一层剥开 MIFARE 的芯片，分析芯片中近万个逻辑单元，通过向读卡器发送几十个随机数，就能够猜出卡片的密钥是什么。这两位专家发现了 16 位随机数发生器的原理，从而可以准确预测下一次产生的随机数。

那么如何保证电子标签的安全？答案只有一个，那就是 RFID 应用系统采用高安全等级的密钥管理系统。密钥管理系统相当于在电子标签本身的安全基础上再加上一层保护壳，如图 6.9 所示，这层保护壳的强度决定于数学的密钥算法。

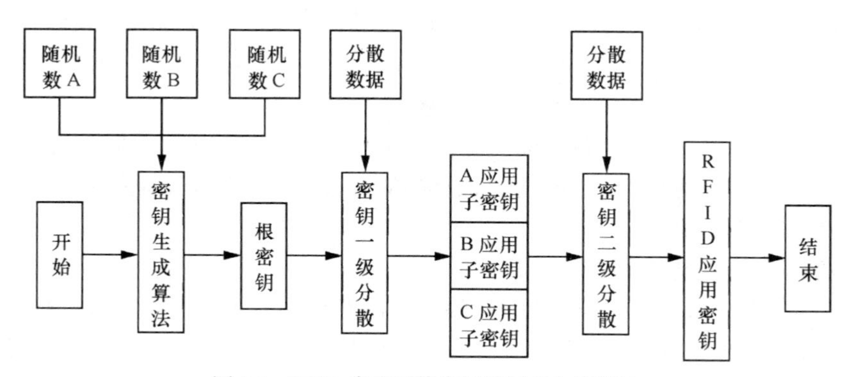

图 6.9　RFID 应用系统广泛采用的加密算法

从图 6.9 可以看到，RFID 应用系统通过复杂并保密的生成算法，可以得到根密钥；再根据实际需要，通过多级分散最终可以获得电子标签芯片的密钥。此时，每一个 RFID 芯片根据 ID 号不同写入的密钥也不同，这就是“一卡一密”。如果采用了这种“一卡一密”的管理方式，前面破解的电子标签芯片，也只是破解了一张 RFID 电子标签的密钥而已，并不代表可以破解整个应用系统的密钥，系统还是安全的。

目前在金融领域，电子标签的金融消费不仅采用了专用交易流程限制，而且在认证安全方面又使用了 PKI 体系的静态认证、动态认证和混合认证，安全性能又提高了一个等级。

所以完全有理由认为，电子标签自身的安全设计虽有不足，但完善的 RFID 应用系统可以弥补并保证电子标签安全地运行。电子标签只是信息媒介，在电子标签自有的安全设置基础上，再加上应用系统更高级别的安全设计，可以使电子标签的安全无懈可击。

6.2.4 RFID 安全策略举例

随着 RFID 技术的推广，RFID 信息安全问题在产品包装领域逐渐受到关注，其中涉及产品包装在储存、运输及使用中的安全。这些安全问题直接关系到产品信息的可靠性，从而影响到整个物流环节的正常运行。在产品包装领域，标签数据、读写器、通信链路、中间件及后端应用等方面，都需要考虑信息安全问题。根据产品包装的安全要求，可以采用屏蔽、物理手段、专有协议和认证等多种安全策略。

1. 产品包装中的 RFID 技术

在产品包装领域，RFID 标签正逐渐取代传统的产品卡片和装箱单，成为商品信息的真正载体。产品包装中的 RFID 技术涉及如下几个方面。

（1）在 RFID 产品包装管理中，首先需要按照某种规则对产品编制标签，实现对标签的识别，完成产品与标签之间信息的映射转化。

（2）在接收产品时，将相关的产品信息从电子标签中读出，并输入到物流信息管理系统进行相关业务的处理。

（3）在发放产品时，将发放产品的相关信息写入标签中。保管员通过读写器对标签的内容进行修改，输入新的数据，并将信息反馈到管理计算机，以便及时更改账目。

（4）在运输途中，可以采集 RFID 标签中的信息，并上传数据到数据中心，以便物流信息管理系统实时掌握商品的信息。

（5）在应急物流的情况下，对电子标签中的数据进行读写，达到对产品管理、查找、统计和盘点的目的。

2. 产品包装中 RFID 系统的安全需求

在产品包装管理中，RFID 系统存储产品信息的方式有两种。一种是将产品信息直接写入标签中；另一种是标签中只存储产品序列号，而产品的信息存储在后台数据库中，通过读取序列号来调取数据库中的产品信息。

（1）标签数据是安全防范的关键。

由于标签本身的技术及成本等原因，标签本身没有足够的能力保证信息的安全，标签信息的安全性面临着很大的威胁。对于只读式标签，非法用户可以利用合法的读写器或自购的读写器，直接与标签进行通信，从而非法获取标签内所存的数据。而对于读写式标签，标签还面临着数据被篡改的风险，这将造成管理中产品信息混乱等问题，进而会影响到整个物流链的数据准确性。

标签数据的安全性包括数据溢出、数据复制和虚假事件等问题。数据溢出是因进入阅读区的标签太多，或者由中间件缓存的 RFID 事件太多而又集中向后台发送而引起的数据碰撞；数据复制是指复制标签所造成的数据虚假，例如对已经失去时效的标签再次复制并读取等；虚假事件是指标签的数据被非法篡改。在上述标签数据的安全中，数据复制和虚假事件是安全防范的关键。

（2）读写器安全是安全问题的主要方面。

来自读写器的安全威胁主要有 3 个方面，分别是物理攻击、修改配置文件和窃听交换数据。读写器如果受到上面所述的安全攻击，产品的信息就可能被物流系统之外的人员窃取，从而导致产品信息的泄露。

① 物理攻击。

攻击者可以通过物理方式侦测或者修改读写器。

② 修改配置文件。

攻击者可以通过修改配置文件，使读写器误报标签产生的事件，或者将标签产生的事件报告给未经授权的应用程序。

③ 窃听与交换数据。

攻击者可以通过窃听、修改和干扰读写器与应用程序之间的数据，窃听交换产品数据，并伪装成合法的读写器或服务器，来修改数据或插入噪声中断通信。

（3）通信链路是安全防范的薄弱环节。

当标签向读写器传输数据，或者读写器质询标签的时候，其数据通信链路是无线通信链路，由于无线信号本身是开放的，这就给非法用户的侦听带来了方便。非法侦听使产品的信息面临着安全威胁，甚至会破坏 RFID 系统信息的正确传输。非法侦听的常用方法如下。

① 黑客非法截取通信数据。

通过非授权的读写器截取数据，或根据 RFID 前后向信道的不对称远距离窃听标签的信息等。

② 拒绝服务攻击。

非法用户通过发射干扰信号来堵塞通信链路，使得读写器过载，无法接收正常的标签数据。

③ 假冒标签。

利用假冒标签向读写器发送数据，使得读写器处理的都是虚假数据，而真实的数据则被隐藏。

④ 破坏标签。

通过发射特定的电磁波，破坏标签。

（4）中间件与后端安全不容忽视。

RFID 系统的中间件与后台应用系统的安全属于传统的信息安全范畴，是网络与计算机数据的安全。如果说前端系统相当于产品包装管理的前沿阵地，那么中间件与后端就相当于这个体系的指挥部，所有产品的数据都由这个部分搜集、存储和调配。在这个过程中，中间件承担了所有信息的发送与接收任务，在中间件发挥职能的每个环节，都存在着被攻击的可能性，具体攻击会以数据欺骗、数据回放、数据插入或数据溢出等手段进行。这一环节一旦遭到攻击，整个产品识别系统将面临瘫痪的危险。

3. 产品包装中 RFID 系统的安全策略

RFID 系统在数据标签、读写器、通信链路、中间件及后端等环节都存在着各种安全隐患，为保证 RFID 在产品包装应用中的正常、有效运转，解决 RFID 系统存在的诸多安全问题就变得尤为重要。

（1）屏蔽和锁定标签。

解决标签本身安全的手段之一就是屏蔽。在不需要阅读和通信的时候，屏蔽对标签是一个主要的保护手段，特别是对包含有敏感数据的标签包装。借助屏蔽设备屏蔽标签，标签被屏蔽之后，也同时丧失了 RF 的特征。可以在需要通信的时候，解除对标签的屏蔽。

解决标签本身安全的另一种方法是标签锁定。锁定是使用一个特殊的、被称为锁定者的 RFID

标签，来模拟无穷标签的一个子集，这样可以阻止非授权的读写器读取标签的子集。锁定标签可以防止其他读写器读取和跟踪附近的标签，而在需要的时候，则可以取消这种阻止，使标签得以重新生效。

屏蔽和锁定标签这两种方法，理论上是最适合应用在产品包装管理中的，可以大大提高整个物流管理系统的安全性。

（2）采用编程和物理手段使 RFID 标签适时失效。

方法之一是使用编程 Kill 命令。Kill 命令是用来在需要的时候使标签失效的命令。标签接收到这个 Kill 命令之后，便终止其功能，无法再发射和接收数据。屏蔽和杀死都可以使标签失效，但后者是永久的，特别是在应急条件下的产品分配，基于保护产品数据安全的目的，必须对使用过的产品进行杀死标签的处理。Kill 这种方式的最大缺点是影响到反向跟踪，比如多余产品的返回、损坏产品的维修和再分配等，因为标签已经无效，物流系统将不能再识别该数据，这将造成包装产品的浪费，尤其在集装箱循环系统等环境不适合使用。

方法之二是物理损坏。物理损坏是指使用物理手段彻底销毁标签，并且不必像 Kill 命令一样担心标签是否失效。但是对一些嵌入的、难以接触的标签，物理损坏难以做到。

（3）利用专有通信协议实现敏感使用环境的安全。

专有通信协议有不同的工作方式，如限制标签和读写器之间的通信距离。可以采用不同的工作频率、天线设计、标签技术和读写器技术，限制两者之间的通信距离，降低非法接近和阅读标签的风险。这种方法涉及非公有的通信协议和加解密方案，基于完善的通信协议和编码方案，可实现较高等级的安全。

在物流包装环境要求安全条件较高、高度安全敏感和互操作性不强的情况下，实现专有通信协议是有效的。但是，这种方法不能完全解决数据传输的风险，而且可能还会损害系统的共享性，影响 RFID 系统与其他标准系统之间的数据共享能力。

（4）引入认证和加密机制。

使用各种认证和加密手段来确保标签和读写器之间的数据安全，使数据标签只可能与已授权的 RFID 读写器通信，确保网络上的所有读写器在传送信息给中间件之前都必须通过验证，并且确保读写器和后端系统之间的数据流是加密的。但是这种方式的计算能力以及采用算法的强度受标签成本的影响，一般在高端 RFID 系统适宜采用这种方式加密。

（5）利用传统安全技术解决中间件及后端的安全。

在 RFID 读取器的后端是非常标准化的网络基础设施，因此，RFID 后端网络存在的安全问题与其他网络是一样的。在读取器后端的网络中，可以借鉴现有的网络安全技术，确保物流信息的安全。

习题

6.1 什么是数据的完整性？在 RFID 系统中，影响数据完整性的两个主要因素是什么？

6.2 通信过程中的差错可以分为哪两类？衡量差错的指标是什么？有哪几种差错控制的基本方法？

6.3 误码控制的基本原理是什么？给出信息码元、监督码元和编码效率的基本概念，给出许用码组和禁用码组的基本概念，说明误码控制编码的分类方法，简述奇偶校验和 CRC 校验的工

作原理。

6.4 在RFID中数据传输的工作方式有哪3种？什么是多路存取的工作方式？现有的RFID防碰撞都是基于哪种算法？简述ALOHA防碰撞算法和二进制搜索算法。

6.5 在读写器与电子标签的无线通信中，怎样采用恰当的信号编码、调制、校检和防冲突控制技术，来提高数据传输的完整性和可靠性。

6.6 什么是数据的安全性？在RFID系统中，数据安全性主要解决哪两个方面的问题？

6.7 简述加密模型的构成，解释密钥的概念。什么是密码体制中的公钥密码和单钥密码？两者有什么不同？

6.8 简述存储型、逻辑加密型和CPU型电子标签的安全设计方法。

6.9 MIFARE卡有几种类型？分别采用哪种认证流程和加密方法？

6.10 在产品包装中，RFID技术涉及哪几个方面？分析产品包装中RFID系统的安全需求，给出产品包装中RFID系统的安全策略。

第7章 电子标签的体系结构

电子标签是携带物品信息的数据载体。根据工作原理的不同，标签可以划分为两大类，一类是利用物理效应进行工作的数据载体，另一类是以电子电路为理论基础的数据载体。当标签利用物理效应进行工作时，属于无芯片的标签系统，这种类型的标签主要有“一位标签”和“声表面波器件”两种工作方式。当电子标签以电子电路为理论基础进行工作时，属于有芯片的电子标签系统，这种类型的电子标签主要由射频前端电路和控制电路构成，主要分为具有存储功能的电子标签和含有微处理器的电子标签两种结构。

7.1 利用物理效应的标签

7.1.1 一位标签

一位系统的数据量为 1 位。当标签是 1 位（1 bit）时，标签只有“1”和“0”两种状态。该系统读写器只能发出两种状态，这两种状态分别是“在读写器的工作区有标签”和“在读写器的工作区没有标签”。一位标签是最早商用的电子标签，这种标签出现在 20 世纪 60 年代，主要应用在商店的防盗系统（EAS）中，该系统读写器通常放在商店的门口，标签附在商品上，当商品通过商店门口时，系统就报警。

一位标签不需要芯片，可以采用射频法、微波法、分频法、智能型、电磁法和声磁法等多种方法进行工作。下面以射频法为例，介绍一位标签的工作原理。

1．射频法工作原理

射频法工作系统由读写器（检测器）、电子标签和去激活器 3 部分组成。电子标签采用 LC 振荡电路进行工作，振荡电路将频率调谐到某一振荡频率 f_R 上。读写器（检测器）由发射器和接收器两部分组成。读写器的发射器部分发出某一频率 f_G 的交变磁场，

当交变磁场的频率 f_G 与电子标签的谐振频率 f_R 相同时，电子标签的振荡电路产生谐振，同时振荡电路中的电流对外部的交变磁场产生反作用，并导致交变磁场振幅减小。读写器的接收器部分如果检测到交变磁场减小，就将报警。当电子标签使用完毕后，用去激活器将电子标签销毁。射频法的工作原理如图 7.1 所示。

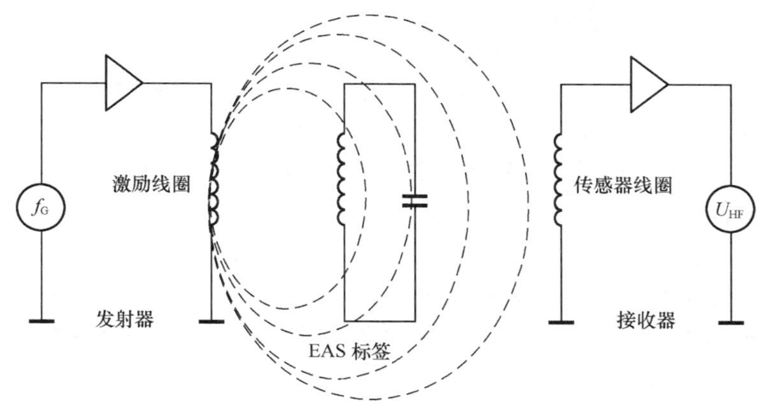

图 7.1　射频法的工作原理

（1）读写器（检测器）。

读写器（检测器）一般由发射器和接收器两个部分组成，其工作原理是利用发射天线将交变磁场发射出去，在发射天线和接收天线之间形成一个扫描区，在接收范围内利用接收天线将这一交变磁场接收。射频法工作系统利用共振原理来搜寻特定范围内是否有电子标签存在，如果该区域内出现电子标签，则立即触发报警。

（2）电子标签。

电子标签的内部是一个 LC 结构的振荡回路，电子标签以特殊方式安装在商品上，目前市场上出现的电子标签有软标签和硬标签等。

软标签成本较低，直接粘附在较“硬”的商品上，软标签不可以重复使用。硬标签一次性成本较软标签高，但可以重复使用。硬标签必须配备专门的开锁器或取钉器，多用于服装类柔软的、易穿透的物品。

（3）去激活器。

去激活器能够产生足够强的磁场，该磁场可以将电子标签中的薄膜电容破坏，使电子标签内的 LC 结构失效。去激活器也经常被开锁器或解码器替代，开锁器是快速将各种硬标签取下的装置；解码器是使软标签失效的装置，解码器多为非接触式设备，只要将标签通过解码器上方 20 cm 以内便可解码。

2. 电子商品防窃系统简介

现今，电子商品防盗系统（Electronic Article Surveillance，EAS）在零售商业系统的应用越来越广泛，它是一种为零售商业减少开架售货时商品失窃，从而增加销售利润的电子防盗产品，是目前大型零售行业广泛采用的商品安全措施之一。EAS 系统不会像监控系统那样让顾客有不自在的感觉，而且还起到了威慑的作用，使小偷不敢进来。

实际上，EAS 系统是单比特射频识别系统，因为只有两个状态，所以只能显示商品的存在与否，不能显示是什么商品。EAS 系统防盗检测的步骤如下。

（1）将防盗标签附着在商品上；

（2）在商场出口通道或收银通道处安装检测器；

（3）付款后的商品经过专用解码器使标签解码失效或开锁取下标签；

（4）未付款商品（附着标签）经过出口时，门道检测器测出标签并发出警报，拦截商品出门。

7.1.2 采用声表面波技术的标签

声表面波（Surface Acoustic Wave，SAW）是传播于压电晶体表面的机械波。利用声表面波技术制造标签，始于20世纪80年代，近年来对声表面波标签的研究已经成为一个热点。声表面波标签不需要芯片，它应用了电子学、声学、雷达、半导体平面技术及信号处理技术，是有别于IC芯片的另一种新型标签。

1. *声表面波器件概述*

SAW器件是近代声学中的表面波理论、压电学研究成果和微电子技术有机结合的产物。所谓SAW，就是在压电固体材料表面产生和传播弹性波，该波振幅随深入固体材料深度的增加而迅速减小。

SAW 与沿固体介质内部传播的体声波（BAW）比较，有两个显著的特点：其一是能量密度高，其中约90%的能量集中于厚度等于一个波长的表面薄层中；其二是传播速度慢，约为纵波速度的45%，是横波速度的90%，传播衰耗很小。根据这两个特性可以研制出具有不同功能的SAW器件，而且可使这些不同类型的无源器件既薄又轻。

SAW器件主要由具有压电特性的基底材料和在该材料的抛光面上制作的叉指状换能器（IDT）组成，如图7.2所示。如果在IDT电极的两端加入高频电信号，压电材料的表面就会产生机械振动，同时激发出与外加电信号频率相同的表面声波，这种表面声波会沿基板材料表面传播。电信号通过发射端的IDT转换成声信号（声表面波），在介质中传播一定距离后到达接收端的IDT，又转换成电信号，从而得到对输入电信号模拟处理的输出电信号。

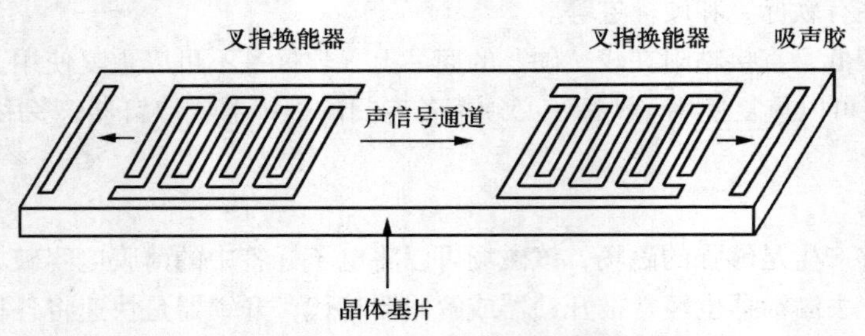

图7.2 典型的声表面波器件结构原理图

IDT是由相互交错的金属薄膜构成的，IDT叉指状金属电极可以借助于半导体平面工艺技术制作。IDT的金属条电极是铝膜或金膜，通常用蒸发镀膜设备镀膜，并采用光刻方法制出所需图形。兼作传声介质和电声换能材料的压电基底材料有铌酸锂、石英、锗酸铋和钽酸锂等压电单晶。

SAW器件是在压电基片上采用微电子工艺技术，制作各种声表面波器件，利用基片材料的压电效应，将电信号转换成声信号，并局限在基片表面传播。声表面波器件可以实现电-声-电的变换过程，并完成对电信号的处理过程，以获得具有各种用途的器件。声表面波器件有多种类型，目前已发展到包括SAW滤波器、谐振器、延迟线、相关器、卷积器、移相器和存储器等在内的100余个品种。

2. 声表面波器件的特点

（1）实现器件的超小型化。

声表面波具有极低的传播速度，比相应电磁波的传播速度小十万倍，因此具有极短的波长。在超高频和微波频段，电磁波器件的尺寸是与波长相比拟的。同理，作为声表面波器件，它的尺寸也是和信号的声波波长相比拟的。因此，在同一频段上，声表面波器件的尺寸比相应电磁波器件的尺寸减小了很多，重量也随之大为减轻。

（2）实现器件的优越性能。

声表面波是沿固体表面传播，加上传播的速度极慢，使得时变信号在给定瞬时可以完全呈现在晶体基片表面上。因此，当信号在器件的输入和输出端之间行进时，可以方便地对信号进行取样和变换。这就给声表面波器件以极大的灵活性，使它能以非常简单的方式去完成其他技术难以完成或完成起来过于繁重的各种功能。

声表面波器件的上述特性，使其可以完成脉冲信号的压缩和展宽、编码和译码以及信号的相关和卷积等多种功能。在很多情况下，声表面波器件的性能远远超过了最好的电磁波器件所能达到的水平。例如，用声表面波器件可以制成时间－带宽乘积大于 5 000 的脉冲压缩滤波器，在 UHF 频段内可以制成 Q 值超过 50 000 的谐振腔，以及可以制成带外抑制达 70 dB 的带通滤波器。

（3）易于工业化生产。

由于声表面波器件是在单晶材料上用半导体平面工艺制作的，所以它具有很好的一致性和重复性，易于大量生产。

（4）性能稳定。

当使用某些单晶材料或复合材料时，声表面波器件具有极高的温度稳定性。声表面波器件的抗辐射能力强，动态范围很大，可达 100 dB。

3. 声表面波标签

采用微电子加工技术制造的声表面波标签，具有体积小、重量轻、可靠性高、一致性好以及设计灵活等优点。随着加工工艺的飞速发展，SAW 器件的工作频率已覆盖 10 MHz～2.5 GHz，SAW 标签目前的工作频率主要为 2.45 GHz。这种标签无源，而且抗电磁干扰能力强，是对集成电路技术的补充。

（1）声表面波标签的工作原理。

SAW 标签是由叉指换能器（IDT）和若干反射器组成，IDT 的两条总线与标签天线相连接。读写器天线周期性地发送高频询问脉冲，标签天线接收该高频脉冲，并通过 IDT 转变成声表面波在晶体表面传播。反射器对入射表面波部分反射，表面波返回到 IDT，IDT 又将反射声脉冲串转变成高频电脉冲串。如果将反射器组按某种特定的规律设计，使其反射信号表示规定的编码信息，那么读写器接收到的反射高频电脉冲串就带有该物品的特定编码。再通过解调与处理，可以达到自动识别的目的。声表面波标签的结构如图 7.3 所示。

（2）声表面波标签的使用方法。

声表面波标签识别系统与集成电路 RFID 的使用方法基本一致，也就是将声表面波标签安装在被识别的对象物上。当带有标签的被识别对象进入读写器的有效阅读范围时，读写器自动侦测到电子标签的存在，向电子标签发送指令，并接收从标签返回的信息，从而完成对物体的自动识别。

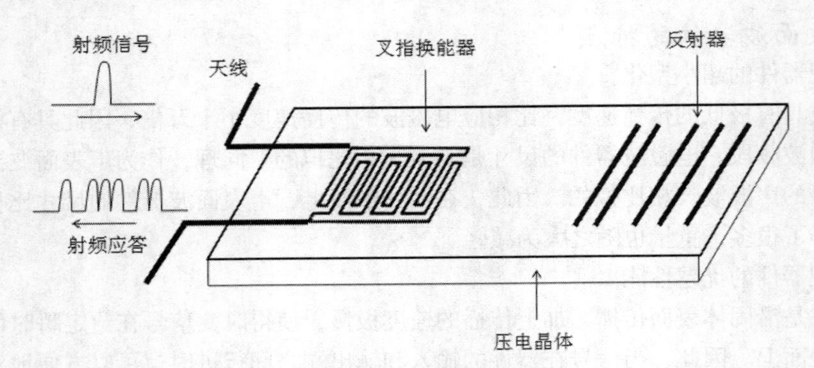

图 7.3　声表面波标签的结构

（3）声表面波标签的特点。

声表面波的传播速度较低，有效的反射脉冲串在经过几微秒的延迟时间后才回到读写器，在此延迟期间，来自读写器周围的干扰反射已衰减，不会对声表面波标签的有效信号产生干扰。SAW 标签的主要特点如下。

① 读取范围大且可靠，读取范围可达数米；

② 可使用在金属和液体产品上；

③ 标签芯片与天线匹配简单，制作工艺成本低；

④ 不仅能识别静止物体，而且能识别速度达 300 km/h 的高速运动物体；

⑤ 可在高温度差（−100℃～300℃）和强电磁干扰等恶劣环境下使用。

7.2 具有存储功能的电子标签

当电子标签以电子电路为理论基础进行工作时，属于有芯片的电子标签。有芯片的电子标签基本由天线、射频前端（模拟前端）和控制电路 3 部分组成。从读写器发出的信号被电子标签的天线接收，该信号通过射频前端（模拟前端）电路进入电子标签的控制部分，控制部分对数据流作各种逻辑处理。

有芯片的电子标签基本分为两类，一类是具有存储功能、但不含微处理器的电子标签；另一类是含有微处理器的电子标签。本节讨论具有存储功能、但不含微处理器的电子标签。

7.2.1 射频前端

射频前端（模拟前端）电路主要有电感耦合和微波电磁反向散射两种工作方式。这两种方式的工作原理和工作频率都不相同，电感耦合工作方式主要工作在低频和高频频段，而电磁反向散射工作方式主要工作在微波波段。

1. 电感耦合工作方式的射频前端

当电子标签进入读写器产生的磁场区域后，电子标签通过与读写器电感耦合产生交变电压。该交变电压通过整流、滤波和稳压后，给电子标签的芯片提供所需的直流电压。电子标签电感耦合的射频前端如图 7.4 所示。

当电子标签与读写器的距离足够近时，电子标签的线圈上就会产生感应电压，RFID 电感耦

合系统的电子标签主要是无源的，电子标签获得的能量可以使标签开始工作。

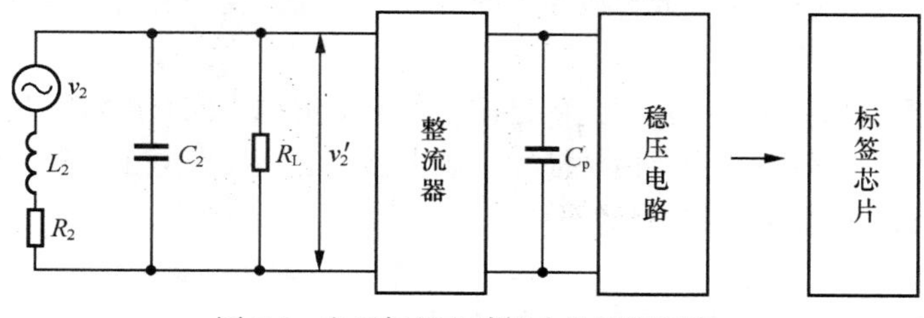

图 7.4　电子标签电感耦合的射频前端

2. 电磁反向散射工作方式的射频前端

当电子标签采用电磁反向散射的工作方式时，射频前端有发送电路、接收电路和公共电路 3 部分，如图 7.5 所示。

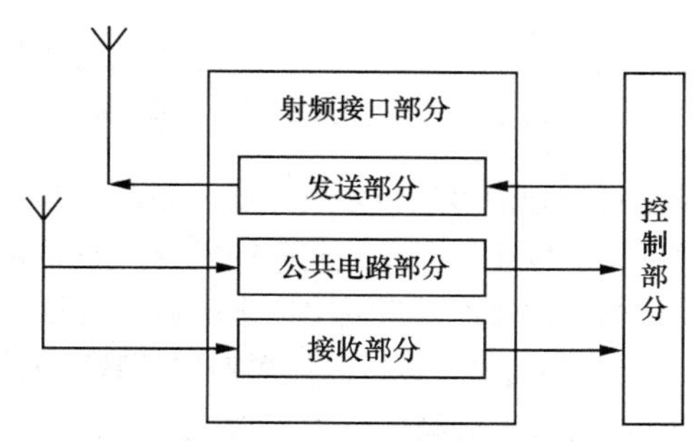

图 7.5　电子标签电磁反向散射的射频前端

（1）射频前端发送电路。

发送电路的主要功能是对控制部分输出的数字基带信号进行处理，然后通过电子标签的天线将信息发送给读写器。发送电路主要由调制电路、上变频混频器、带通滤波器和功率放大器构成，如图 7.6 所示。

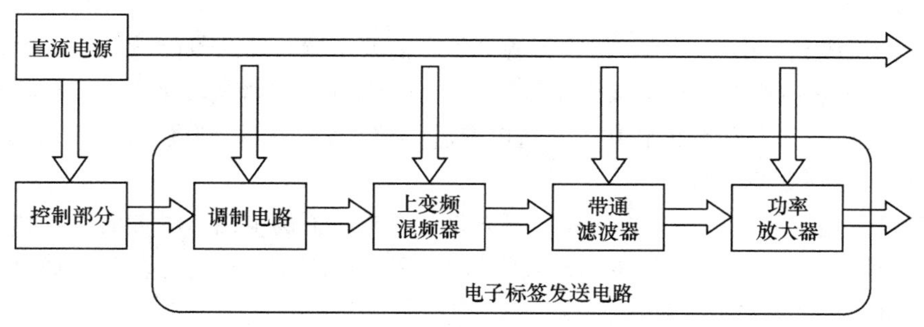

图 7.6　射频发送电路的原理图

① 调制电路。

调制电路主要是对数字基带信号进行调制。

② 上变频混频器。

上变频混频器对调制好的信号进行混频，将频率搬移到射频频段。

③ 带通滤波器。

带通滤波器对射频信号进行滤波，滤除通带外的功率。

④ 功率放大器。

功率放大器对信号进行功率放大，放大后的信号将送到天线，由天线辐射出去。

（2）射频前端接收电路。

接收电路的主要功能是对天线接收到的已调信号进行解调，恢复出数字基带信号，然后送到电子标签的控制部分。接收电路主要由滤波器、放大器、混频器和电压比较器构成，用来完成包络产生和检波的功能。接收电路如图 7.7 所示。

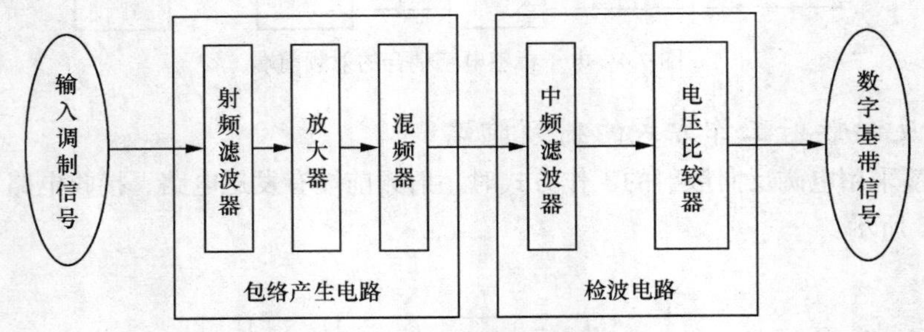

图 7.7 射频接收电路的原理图

包络产生电路的主要功能是对射频信号进行包络检波，将信号从频带搬移到基带，提取出 ASK 调制信号包络。经过包络检波后，信号还会存在一些高频成分，需要进一步滤波，使信号曲线变得光滑，然后将滤波后的信号通过电压比较器，恢复出原来的数字信号，这就是检波电路的功能。

① 射频滤波电路。由天线接收的信号，经过滤波器对射频频率进行滤波，滤除不需要的频率。

② 放大器。放大器对接收到的微小射频信号进行放大。

③ 下变频混频器。下变频混频器对射频信号进行混频，将频率搬移到中频。

④ 中频滤波电路。经过滤波器对中频频率进行滤波，滤除不需要的频率。

⑤ 电压比较器。通过电压比较器，恢复出原来的数字信号。

（3）公共电路。

公共电路是射频发送和射频接收共同涉及的电路，包括电源产生电路、限制幅度电路、时钟恢复电路和复位电路等。

① 电源产生电路。电子标签一般为无源标签，需要从读写器获得能量。电子标签的天线从读写器的辐射场中获取交变信号，该交变信号需要一个整流电路将其转化为直流电源。

② 限幅电路。交变信号整流转化为直流电源后，幅度需要限制，幅度不能高过三极管和 MOS 管的击穿电压，否则器件会损坏。

③ 时钟恢复电路。电子标签内部一般没有设置额外的振荡电路，时钟由接收到的电磁信号恢复产生。时钟恢复电路首先将恢复出与接收信号频率相同的时钟信号，然后再通过分频器进行分频，得到其他频率的时钟信号。

④ 复位电路。复位电路可以使电源电压保持在一定的电压值区间。电源电压首先有一个参考电压值，以这个参考电压值为基准，电源电压可以在一定的范围内波动。如果电源电压超出这个允许的波动范围，就需要复位。

复位电路有上电复位和下电复位两种功能。当电源电压升高，但仍小于波动允许的范围时，复位信号仍然为低电平；当电源电压升高，而且超过波动允许的范围时，复位信号跳变为高，这就是上电复位信号。当电源电压降低，但仍小于波动允许的范围时，复位信号仍然为高电平；当电源电压降低，而且超过波动允许的范围时，复位信号跳变为低，这就是下电复位信号。上电复

位和下电复位是针对系统可能出现的意外而设置的保护措施。

7.2.2　控制电路

具有存储功能的电子标签，控制部分主要由地址和安全逻辑、存储器组成。具有存储功能的电子标签种类很多，包括简单的只读电子标签以及高档的具有密码功能的电子标签。

1. 电子标签的结构框图

具有存储功能的电子标签结构框图如图 7.8 所示。

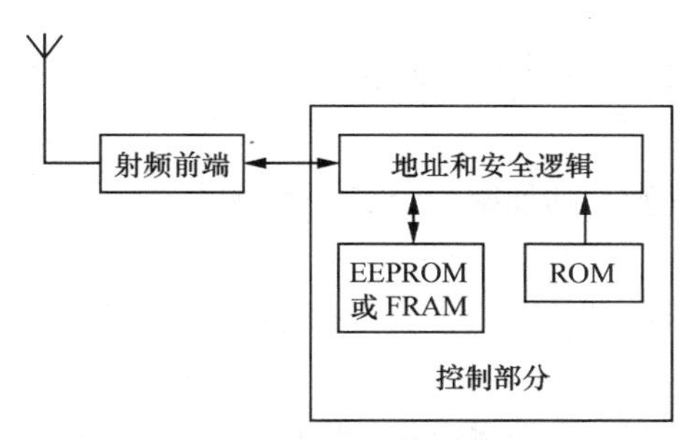

图 7.8　具有存储功能电子标签的结构框图

（1）地址和安全逻辑。地址和安全逻辑是数据载体的心脏，控制着芯片上的所有过程。

（2）存储器。该存储器用于存储不变的数据，如序列号等。

2. 控制部分的结构框图

具有存储功能的电子标签，控制部分的电路结构如图 7.9 所示。这种电子标签的主要特点是利用自动状态机在芯片上实现寻址和安全逻辑。数据存储器采用只读内存（Read-Only Memory，ROM）、电可擦可编程只读存储器（Electrically Erasable Programmable Read-Only Memory，EEPROM）、铁电存储器（FRAM）或静止随机存取器（SRAM）等，用于存储不变的数据。数据存储器经过芯片内部的地址和数据总线，与地址和安全逻辑电路相连。

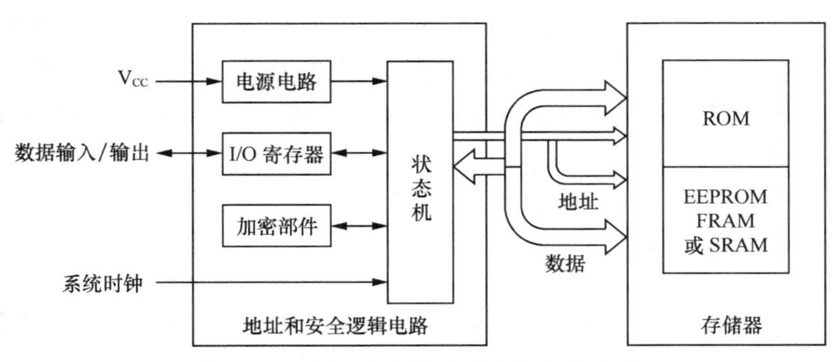

图 7.9　具有存储功能电子标签的控制部分

7.2.3　地址和安全逻辑

这种电子标签没有微处理器，地址和安全逻辑是数据载体的心脏，通过状态机对所有的过程和状态进行有关的控制。

1. 地址和安全逻辑电路的构成

地址和安全逻辑电路主要由电源电路、时钟电路、I/O 寄存器、加密部件和状态机构成，这几部分的功能如下。

（1）电源电路。

当电子标签进入读写器的工作区域后，电子标签获得能量，并将其转化为直流电源，使地址和安全逻辑电路处于规定的工作状态。

（2）时钟电路。

控制与系统同步所需的时钟由射频电路获得，然后被输送到地址和安全逻辑电路。

（3）I/O 寄存器。

专用的 I/O 寄存器用于同读写器进行数据交换。

（4）加密部件。

加密部件是可选的，用于数据的加密和密钥的管理。

（5）状态机。

地址和安全逻辑电路的核心是状态机，状态机对所有的过程和状态进行控制。

2. 状态机

状态机可以理解为一种装置，它能采取某种操作来响应一个外部事件。具体采取的操作不仅取决于接收到的事件，还取决于各个事件的相对发生顺序。之所以能做到这一点，是因为装置能跟踪一个内部状态，它会在收到事件后进行更新。这样一来，任何逻辑都可以建模成一系列事件与状态的组合。

在数字电路系统中，有限状态机是一种十分重要的时序逻辑电路模块，它对数字系统的设计具有十分重要的作用。有限状态机是指输出取决于过去输入部分和当前输入部分的时序逻辑电路。一般来说，除了输入和输出外，有限状态机还含有一组具有“记忆”功能的寄存器，这些寄存器的功能是记忆有限状态机的内部状态，它们常被称为状态寄存器。

在有限状态机中，状态寄存器的下一个状态不仅与输入信号有关，而且还与该寄存器的当前状态有关，因此，有限状态机又可以认为是寄存器逻辑和组合逻辑的一种组合。其中，寄存器逻辑的功能是存储有限状态机的内部状态；而组合逻辑可以分为次态逻辑和输出逻辑两部分，次态逻辑的功能是确定有限状态机的下一个状态，输出逻辑的功能是确定有限状态机的输出。

状态机可归纳为 4 个要素，即现态、条件、动作和次态。这样的归纳，主要是出于对状态机的内在因果关系的考虑。

（1）现态。

现态是指当前所处的状态。

（2）条件。

条件又称为“事件”。当一个条件被满足，将会触发一个动作，或者执行一次状态的迁移。

（3）动作。

条件满足后执行的动作。动作执行完毕后，可以迁移到新的状态，也可以仍旧保持原状态。动作不是必需的，当条件满足后，也可以不执行任何动作，直接迁移到新状态。

（4）次态。

条件满足后要迁往的新状态。“次态”是相对于“现态”而言的，“次态”一旦被激活，就转变成新的“现态”了。

7.2.4　存储器

电子标签的档次与存储器的结构密切相关。依存储器的不同，电子标签分为只读电子标签、可写入式电子标签、具有密码功能的电子标签和分段存储的电子标签。其中，只读电子标签档次最低，具有密码功能的电子标签和分段存储的电子标签档次较高。

1. 只读电子标签

在识别过程中，内容只能读出不可写入的电子标签是只读型电子标签。只读型电子标签所具有的存储器是只读型存储器。

当电子标签进入读写器的工作范围时，电子标签就开始输出它的特征标记，通常，芯片厂家保证对每个电子标签赋予唯一的序列号。电子标签与读写器的通信只能在单方向上进行，即电子标签不断将自身的数据发送给读写器，但读写器不能将数据传输给电子标签。这种电子标签功能简单，结构也较简单，价格较低廉，适合应用在对价格敏感的场合。只读电子标签主要应用在动物识别、车辆出入控制、温湿度数据读取以及工业数据集中控制等方面。

只读型电子标签可以分为以下 3 种。

（1）只读标签。

只读标签的内容在标签出厂时就已被写入，识别时只能读出，不可再写入。只读标签的存储器一般由 ROM 组成。

ROM 所存储的数据一般是装入整机前事先写好的，整机工作过程中只能读出，而不像随机存储器那样能快速、方便地加以改写。ROM 所存的数据稳定，断电后所存的数据也不会改变，其结构较简单，读出较方便，因而常用于存储各种固定的程序和数据。

只读电子标签自身的特征标记一般用序列号表示，其在芯片生产的过程中已经固化了，用户不能改变芯片上的任何数据。

（2）一次性编程只读标签。

一次性编程（One Time Programmable，OTP）只读标签可在应用前一次性编程写入，在识别过程中不可改写。一次性编程只读标签的存储器一般由 PROM 组成。

（3）可重复编程只读标签。

可重复编程只读标签的内容经擦除后可重复编程写入，但在识别过程中不可改写。可重复编程只读标签的存储器一般由 EEPROM 组成。

2. 可写入式电子标签

在识别过程中，内容既可以读出又可以写入的电子标签，是可写入式电子标签。可写入式电子标签可以采用 SRAM 或 FRAM 存储器。

静态随机存储器（SRAM）是一种具有静止存取功能的内存。SRAM 不需要刷新电路即能保存它内部存储的数据，因此 SRAM 具有较高的性能。

铁电存储器（FRAM）是一个非易失性随机存取储存器，能提供与 RAM 一致的性能，但又有与 ROM 一样的非易失性。FRAM 非易失性是指记忆体掉电后数据不丢失，非易失性记忆体是源自 ROM 的技术。FRAM 将 ROM 的非易失性数据存储特性和 RAM 的无限次读写、高速读写以及低功耗等优势结合在一起，这就使得 FRAM 产品既可以进行非易失性数据存储，又可以像 RAM 一样操作。

在可写入式电子标签工作时，读写器可以将数据写入电子标签。对电子标签的写入与读出大

多是按字组进行的，字组通常是规定数目的字节的汇总，字组一般作为整体读出或写入。为了修改一个数据块的内容，必须从读写器整体读出这个数据块，对其修改，然后再重新整体将数据块读入。

可写入式电子标签的存储量，最少可以是 1 B，最高可达 64 KB。比较典型的电子标签是 16 bit、几十到几百字节。

3. 具有密码功能的电子标签

对于可写入式电子标签，如果没有密码功能的话，任何读写器都可以对电子标签读出和写入。为了保证系统数据的安全，应该阻止对电子标签未经许可的访问。

可以采取多种方法对电子标签加以保护。对电子标签的保护涉及数据的加密，数据加密可以防止跟踪、窃取或恶意篡改电子标签的信息，从而使数据保持安全性。

（1）分级密钥。

分级密钥是指系统有多个密钥，不同的密钥访问权限不同，在应用中可以根据访问权限确定密钥的等级。例如，某一系统具有密钥 A 和密钥 B，电子标签与读写器之间的认证可以由密钥 A 和密钥 B 确定，但密钥 A 和密钥 B 的等级不同，如图 7.10 所示。

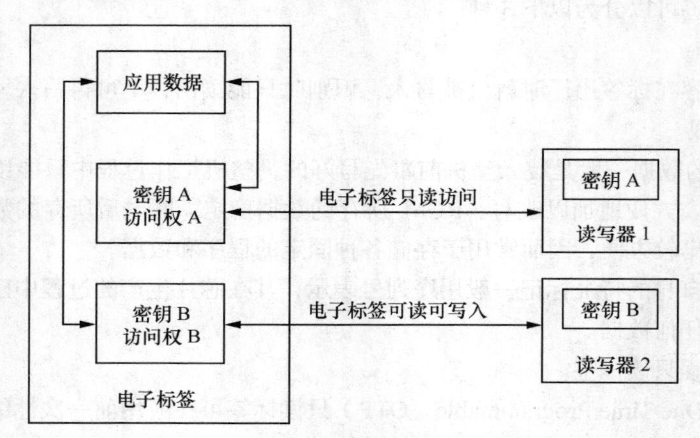

图 7.10　分级密钥

在图 7.10 中，电子标签内部的数据分为两部分，分别由密钥 A 和密钥 B 保护。密钥 A 保护的数据由只读存储器存储，该数据只能读出，不能写入。密钥 B 保护的数据由可写入存储器存储，该数据既能读出，也能写入。

读写器 1 具有密钥 A，电子标签认证成功后，允许读写器 1 访问密钥 A 保护的数据。读写器 2 具有密钥 B，电子标签认证成功后，允许读写器 2 读出密钥 B 保护的数据，并允许读写器 2 写入密钥 B 保护的数据。

（2）分级密钥在公共交通中的应用。

在城市公交系统中，就有分级密钥的应用实例。现在，城市公交系统可以用刷卡的方式乘车，该卡是无线识别卡，即 RFID 电子标签（卡）。城市公交系统的读写器有两种，一种是公交汽车上的刷卡器（读写器），另一种是公交公司给卡充值的读写器。

RFID 电子标签采用非接触的方式刷卡，每刷一次从卡中扣除一次金额，这部分的数据由密钥 A 认证。RFID 电子标签还可以充值，充值由密钥 B 认证。

公交汽车上的读写器只有密钥 A。电子标签认证密钥 A 成功后，允许公交汽车上的读写器扣

除电子标签上的金额。

公交公司的读写器有密钥 B。电子标签需要到公交公司充值，电子标签认证密钥 B 成功后，允许公交公司的读写器给电子标签充值。

4. 分段存储的电子标签

当电子标签存储的容量较大时，可以将电子标签的存储器分为多个存储段。每个存储段单元具有独立的功能，存储着不同应用的独立数据。各个存储段单元有单独的密钥保护，以防止非法的访问。

一般来说，一个读写器只有电子标签一个存储段的密钥，只能取得电子标签某一应用的访问权，如图 7.11 所示。在图 7.11 中，某一电子标签具有汽车出入、小区付费、汽车加油和零售付费等多种功能，各种不同的数据分别有各自的密钥；而一个读写器一般只有一个密钥（如汽车出入密钥），只能在该存储段进行访问（如对汽车出入进行收费）。

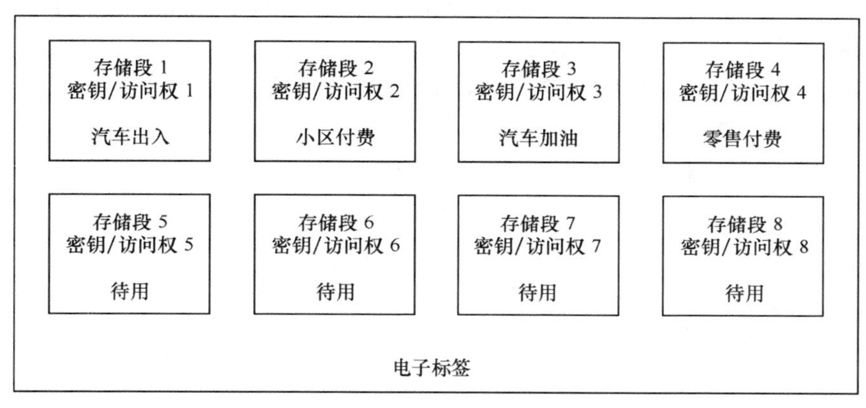

图 7.11　分段存储

为使电子标签实现低成本，一般电子标签的存储段都设置成固定大小的段，这样实现起来较为简单。可变长存储段的电子标签可以更好地利用存储空间，但实现起来困难，一般很少使用。电子标签的存储段可以只使用一部分，其余的存储段可以闲置待用。

7.2.5　非接触式 IC 卡和 ID 卡实例

非接触式 IC 卡又称射频 IC 卡，是世界上近些年广泛使用的一项技术，它成功地将射频识别技术和 IC 卡技术相结合，是电子科技领域技术创新的成果。非接触式 IC 卡是智能化“一卡通”管理的全面解决方案，广泛应用于智能楼宇、智能小区、现代企业和学校等领域，可用于通道控制、物流管理、停车场管理、商业消费、企业管理和学校管理等方面。

1. IC 卡与 ID 卡

IC 卡全称为集成电路卡（Integrated Circuit Card）。IC 卡可读写，容量大，有加密功能，数据记录可靠，使用很方便。

ID 卡全称为身份识别卡（Identification Card），是一种不可写入的感应卡。ID 卡含有固定的编号。

IC 卡在使用时，必须要先通过 IC 卡与读写设备间特有的双向密钥认证后，才能进行相关的工作，从而使整个系统具有极高的安全保障。IC 卡出厂时就必须进行初始化（即加密），目的是

在出厂后的 IC 卡内生成“一卡通”系统密钥，以保证“一卡通”系统的安全发放机制。

ID 卡与磁卡一样，都仅仅使用了“卡的号码”而已，卡内除了卡号外，无任何保密功能。ID 卡的“卡号”是公开、裸露的，也就根本谈不上初始化的问题。

2. 芯片及应用介绍

（1）Temic e5551 感应式 IC 卡。

① 芯片：Temic（Atmel 下属子公司）e5551；

② 工作频率：125 kHz；

③ 存储器容量：264 bit/320 bit，8 分区，8 位密码；

④ 读写距离：3～10 cm；

⑤ 擦写寿命：大于 100 000 次；

⑥ 数据保存时间：10 年；

⑦ 尺寸：ISO 标准卡 85.6 mm×54 mm×0.80 mm/厚卡 85.6 mm×54 mm×1.80 mm；

⑧ 封装材料：PVC、ABS、PETG；

⑨ 典型应用：感应式智能门锁、企业一卡通系统、门禁及通道系统等。

（2）Atmel AT88RF256-12 感应式 IC 卡。

① 芯片：Atmel RF256；

② 工作频率：125 kHz；

③ 存储器容量：264 bit/320 bit，8 分区，8 位密码；

④ 读写距离：3 cm～10 cm；

⑤ 擦写寿命：大于 100 000 次；

⑥ 数据保存时间：10 年；

⑦ 尺寸： 85.5 mm×54 mm×0.82 mm；

⑧ 封装材料：PVC；

⑨ 典型应用：感应式智能门锁、企业一卡通系统、门禁及通道系统等。

（3）EM4069 感应式读写 ID 卡。

① 芯片：μEM 瑞士微电 EM4069 Wafer；

② 工作频率：125 kHz；

③ 存储器容量：128 bit，8 字段，OTP（One Time Programmable）功能；

④ 读写距离：2 cm～15 cm；

⑤ 尺寸：ISO 标准薄卡/中厚卡/厚卡；

⑥ 封装材料：PVC、ABS；

⑦ 典型应用：考勤系统、门禁系统和身份识别等。

（4）EM4150 感应式读写 ID 卡。

① 芯片：μEM 瑞士微电 EM4150 Wafer；

② 工作频率：125 kHz；

③ 存储器容量：1 000 bit，分为 32 字段；

④ 读写距离：2 cm～15 cm；

⑤ 尺寸：ISO 标准薄卡/中厚卡/厚卡；

⑥ 封装材料：PVC、ABS；

⑦ 典型应用：考勤系统、门禁系统和身份识别等。

（5）SR176 感应式读写 ID 卡。

① 芯片：美国 ST 微电 SR176 Wafer；

② 工作频率：13.56 MHz/847 kHz 付载频；

③ 存储器容量：176 bit，64 bit 唯一 ID 序列号；

④ 读写距离：2 cm～15 cm；

⑤ 尺寸：ISO 标准卡/厚卡/标签卡等；

⑥ 封装材料：PVC、ABS；

⑦ 典型应用：考勤系统、门禁系统和身份识别等。

（6）SRIX4K 感应式读写 IC 卡。

① 芯片：美国 ST 微电 SR176 Wafer；

② 工作频率：13.56 MHz/847 kHz 付载频；

③ 存储器容量：4 096 bit 读写空间，64 bit 唯一 ID 序列号；

④ 读写距离：2 cm～15 cm；

⑤ 尺寸：ISO 标准卡/中厚卡/厚卡；

⑥ 封装材料：PVC、ABS；

⑦ 典型应用：考勤系统、门禁系统、身份识别及企业/校园一卡通等。

（7）UCODE HSL。

UCODE HSL 是 NXP 公司推出的 IC 家族中的一个产品，是一种专用的非接触式无源 IC 芯片，运行在 900 MHz 和 2.45 GHz 频段，可用于远距离电子标签，特别适合于物品供应链和后勤应用方面的信息管理。

当需要数米远的操作距离时，可以选择该芯片。例如，在供应链和物流管理领域，该芯片每秒可阅读 50 个集装箱/货箱的标签，其最大的好处是整个集装箱和货箱在通过货运仓库时就可以被读卡器阅读到，而无需再扫描每一个单独的货物。在没有视觉障碍的有效范围内，读写距离可达 1.5 m～8.4 m（根据读卡机射频功率、机具天线和标签天线增益来确定）。

UCODE HSL 系统在读写器天线有效电磁场的范围内，可以同时区分和操作多张标签，具有反碰撞机制。以 UCODE HSL 芯片制造的电子标签产品，不需要额外的电源供电，它是从读写器的天线以无线电波方式，向标签内的天线传送能量。

芯片特点如下。

① 工作频率。

工作频率为 860 MHz～930 MHz 和 2.4 GHz～2.5 GHz。

② 操作距离。

最大有效操作距离可达到 8.4 m。

③ 存储单元。

具有 2 048 bit 的存储空间（含数据锁存标志位），包括 0～7 字节（64 bit）UID 存储、8～223 字节（共 216 B）用户自定义数据存储和 32 B 锁存控制数据存储。被分配在 64 块中，每块的大小是 4 B（32 bit），字节是最小的读写单位，用户自定义的存储空间均可以被读写器进行读写操作。

④ 空中接口标准。

空中接口技术规范包括信道频率和宽度、调制方式、功率和功率灵敏度以及数据结构。UCODE HSL 符合 ISO18000-4（2.45 GHz）、ISO18000-6（860 MHz～960 MHz）、ANSI/INCITS 256-2001 Part3 和 ANSI/INCITS 256-2001 Part4 标准。

⑤ 数据传输。

上传 40 kbit/s～160 kbit/s，下载 10 kbit/s～40 kbit/s。

⑥ 调制。

10%～100%的幅度调制。

⑦ 校验。

采用 16 位 CRC 校验。

⑧ 数据的安全性。

具有防冲突仲裁机制，适合单标签、多标签识别；64 位的唯一产品序列号；每字节的写保护机制；用户存储空间可分别以字节作写保护设置，写保护区段无法再次改写数据。

⑨ 工作模式。

可读写（R/W），无源。

⑩ 工作温度。

−20℃～+70℃。

⑪ 适应速度。

小于 60 km/h。

⑫ 安装方式。

空气介质中使用。

⑬ 工作特点。

数据保持能力可达 10 年；芯片反复擦写周期大于 100 千次。

⑭ 应用标准。

符合 FCC1 美国国家标准，符合 HH20.8.4、AIAG B-11、EAN.UCC GTAG 和 ISO 18185 标准。

⑮ 封装。

标签本身的形状具有多样化，最常见的是被封装成粘贴式纸质柔性标签以及柔性聚酯薄膜标签。根据使用场合的需要，也可以制作成硬质卡片式标签和异形标签。

7.2.6 MIFARE 技术

MIFARE 技术在 IC 卡应用领域占世界 80%的市场份额，是目前射频 IC 卡的工业标准，也是目前世界上使用量最大、内存容量最大的一种感应式智能 IC 卡。采用 MIFARE 技术的 IC 卡如图 7.12 所示。

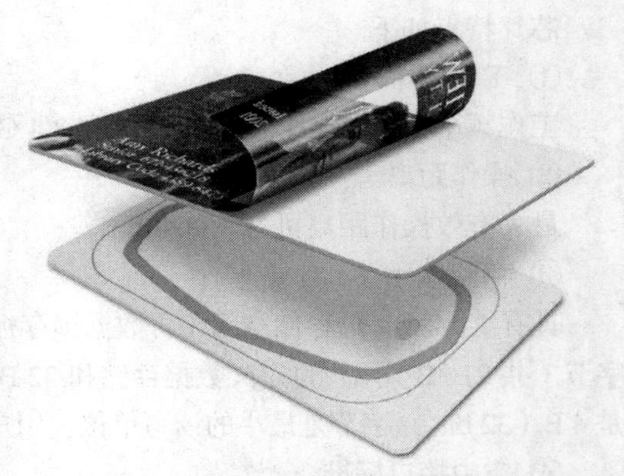

图 7.12 采用 MIFARE 技术的 IC 卡

1. MIFARE 卡具有的优点

（1）操作简单、快捷。

由于采用射频无线通信，使用时无须插拔卡及不受方向和正反面的限制，所以用户使用非常方便，完成一次读写操作仅需 0.1 s，大大提高了每次使用的速度，既适用于一般场合，又适用于快速、高流量的场所。

（2）抗干扰能力强。

MIFARE 卡中有快速防冲突机制，在多卡同时进入读写范围时，能有效防止卡片之间的数据

干扰，读写设备可逐一对卡进行处理，提高了应用的并行性及系统工作的速度。

（3）可靠性高。

MIFARE 卡与读写器之间没有机械接触，避免了由于接触而产生的各种读写故障。卡中的芯片和感应天线完全密封在标准的 PVC 中，进一步提高了应用的可靠性和卡的使用寿命。

（4）适合于一卡多用。

根据 MIFARE 卡的存贮结构及特点（大容量：16 分区、1 024 B），MIFARE 卡能应用于不同的场合或系统，尤其适用于学校、企事业单位、智能小区的停车场管理、身份识别、门禁控制、考勤签到、食堂就餐、娱乐消费和图书管理等多方面的综合应用，有很强的系统应用扩展性，可以真正做到"一卡多用"。

2. MIFARE 卡的技术参数

MIFARE One 卡是加密存储卡，主要芯片有 NXP MIFARE One S50、NXP MIFARE One S70 等。关于 MIFARE One 卡的有关技术参数介绍如下。

（1）MIFARE One IC S50。

① 容量为 8 KB 的 EEPROM；

② 分为 16 个扇区，每个扇区为 4 块，每块 16 B，以块为存取单位；

③ 每个扇区有独立的一组密码及访问控制；

④ 每张卡有唯一的序列号，为 32 位；

⑤ 具有防冲突机制，支持多卡操作；

⑥ 无电源，自带天线，内含加密控制逻辑和通信逻辑电路；

⑦ 数据保存期为 10 年，可改写 10 万次，读无限次；

⑧ 工作温度：−20 ℃～50 ℃（湿度为 90%）；

⑨ 工作频率：13.56 MHz；

⑩ 通信速率：106 KBPS；

⑪ 读写距离：10 cm 以内（与读写器有关）。

（2）Mifare One IC S70。

① 容量为 32 KB 的 EEPROM；

② 分为 40 个扇区，其中 32 个扇区中每个扇区存储容量为 64 B，分为 4 块，每块 16 B；8 个扇区中每个扇区存储容量为 256 B，分为 16 块，每块 16 B，以块为存取单位；

③ 每个扇区有独立的一组密码及访问控制；

④ 每张有唯一的序列号，为 32 位；

⑤ 具有防冲突机制，支持多卡操作；

⑥ 无电源，自带天线，内含加密控制逻辑和通信逻辑电路；

⑦ 数据保存期为 10 年，可改写 10 万次，读无限次；

⑧ 工作温度：−20 ℃～50 ℃（湿度为 90%）；

⑨ 工作频率：13.56 MHz；

⑩ 通信速率：106 kbit/s；

⑪ 读写距离：10 cm 以内（与读写器有关）。

3. MIFARE 卡的安全性

2008 年 2 月，德国研究员亨利克・普洛茨（Henryk Plotz）和弗吉尼亚大学计算机科学在读

博士卡尔斯腾·诺尔（Karsten Nohl）成功破解了恩智浦公司的 MIFARE 卡。此事一经报道，在我国引起轩然大波。目前，我国共有接近 180 个城市应用了公共事业 IC 卡系统，其中 95%选择了逻辑加密型非接触 IC 卡，发卡量超过 1.4 亿张，应用范围已覆盖公交、地铁、出租、轮渡、自来水、燃气、风景园林和小额消费等领域。

MIFARE One 卡是加密存储卡，尽管它能进行动态的安全验证，但其性能远不如 CPU 卡。有效防范 MIFARE One 卡算法破解的根本方法，就是升级现有的 IC 卡系统，并逐步将逻辑加密卡替换为 CPU 卡。

7.3 含有微处理器的电子标签

随着 RFID 系统的不断发展，电子标签越来越多地使用了微处理器。含有微处理器的电子标签拥有独立的 CPU 处理器和芯片操作系统，可以更加灵活地支持不同的应用需求，并提高了系统的安全性。

7.3.1 结构框图

含有微处理器的电子标签，主要由天线、射频前端（模拟前端）和控制电路 3 部分组成。这类电子标签的天线和射频前端与具有存储功能的电子标签相同（见 7.2 节），但控制部分有所不同。含有微处理器的电子标签如图 7.13 所示。

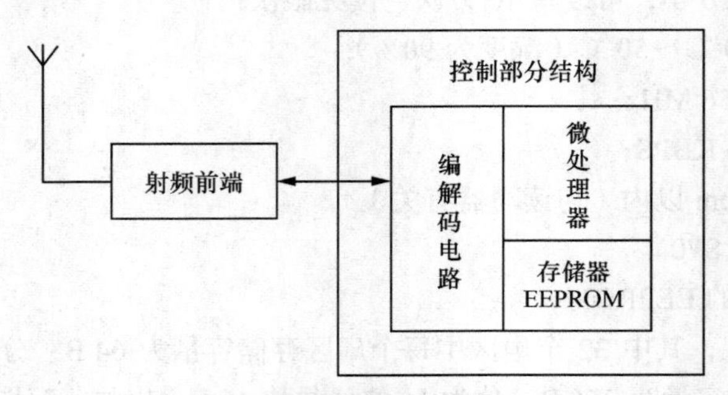

图 7.13 含有微处理器的电子标签

含有微处理器的电子标签控制部分主要由编解码电路、微处理器和存储器组成，这 3 部分的主要功能如下。

1. 编解码电路

编解码电路用来完成编码和解码的工作。当该电路工作在前向链路时，将电子标签射频接收电路送来的数字基带信号进行解码，并将解码后的信号传送给微处理器；当该电路工作在反向链路时，将电子标签微处理器送来的、已经处理好的数字基带信号进行编码，然后送到电子标签的射频发送电路。

2. 微处理器

微处理器是对内部数据进行处理，并对处理过程进行控制的部件。在电子标签中，微处理器用来控制相关协议和指令，具有数据处理的功能。

随着大规模集成电路技术的迅速发展，芯片集成密度越来越高，CPU 可以集成在一个半导体

芯片上，具有中央处理器的功能。如今微处理器已经无处不在，是各种数字化智能设备的关键部件，无论是智能洗衣机、移动电话等家电产品，还是汽车引擎控制、数控机床等工业产品，都要嵌入各类不同的微处理器。

3. 存储器

存储器是记忆设备，用来存放程序和数据。数据存储器包含 SRAM 和 EEPROM，其中 SRAM 是易失性的数据存储器，EEPROM 是非易失性的数据存储器。EEPROM 存储器常用于存储电子标签的数据，在没有供电的情况下数据不会丢失，存储时间可以长达十几年。

7.3.2 智能卡实例

智能卡芯片内部包含微处理器单元（CPU）、存储单元（RAM、ROM 和 EEPROM）和输入/输出接口单元。其中，RAM 用于存放运算过程中的中间数据，ROM 中固化有片内操作系统（Chip Operating System，COS），EEPROM 用于存放持卡人的个人信息以及发行单位的有关信息。智能卡适用于端口数目较多且通信速度需求较快的场合，还可以过滤错误的数据。COS 的功能主要包括传输管理、文件管理、安全体系和命令解释，COS 一般都有自己的安全体系，其安全性能通常是衡量 COS 的重要技术指标。

1. MIFARE（r）Pro 智能卡方案

MIFARE（r）Pro 是新一代的智能卡方案，它内部有微处理器，而且是双端口卡。MIFARE（r）Pro 集成了非接触智能卡接口和接触型通信接口，其中，非接触接口符合 ISO/IEC 14443 TYPE A 标准，接触接口符合 ISO/IEC 7816 标准。

MIFARE（r）Pro 片内的微处理器是 80C51，80C51 可以工作在接触和非接触模式。也就是说，在两种模式下，MIFARE（r）Pro 适合高端语言与操作系统，如 Java 或 MULTOS。这可以使智能卡在两种模式下的安全性保持统一，内部的 TDES 协处理器可以与接触/非接触通信接口同时工作，以达到更高的安全性。

2. 技术参数

MIFARE Pro（MF2D80）技术参数介绍如下。

（1）内置工业标准 80C51 微控制器，可以工作在接触和非接触模式下；

（2）低电压、低功耗工艺，内置 TDES 协处理器，可以工作在接触和非接触模式下；

（3）20（16）KB 用户 ROM 区；

（4）256 B RAM；

（5）8 KB EEPROM：可以放置用户代码；存取以 32 B 为一页单位；其中有 8 B 为安全区，是一次编程型的；EEPROM 可以保证有 10 万次的擦写周期；数据保持期最小 10 年；片内产生 EEPROM 的编程电压；

（6）省电模式：有掉电和空闲模式；

（7）两级中断源分别为 EEPROM 和输入输出跳变；

（8）时钟频率为 1 MHz～5 MHz；

（9）接触界面的配置和串行通信符合 ISO7816 标准；

（10）符合 ISO 14443-A 的推荐标准的非接触接口（MIFARE（r）RF）；

（11）13.56 MHz 工作效率；

（12）高速通信方式（106 kbit/s，可靠的帧结构保护）；

（13）完整的硬件防碰撞算法；

（14）符合 CCITT 的高速 CRC 协处理器。

（15）保持和标准 MIFARE 读写器的兼容性；

（16）支持仿真 MIFARE（r）标准产品和 MIFARE（r）Plus 的工作模式；

（17）工作电压：2.7 V～5.5 V；

（18）4 kV 的静电保护，符合 MIL883-C（3015）标准。

习题

7.1 标签可以划分为哪两大类？哪类标签是有芯片的？哪类标签是没有芯片的？

7.2 一位标签可以采用多少种方法制作？什么是一位标签的射频工作法？简述一位标签在防盗系统中的应用。

7.3 什么是声表面波器件？简述声表面波标签的结构、工作原理和特点。

7.4 含有芯片的电子标签由哪 3 部分构成？画出结构框图，并说明框图中各部分的作用。

7.5 电感耦合和电磁反向散射两种工作方式的电子标签，射频前端有什么不同？分别说明射频前端的工作原理。

7.6 电子标签的控制部分一类是具有存储功能、但不含微处理器，一类是含有微处理器，这两类电子标签的主要区别是什么？

7.7 在具有存储功能的电子标签中，地址和安全逻辑由哪几部分构成？简述每一部分的作用。存储器有几种类型？简述每一种存储器的工作方式。

7.8 IC 卡是什么含义？ID 卡是什么含义？给出 IC 卡和 ID 卡的实例，并分别说明各自的技术参数。

7.9 MIFARE 卡在世界 IC 卡应用领域居什么地位？简述 MIFARE 卡的优缺点，给出 MIFARE 卡的技术参数。

7.10 具有存储功能的电子标签安全吗？含有微处理器的电子标签安全吗？给出一个含有微处理器电子标签的实例，说明其工作方式和技术参数。

第8章 读写器的体系结构

读写器是读取或写入电子标签信息的设备。各种读写器虽然在工作频率、耦合方式、通信流程和数据传输方式等方面有很大的不同，但在组成和功能方面十分类似。读写器的主要功能是将数据加密后发送给电子标签，并将电子标签返回的数据解密，然后传送给计算机网络，其是具有读取、显示和数据处理等功能的设备。

8.1 读写器的组成和设计要求

8.1.1 读写器的组成

1. 读写器的软件

读写器的所有行为均由软件控制完成。软件向读写器发出读写命令，作为响应，读写器与电子标签之间就会建立起特定的通信。

读写器的软件已经由生产厂家在产品出厂时固化在读写器中。软件负责对读写器接收到的指令进行响应，并对电子标签发出相应的动作指令。软件负责系统的控制和通信，包括控制天线发射的开关、控制读写器的工作模式、控制数据传输和控制命令交换等。

2. 读写器的硬件

读写器的硬件一般由天线、射频模块、控制模块和接口组成，如图 8.1 所示。控制模块是读写器的核心。控制模块与电子标签之间的数据传输，通过射频模块与读写器天线完成。控制模块与应用软件之间的数据交换，通过读写器的接口完成，接口可以采用RS-232、RS-485、RJ-45 或 WLAN 等。

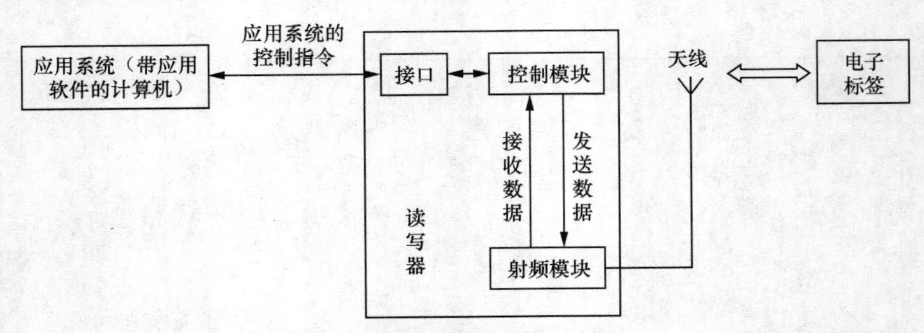

图 8.1　读写器的结构框图

控制模块主要由微处理器和 ASIC 组件组成。微处理器是控制模块的核心部件。ASIC 组件主要用来完成逻辑加密的过程，如对读写器与电子标签之间的数据流进行加密，以减轻微处理器计算过于密集的负担。控制模块的构成如图 8.2 所示。

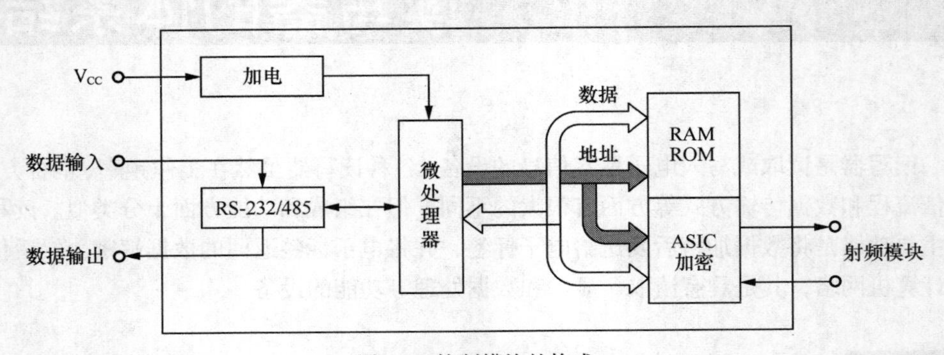

图 8.2　控制模块的构成

读写器的控制模块主要完成以下功能：

（1）与应用软件进行通信，并执行应用软件发来的命令；

（2）控制与电子标签的通信过程；

（3）信号的编码与解码；

（4）执行防冲突算法；

（5）对电子标签与读写器之间传送的数据进行加密和解密；

（6）进行电子标签与读写器之间的身份验证。

8.1.2　读写器的设计要求

在设计读写器时需要考虑许多因素，包括基本功能、应用环境、电器性能和电路设计等。读写器在设计时需要考虑的主要因素如下。

1. 读写器的基本功能和应用环境

（1）读写器是便携式还是固定式。

（2）读写器支持一种还是多种类型电子标签的读写。

（3）读写器的读取距离和写入距离。一般来说，读取距离和写入距离不相同，读取距离比写入距离大。

（4）读写器和电子标签周边的环境，如电磁环境、温度、湿度和安全等。

2. 读写器的电气性能

（1）空中接口的方式。

（2）防碰撞算法的实现方法。

（3）加密的需求。

（4）供电方式与节约能耗的措施。

（5）电磁兼容（EMC）性能。

3. 读写器的电路设计

（1）选用现有的读写器集成芯片或是自行进行电路模块设计。

（2）天线的形式与匹配的方法。

（3）收、发通道信号的调制方式与带宽。

（4）若是自行进行电路模块设计，还应设计相应的编码与解码、防碰撞处理、加密和解密等电路。

8.2 低频读写器

低频读写器主要工作在 125 kHz，可以用于门禁考勤、汽车防盗和动物识别等方面。下面以 U2270B 芯片为例，介绍低频读写器的构成和主要应用。

8.2.1 U2270B 芯片

1. U2270B 芯片功能

U2270B 芯片是 ATMEL 公司生产的基站芯片，该基站可以对一个 IC 卡进行非接触式的读写操作。U2270B 基站的射频频率工作在 100 kHz～150 kHz 的范围内，在频率为 125 kHz 的标准情况下，数据传输速率可以达到 5 000 Baud。基站的工作电源可以是汽车电瓶或其他的 5 V 标准电源。U2270B 具有可微调功能，与多种微控制器有很好的兼容接口，在低功耗模式下能量消耗低，并可以为 IC 卡提供电源输出。U2270B 芯片如图 8.3 所示，U2270B 芯片的引脚如图 8.4 所示，U2270B 芯片引脚的功能见表 8.1。

图 8.3　U2270B 芯片

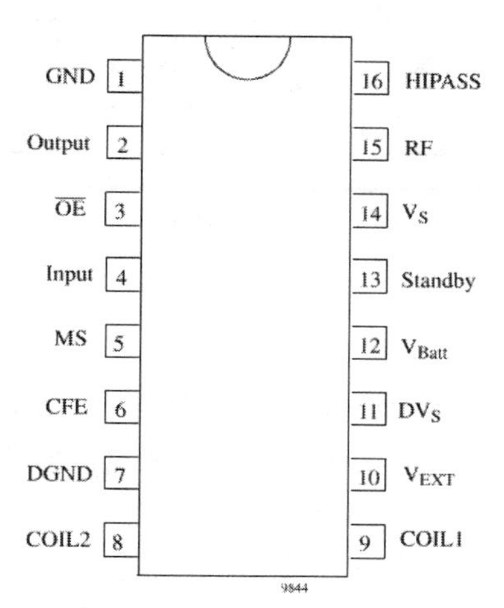

图 8.4　U2270B 芯片的引脚

表 8.1　　U2270B 芯片引脚的功能

引脚号	名　称	功能描述	引脚号	名　称	功能描述
1	GND	地	9	COIL1	驱动器 1
2	Output	数据输出	10	V_{EXT}	外部电源
3	$\overline{OE}$	使能	11	DV_S	驱动器电源
4	Input	信号输入	12	V_{Batt}	电池电压接入
5	MS	模式选择	13	Standby	低功耗控制
6	CFE	载波使能	14	V_S	内部电源
7	DGND	驱动器地	15	RF	载波频率调节
8	COIL2	驱动器 2	16	HIPASS	调节放大器增益带宽参数

2. U2270B 芯片内部结构

U2270B 芯片的内部由振荡器（Oscillator）、天线驱动器（Driver）、电源供给电路（Power Supply）、频率调节电路（Frequency Adjustment）、低通滤波电路（Low-Pass Filter）、放大电路（Amplifier）和施密特触发器（Schmitt Trigger）等部分组成，如图 8.5 所示。

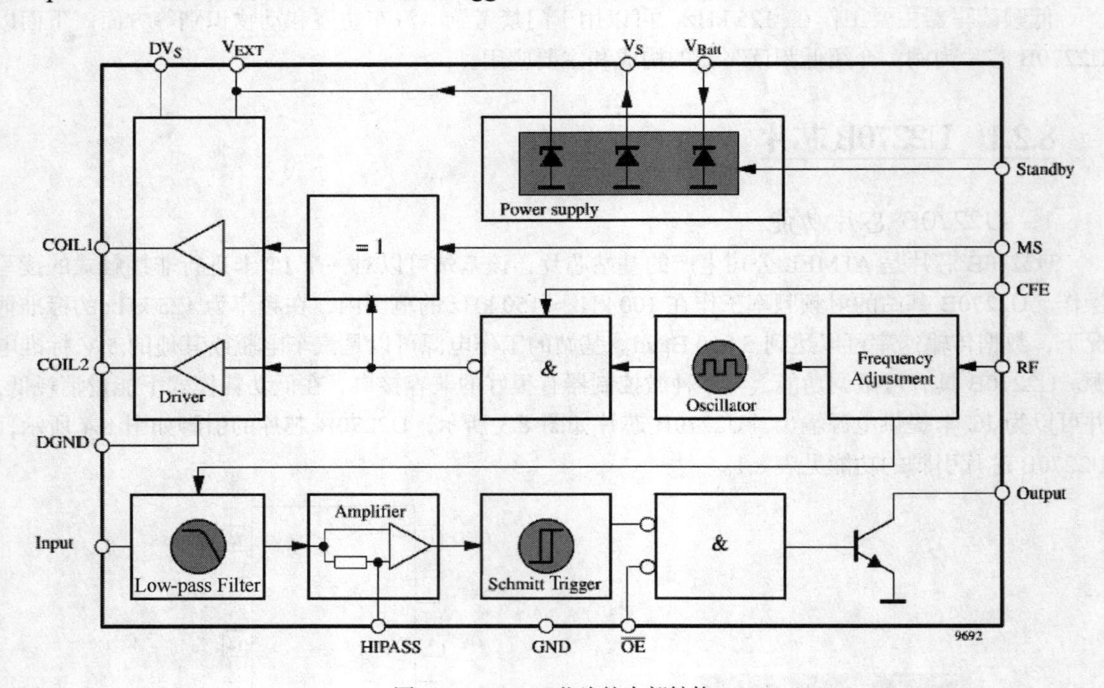

图 8.5　U2270B 芯片的内部结构

（1）天线模块。

天线部分只涉及电容、电阻和线圈。从 U2270B 的 COIL1 和 COIL2 端口出来，经过电容、电阻和线圈，可以组成一个 LC 串联谐振选频回路。当电子标签进入感应场的范围内，电子标签内部的电路就会在谐振脉冲的基础上进行非常微弱的调幅调制，从而将电子标签的信息传递回 U2270B 的天线，再由 U2270B 来读取。

（2）电源模块。

U2270B 的 V_S（电源）为内部电路提供电源，V_{EXT} 为天线和外部电路提供电压。对于 U2270B

基站电源有 3 种设计模式：第一种是单电压供电，即 DV_S、V_{EXT}、V_S、V_{BATT} 使用一个 5 V 的电源；第二种是双电压供电，即 V_S 使用 5 V 电压，DV_S、V_{EXT}、V_{BATT} 使用 7 V～8 V 电压；第 3 种是电池电压供电，V_{EXT} 和 V_S 由内部电池供给，DV_S 和 V_{BATT} 使用 7 V～16 V 的外部电压，对于这种供电方式，U2270B 的低功耗模式是可供选择的。

（3）数据输入与输出模块。

数据输入指的是 U2270B 从天线回路读回的数据。基站从电子标签读入的是经过载波调制后的信号，它通过电容耦合输入到 Input 端，经过低通滤波器、放大器及施密特触发器等几个环节后，在 Output 端输出解调后的信号。需要注意的是，Output 端输出的信号只是经过了解调，并没有解码。解码任务要通过微控制器编程来完成。

8.2.2 基于 U2270B 芯片的读写器

由 U2270B 构成的读写器模块，关键部分是天线、射频读写基站芯片 U2270B 和微处理器（MCU）。由 U2270B 构成的读写器模块如图 8.6 所示。

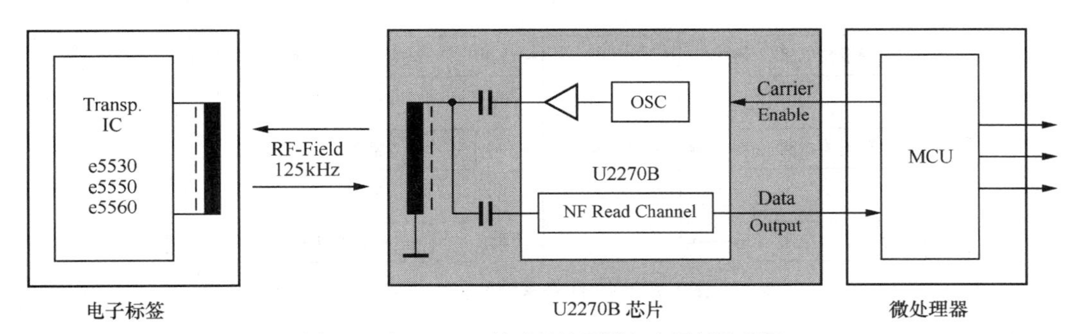

图 8.6 由 U2270B 构成的读写器与电子标签框图

由 U2270B 构成的读写器，主要模块如下。

（1）天线。

天线一般由铜制漆包线绕制，直径 3 cm、线圈 100 圈即可，电感值为 1.35 mH。

（2）芯片 U2270B。

工作时，基站芯片 U2270B 通过天线以约 125 kHz 的射频场（RF-Field）为 RFID 电子标签提供能量（电源），同时接收来自 RFID 电子标签的信息，并以曼彻斯特（Manchester）编码输出。U2270B 芯片由发送部分和接收部分构成，其中包含振荡器（OSC）和近场读取信道（NF Read Channel）。

（3）微控制器。

微控制器（MCU）向 U2270B 芯片发出载波使能（Carrier Enable）指令，并通过 U2270B 芯片接收电子标签的输出数据（Data Output）。微控制器（MCU）可以采用多种型号，如单片机 AT89C2051 和单片机 AT89S51 等。

8.2.3 低频读写器实例——汽车防盗系统

汽车防盗装置应具有无接触、精度高、信息收集处理快捷以及环境适应性好等特点，以便加

速信息的采集和处理。射频识别以非接触、无视觉、高可靠的方式传递特定的识别信息，适用于汽车防盗装置，能够有效地达到汽车防盗的目的。

1. 工作原理

汽车防盗装置的基本原理是将汽车启动的机械钥匙与电子标签相结合，即将小型电子标签直接装入到钥匙把手内，当一个具有正确识别码的钥匙插入点火开关后，汽车才能用正确的方式进行启动。该装置能够提供输出信号控制点火系统，即使有人以破坏的方式进入汽车内部，也不能通过配制钥匙达到盗窃汽车的目的。

一个典型的汽车防盗系统由电子标签和读写器两部分组成。电子标签是信息的载体，应置于要识别的物体上或由个人携带；读写器含有微控制器，可以具有读或读写的功能，这取决于系统所用电子标签的性能。

2. 系统组成

本系统中的硬件电路主要选择了电子标签、读写电路（采用U2270B）、单片机（AT89S51）、语音报警电路、电源监控电路、存储接口电路和汽车发动机电子点火系统。汽车防盗系统的基本组成如图8.7所示。

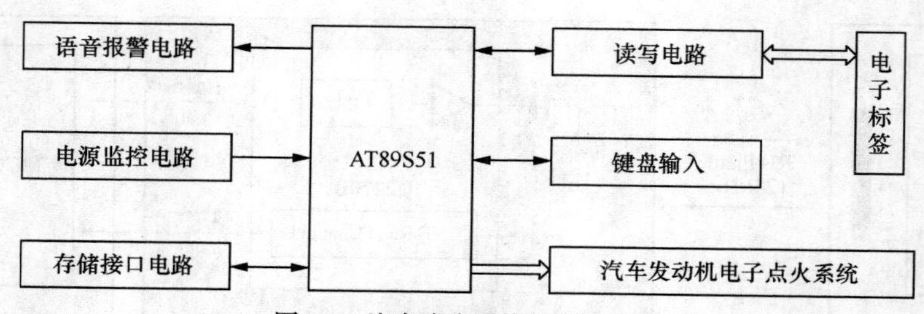

图8.7 汽车防盗系统的基本组成

语音报警电路以美国ISD公司生产的语音合成芯片ISD2560为核心，该芯片采用EEPROM将模拟语音信号直接写入存储单元中，无需另加A/D或D/A变换来存放或重放。如果电子标签里面的密钥正确，单片机就发出正确的信号给汽车电子点火系统，汽车才可以启动，此时语音报警电路不工作；如果有人非法配置钥匙启动汽车，单片机就发出信号给语音系统，语音系统会立刻发出报警声音。

3. 硬件设计

U2270B是非接触识别系统中一种典型的低频读写基站芯片，它是电子标签和单片机之间的接口。U2270B一方面向电子标签传输能量、交换数据，另一方面负责电子标签与单片机之间的数据通信。汽车防盗系统的硬件电路如图8.8所示。

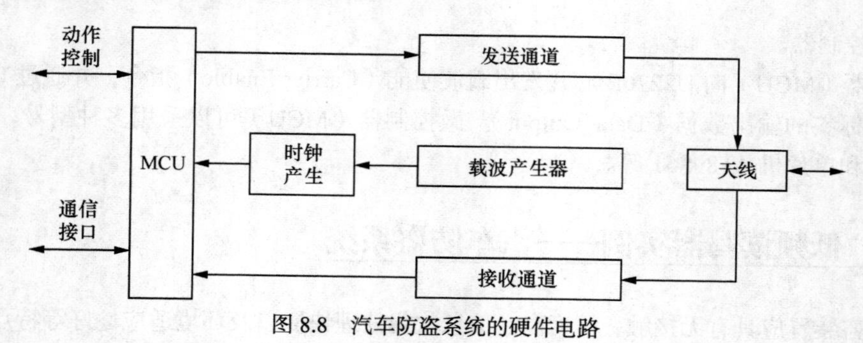

图8.8 汽车防盗系统的硬件电路

（1）发送通道。

对载波信号进行功率放大；向电子标签传送操作命令及写数据。

（2）接收通道。

接收电子标签传送至读写器的响应及数据。

（3）载波产生器。

采用晶体振荡器，产生所需频率的载波信号，并保证载波信号的频率稳定度。

（4）时钟产生电路。

通过分频器形成工作所需的各种时钟。

（5）微控制器（MCU）。

微控制器是读写器工作的核心，用于完成收发控制、向电子标签发命令及写数据、数据读取与处理、与高层处理应用系统的通信等工作。

（6）天线。

与电子标签形成耦合交连。

4．软件设计

软件系统设计包括读卡软件设计、写卡软件设计、语音报警程序设计和串行通信程序设计等。IC 卡发射的数据由基站天线接收后，由 U2270B 处理后经基站的 Output 脚把得到的数据流发给单片机 AT89S51 的输入口。这里基站只完成信号的接收和整流的工作，而信号解码的工作要由微处理器来完成。微处理器要根据输入信号在高电平和低电平的持续时间，来模拟时序进行解码操作。

8.3 高频读写器

高频读写器主要工作在 13.56 MHz，典型的应用有我国第二代身份证、电子车票和物流管理等。下面以 MFRC500 芯片为例，介绍高频读写器的构成和主要应用。

8.3.1　MFRC500 芯片

NXP 公司的 MFRC500 芯片主要应用于 13.56 MHz，是非接触、高集成的 IC 读卡芯片。该 IC 读卡芯片具有调制和解调功能，并集成了在 13.56 MHz 下所有类型的被动非接触通信方式和协议。MFRC500 的并行接口可直接连接到任何 8 bit 微控制器，给读卡器的设计提供了极大的灵活性。MFRC500 芯片如图 8.9 所示。MFRC500 芯片的主要引脚如图 8.10 所示。MFRC500 芯片引脚的功能见表 8.2。

图 8.9　MFRC500 芯片

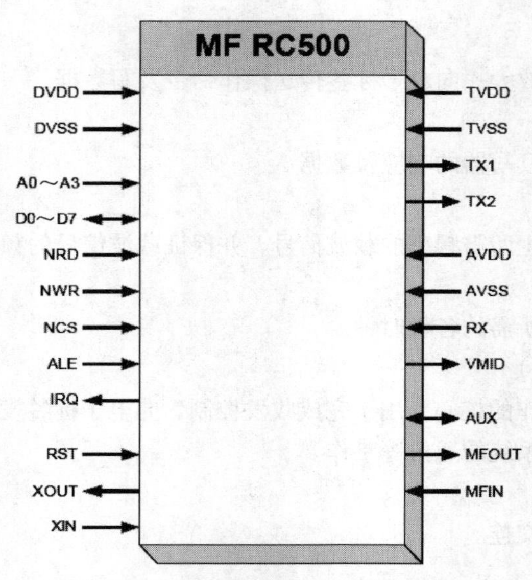

图 8.10　MFRC500 芯片的主要引脚

表 8.2　MFRC500 芯片引脚的功能

引脚号	引脚名	类型	功 能 描 述
1	XIN	输入（I）	晶振输入端，可外接 13.56 MHz 石英晶体，也可作为外部时钟（13.56 MHz）信号的输入端
2	IRQ	输出（O）	中断请求输出端
3	MFIN	I	MIFARE 接口输入端，可接收带有副载波调制的曼彻斯特码或曼彻斯特码串行数据流
4	MFOUT	O	MIFARE 接口输出端，用于输出来自芯片接收通道的带有副载波调制的曼彻斯特码或曼彻斯特码流，也可以输出来自芯片发送通道的串行数据 NRZ 码或修正密勒码流
5	TX1	O	发送端 1，发送 13.56 MHz 载波或已调制载波
6	TVDD	电源	发送部分电源正端，输入 5 V 电压，作为 TX1 和 TX2 驱动输出级电源电压
7	TX2	O	发送端 2，功能同 TX1
8	TVSS	电源	发送部分电源地端
9	NCS	I	片选，用于选择和激活芯片的微控制器接口，低有效
10	NWR	I	选通写数据（D0～D7），进入芯片寄存器，低有效
	R/NW	I	在一个读或写周期完成后，选择读或写，写为低
	nWrite		在一个读或写周期完成后，选择读或写，写为低
11	NRD	I	读选通端，选通来自芯片寄存器的读数据（D0～D7），低有效
	NDS		数据读选通端，为读或写周期选通数据，低有效
	nDStrb		同 NDS
12	DVSS	电源	数字地
13-20	D0～D7	I/O	8 bit 双向数据线
	AD0～AD7	I/O	8 bit 双向地址/数据线

续表

引脚号	引脚名	类型	功 能 描 述
21	ALE	I	地址锁存使能，锁存 AD0～AD5 至内部地址锁存器
	nAStrb		地址选通，为低时选通 AD0～AD5 至内部地址锁存器
22	A0	I	地址线 0，芯片寄存器地址的第 0 位
	nWait	O	等待控制器，为低时开始一个存取周期，结束时为高
23 24	A1	I	地址线 1，芯片寄存器地址的第 1 位
	A2	I	地址线 2，芯片寄存器地址的第 2 位
25	DVDD	电源	数字电源正端，5 V
26	AVDD	电源	模拟电源正端，5 V
27	AUX	O	辅助输出端，可提供有关测试信号输出
28	AVSS	电源	模拟地
29	RX	I	接收信号输入，天线电路接收到 PICC 负载调制信号后送入芯片的输入端
30	VMID	电源	内部基准电压输出端，该引脚需接 100 nF 电容至地
31	RST	I	Reset 和低功耗端，引脚为高电平时芯片处于低功耗状态，下跳变时为复位状态
32	XOUT	O	晶振输出端

8.3.2　基于 MFRC500 芯片的读写器

MFRC500 芯片支持 ISO/IEC 14443A 所有的层。MFRC500 内部的发送器部分不需要增加有源电路，就能够直接驱动近距离的天线，驱动距离可达 100 mm；接收器部分提供解调和解码电路，用于兼容 ISO/IEC 14443 电子标签信号。MFRC500 还支持快速 Crypto1 加密算法，用于验证 MIFARE 系列产品。

MFRC500 内部包括微控制器接口单元、模拟信号处理单元、ISO14443A 规定的协议处理单元以及 MIFARE 卡的 Crypto1 安全密钥存储单元。MFRC500 芯片的内部包括并行微控制器双向接口、先进先出（FIFO）缓冲区、中断、数据处理单元、状态控制单元、安全和密码控制单元、模拟电路接口及天线接口。MFRC500 的外部接口包括数据总线、地址总线、控制总线（包含读写信号和中断等）和电源等。MFRC500 芯片的功能如图 8.11 所示。

MFRC500 的并行微控制器接口自动检测连接的 8 位并行接口的类型。它包含一个易用的双向 FIFO 缓冲区和一个可配置的中断输出，为连接各种 MCU 提供了很大的灵活性，即使采用成本非常低的器件，也能满足高速非接触式通信的要求。

数据处理部分执行数据的并行-串行转换，支持包括 CRC 校验和奇偶校验。MFRC500 以完全透明的模式进行操作，因而支持 IS0/IEC 14443A 的所有层。状态和控制部分允许对器件进行配置以适应环境的影响，并将性能调节到最佳状态。当与 MIFARE Standard 和 MIFARE 通信时，使用高速 Crypto 1 流密码单元和一个可靠的非易失性密钥存储器。

模拟电路包含一个具有非常低阻抗的桥驱动器输出的发送部分，这使得最大操作距离可达 100 mm，接收器可以检测到并解码非常弱的应答信号。

由 MFRC500 构成的读写器如图 8.12 所示。

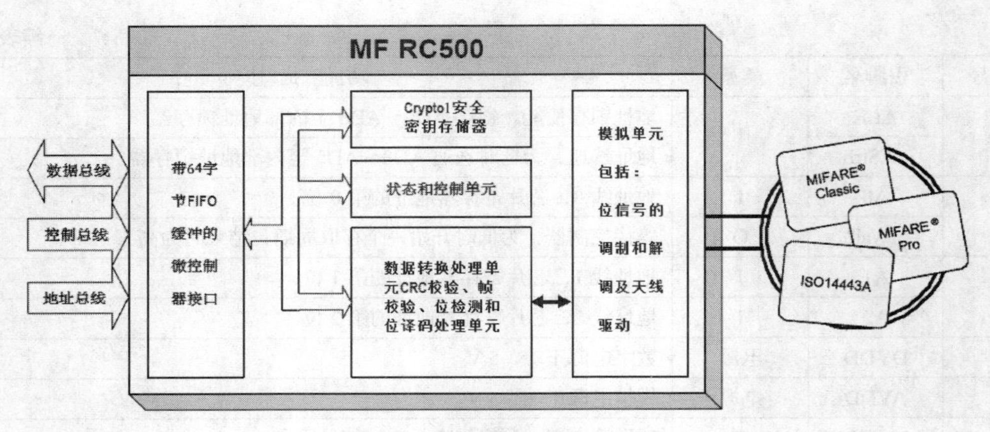

图 8.11　MFRC500 芯片的功能

图 8.12　由 MFRC500 构成的读写器

8.3.3　高频读写器实例——MIFARE 卡读写器

根据 MFRC500 的特性，可以设计基于 MFRC500 芯片和 P89C58BP 单片机的 RFID 读写器。该 RFID 系统由 MIFARE 卡、发卡器、读卡器和 PC 管理机组成，其中，MIFARE 卡存放身份号码（PIN）等相关数据，由发卡器将密码和数据一次性写入。该 RFID 系统如图 8.13 所示。

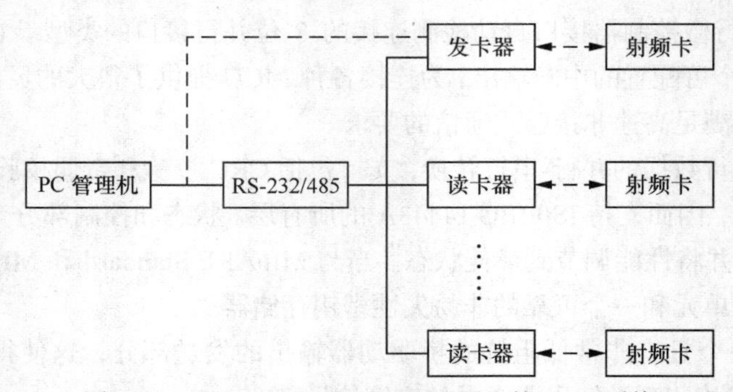

图 8.13　基于 P89C58BP 和 MFRC500 的 RFID 系统

1. 发卡器和读卡器

发卡器实际上是一种通用写卡器，直接与 PC 的 RS-232 串行口相连，或经过 RS-485 间接与 PC 相连。发卡器由系统管理员管理，通过 PC 设置或选择好要写入的数据，发出写卡命令，完成对 MIFARE 卡的数据及密码写入。

与读卡器不同，发卡器往往处于被动地位，不主动读写进入射频能量范围内的射频卡，而是必须接收 PC 的命令才操作，即必须联机才能工作。读卡器是主动操作的，读卡器往往可以脱离 PC 工作，只要有非接触式 IC 卡进入读卡器天线的能量范围，读卡器便可读写卡中相关指定扇区的数据。

2. 读卡器硬件系统

发卡器与读卡器在硬件设计上大同小异，都是由单片机控制读写芯片（MFRC500），再加上一些必要的外围器件组成。读卡器的硬件组成如图 8.14 所示。

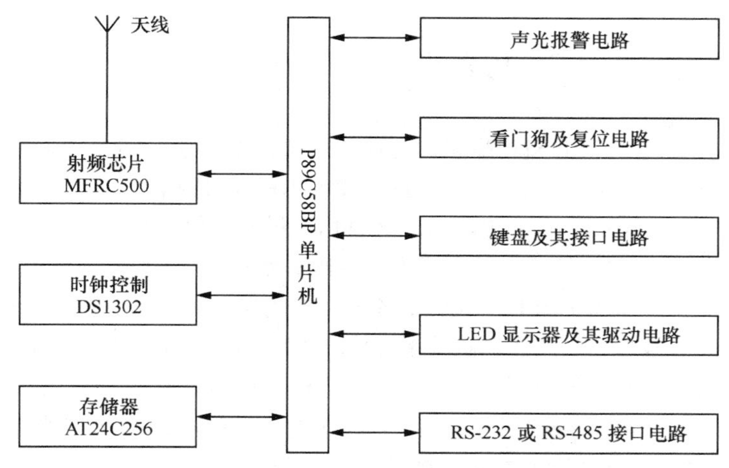

图 8.14　基于 P89C58BP 和 MFRC500 的读卡器硬件组成

读卡器用 P89C58BP 单片机作为主控制器，MFRC500 芯片作为单片机与电子标签通信的中介，74HC595 作为显示驱动器驱动 LED 数码显示器，PS/2 总线作为通用编码键盘接口，键盘与 LED 显示器作为人机交互接口，AT24C256 串行 EEPROM 作为数据存储器，DS1302 串行时钟芯片作为硬件实时时钟，MAX232 或 MAX485 作为串口信号转换，DS1232 作为看门狗定时器。当有卡进入并读卡成功时，指示灯闪动一下，喇叭叫一声。

MIFARE 卡进入距离读卡器天线 100 mm 内，读卡器就可以读到 MIFARE 卡中的数据。读卡器读到 MIFARE 卡中的数据后，单片机要将所读的数据及刷卡的时间一起存入存储器 AT24C256，并在 LED 显示器上显示卡的数据。没有卡进入读卡器工作范围时，系统读出实时时钟芯片中的时间，在显示器上显示当前时间。主控器 P89C58BP 内部有 32 KB 的 Flash 存储器，256 B 的 RAM，可反复擦写、修改程序。同时，由于外部不用扩展程序存储器，可以简化电路设计，减小读卡器的尺寸，同时有较多的 I/O 口供系统使用。

3. MFRC500

MFRC500 可以与所有兼容 Intel 或 Motorola 总线的微控制器实现 8 位并行“无缝”接口（直接连接），其内部还具有 64 B 的先进先出（FIFO）队列，可以和微控制器之间高速传输数据。片内的模拟单元带有一定的天线驱动能力，能够将数字信号处理单元的数据信息调制并发送到天线

中。片内的 ISO14443A 协议处理单元包括状态和控制单元、数据转换处理单元。MFRC500 的工作频率为 13.56 MHz，它可以在有效的发射空间内形成一个 13.56 MHz 的交变电磁场，为处于发射区域内的非接触式 IC 卡提供能量。从读卡器发送给电子标签的数据信息在调制前采用弥勒（Miller）编码，而从电子标签到读卡器的数据信息采用曼彻斯特（Manchester）编码。

8.4 微波读写器

微波 RFID 是目前射频识别系统研发的核心，是物联网的关键技术。微波 RFID 常见的工作频率是 433 MHz、860/960 MHz、2.45 GHz 和 5.8 GHz 等（其中 433 MHz、860/960 MHz 也常称为 RFID 的 UHF 频段），该系统读写器可以同时对多个电子标签进行操作，主要应用于需要较长的读写距离和高读写速度的场合。

8.4.1 射频电路与 ADS 仿真设计

微波读写器的射频电路与低频和高频读写器有本质上的差别，需要考虑分布参数的影响，433 MHz、860/960 MHz、2.45 GHz 和 5.8 GHz 的微波 RFID 射频电路，都可以采用 ADS 软件进行仿真设计。ADS（Advanced Design System）软件由美国安捷伦（Agilent）公司开发，是当前射频/微波电路设计的首选工程软件，可以支持从模块到系统的设计，能够完成射频/微波电路设计、通信系统设计和射频集成电路（RFIC）设计。该软件功能强大，仿真手段丰富多样，可实现包括时域和频域、线性和非线性、电路和电磁等多种仿真手段，并可对设计结果进行成品率分析和优化，从而大大提高了复杂电路的设计效率，是目前业界使用最多的射频/微波电路和系统设计工具。

射频/微波电路理论是电与磁的场分布理论与传统电子学技术的融合，它将波动理论引入电路之中，形成了射频/微波电路的设计方法。在射频/微波频段，电路出现了许多独特的性质，这些性质在常用的低频电路中没有遇到过，因此需要建立新的电路设计体系。现在，射频/微波电路的设计越来越复杂，指标要求越来越高，而设计周期却越来越短，这要求设计者使用电子设计自动化（EDA）软件工具。目前使用软件工具已经成为射频/微波电路设计的必然趋势，在深入理解射频/微波电路理论的基础上，结合 ADS 软件工具进行设计，是通向射频/微波电路设计成功的最佳路线。

1. ADS 的 4 种工作视窗

ADS 软件主要有 4 种工作视窗，分别为主视窗、原理图视窗、版图视窗和数据显示视窗，主要可以完成文件管理、原理图设计、版图设计和仿真数据显示等功能。启动 ADS 后，首先自动弹出主视窗，由主视窗可以进入原理图视窗、版图视窗和数据显示视窗。下面分别介绍主视窗、原理图视窗、版图视窗和数据显示视窗。

（1）主视窗。

启动 ADS 后，首先进入主视窗。主视窗是进入和退出 ADS 系统的桥梁，主要用于浏览文件和管理项目，但主视窗上不能做任何射频电路的设计工作。主视窗如图 8.15 所示。

（2）原理图视窗。

原理图视窗提供了设计、编辑和仿真电路原理图的环境，是进行电路设计时使用最多的视窗。原理图视窗如图 8.16 所示。

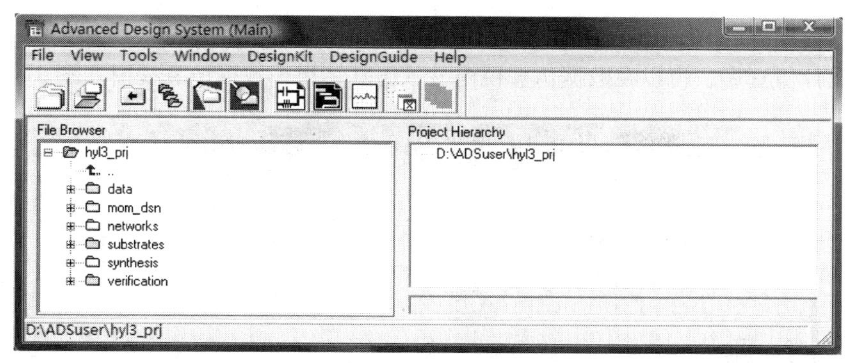

图 8.15　ADS 主视窗

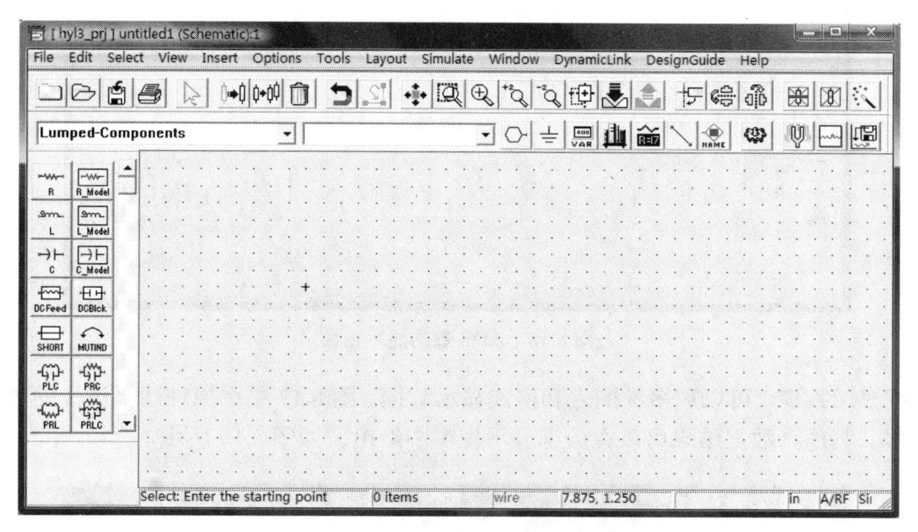

图 8.16　ADS 原理图视窗

在原理图视窗上可以进行射频电路的设计。作为一个例子，这里给出一个在原理图视窗上设计微带线分支定向耦合器的设计案例，如图 8.17 所示。

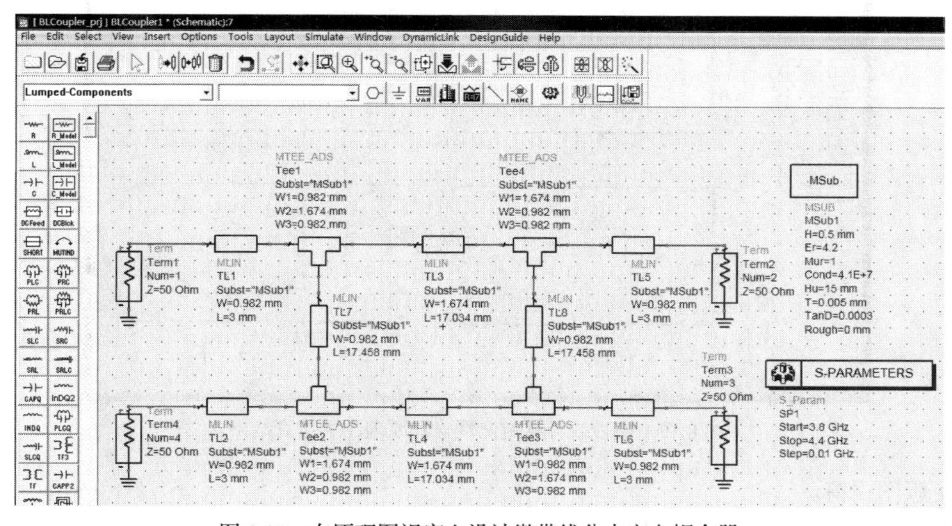

图 8.17　在原理图视窗上设计微带线分支定向耦合器

（3）数据显示视窗。

当完成设计仿真后，可以在数据仿真视窗显示仿真结果，数据仿真视窗如图 8.18 所示。

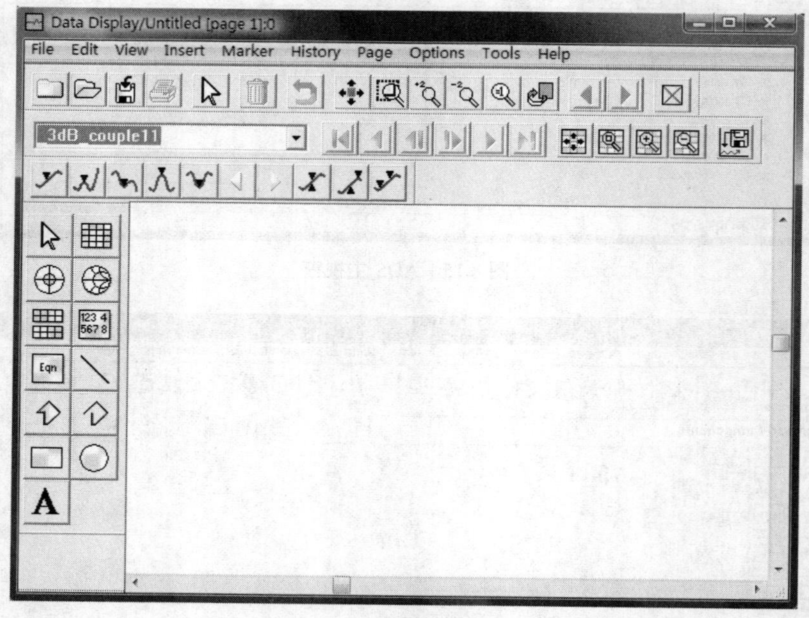

图 8.18　ADS 数据显示视窗

在数据显示视窗，可以用多种图表和格式显示数据。图 8.17 中在原理图上设计的微带线分支定向耦合器，其仿真数据结果可以在数据显示视窗中给出，如图 8.19 所示。

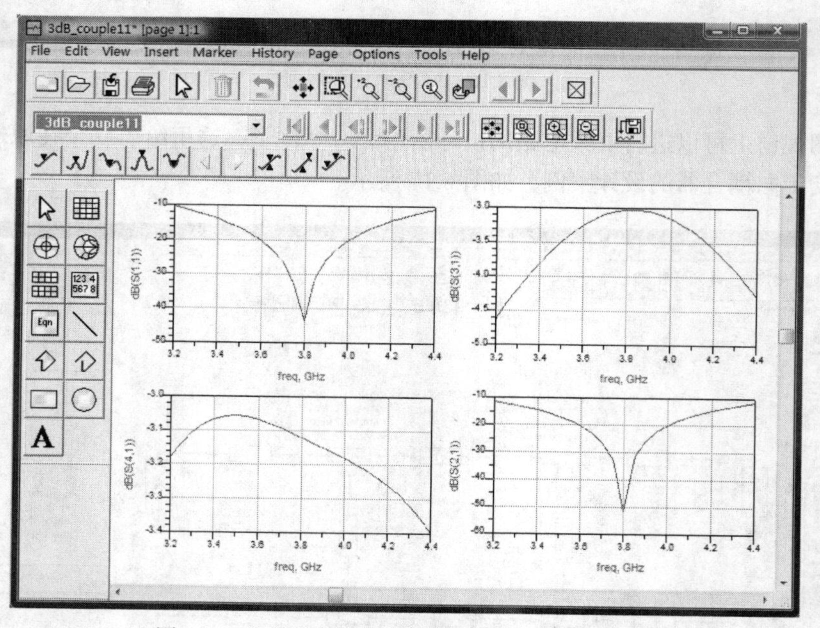

图 8.19　微带线分支定向耦合器原理图的仿真结果

（4）版图视窗。

版图视窗用来进行版图的设计、编辑与仿真，版图视窗如图 8.20 所示。

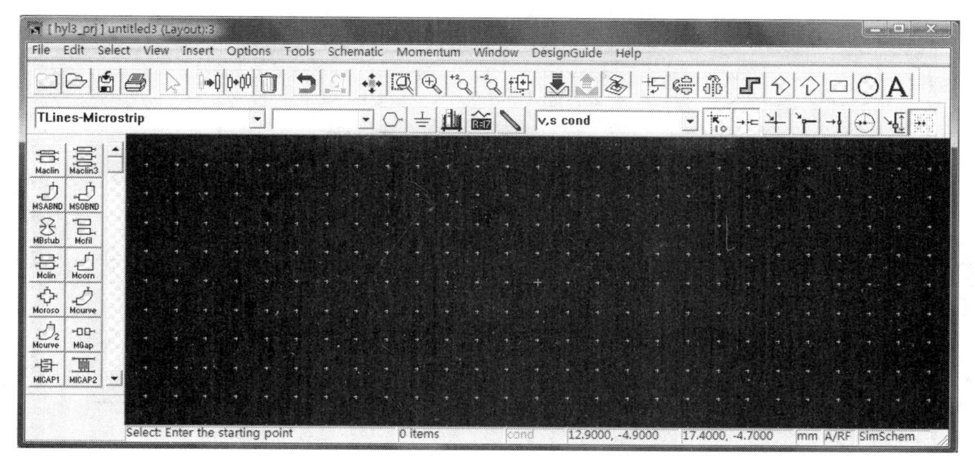

图 8.20　ADS 版图视窗

电路设计时一般首先给出原理图设计，然后再将原理图设计转换为版图设计。图 8.17 中在原理图上设计的微带线分支定向耦合器，对应的版图设计如图 8.21 所示。

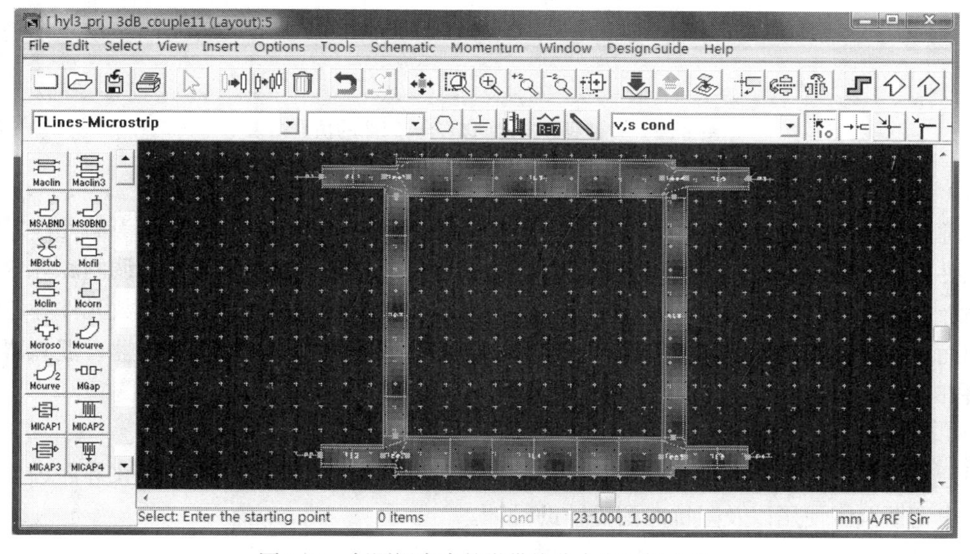

图 8.21　版图视窗中的微带线分支定向耦合器

虽然图 8.21 中微带线分支定向耦合器的版图设计是由原理图 8.17 直接转换而来的，但两幅图的仿真数据不完全相同，这是因为版图的仿真数据采用了矩量法的电磁仿真，因此，版图设计需要重新给出仿真数据。图 8.21 中微带线分支定向耦合器的版图仿真在数据显示视窗中给出，如图 8.22 所示。

比较图 8.19 与图 8.22 可以看出，微带线分支定向耦合器原理图的仿真结果与版图的仿真结果有一定差异，因此原理图设计完成后，对应的版图需要做一定的修改和调整。

2. ADS 的设计功能

ADS 可以提供原理图设计和版图设计。在原理图设计中，ADS 不仅提供了从无源到有源、从器件到系统的设计面板，而且提供设计工具、设计向导和设计指南等。原理图设计可以在数据显示视窗看到仿真结果。

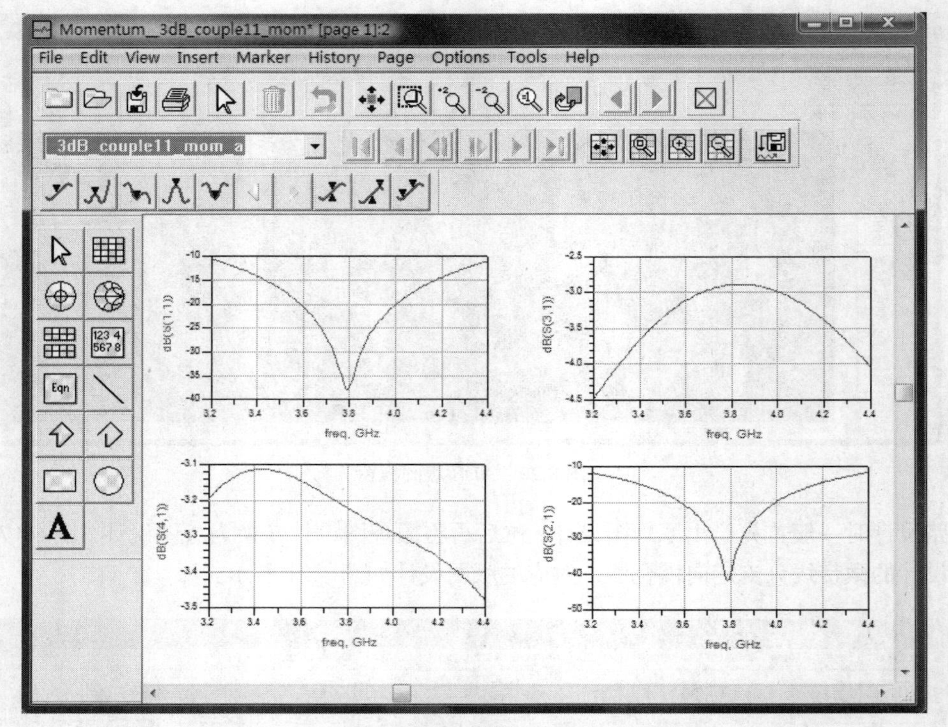

图 8.22 微带线分支定向耦合器版图的仿真结果

（1）设计面板。

原理图设计中提供了 62 类元件面板，每个元件面板上有几个到几十个不等的元件，使用者利用元件面板上提供的元部件可以进行设计。这些面板包括时域源、频域源、调制源等各种类型源的面板，微带线、带状线等各种类型传输线的面板，集总参数元件、分布参数元件等各种无源器件的面板，砷化镓器件、晶体管器件等各种有源器件的面板，滤波器、放大器、混频器等各种系统级部件的面板等。

（2）设计工具。

原理图设计中提供了多种设计工具，使用者可以利用设计工具提供的图形化界面进行传输线计算、史密斯圆图使用以及阻抗匹配等辅助设计。

（3）设计向导。

在原理图设计中，设计向导提供设定界面，供设计人员进行电路分析与设计。使用者可以利用图形化界面设定参数，设计向导会自动完成电路响应模型。ADS 提供的设计向导包括负载电路设计向导、滤波器设计向导、放大器设计向导、混频器设计向导和振荡器设计向导等。

（4）设计指南。

设计指南以范例与指令说明的形式示范电路的设计流程，使用者可以利用这些范例，学习如何利用 ADS 高效地进行电路设计。目前，ADS 提供的设计指南包括 WLAN 设计指南、CDMA 设计指南和 RFIC 设计指南等。使用者也可以建立设计指南。

（5）仿真与数据显示。

可以对所设计的原理图进行仿真分析，仿真结果在数据显示视窗中显示。为增加仿真分析的方便性，ADS 提供了仿真模板功能，仿真模板将经常重复使用的设计仿真设定成一个模板直接使用，避免了重复设定所需的时间和步骤。使用者也可以建立仿真模板。

3. ADS 的仿真功能

ADS 的仿真功能十分强大，可以提供直流仿真、交流仿真、*S* 参数仿真、谐波平衡仿真、增益压缩仿真、电路包络仿真、瞬态仿真、预算仿真和电磁仿真等。这些仿真可以进行线性和非线性仿真，电路和系统仿真，频域、时域和电磁仿真。

8.4.2　UHF 频段读写器实例——915 MHz 读写器

读写器的工作频率为 915 MHz，是基于无源反射调制技术和模块化设计原理的 RFID 读写器，工作距离长达 10 m。

1. RFID 系统构成

UHF 频段 RFID 系统是无源 RFID 系统，由读写器和电子标签组成，如图 8.23 所示。当电子标签进入读写器的能量场，电子标签的能量检测电路将射频信号转化为直流信号，供其工作。同时，芯片内部的数据解调部分从接收到的射频信号中解调出数据并送到控制逻辑。控制逻辑负责分析数据并执行相应操作，包括从 EEPROM 读数据或写入数据，将数据调制发送出去。

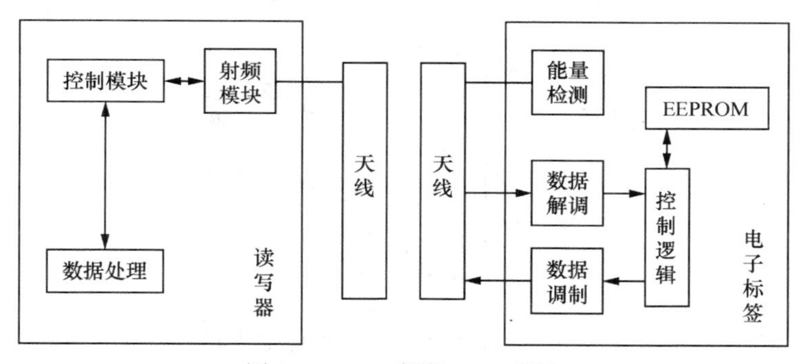

图 8.23　UHF 频段 RFID 系统

2. 读写器的硬件结构

915 MHz 的读写器主要由天线、射频模块和主控模块 3 部分组成，如图 8.23 所示。射频模块由发送部分和接收部分构成，发送部分产生射频信号及射频能量，给无源电子标签提供能量；接收部分对由天线接收的反射调制信号进行解调、放大及滤波。主控模块控制与电子标签的通信过程；主机应用软件进行通信，并执行应用软件发来的命令。

射频识别系统采用时分复用的工作方式，读写器输出命令信号与接收电子标签反射调制信号是在不同的时间段进行的。

（1）数字锁相环技术。

在射频部分，采用晶体振荡器和压控振荡器以全数字锁相环的形式产生 915 MHz 射频信号。传统的锁相环由模拟电路实现，而全数字锁相环与传统的模拟电路的实现方法相比，具有精度高且不受温度和电压影响、环路带宽和中心频率编程可调、易于构建高阶锁相环等优点，并且应用在数字系统中时不需 A/D 及 D/A 转换。

（2）信号接收。

天线接收的反射调制信号经过定向耦合器到接收通路，检波后的信号通过差动放大、低通滤波器和运算放大后，进行 A/D 转换再送至主控模块进行解码。

读写器进行读写操作时，读写器与电子标签的距离不是固定不变的。如果读写器与电子标签

距离近，读写器接收到的反射调制信号较强；如果读写器与电子标签距离远，读写器接收到的反射调制信号就较弱。为了在读写器的工作距离内得到稳定可靠的接收数据，需要对 A/D 转换之前的运算放大器进行放大倍数控制，较弱的接收信号需要较大的放大倍数。

为了保持接收信号的稳定，采用了移动终端功率控制方案：反射信号变强，降低接收通路的放大倍数；反之，反射信号变弱，提高其放大倍数。采用对数放大器对反射调制信号进行电平检测，然后输入到主控模块进行算法分析，输出控制信号改变末级运算放大器的反馈电阻大小，即可实现运算放大器的放大倍数的自动控制，进而实现 A/D 转换前信号幅度的稳定。

（3）主控模块。

主控模块的核心处理器为数字信号处理器（Digital Signal Processing，DSP），该 DSP 芯片运算速度为 50 MIPS（MIPS：每秒执行百万条指令），片内有 10 KB 双向访问 RAM，支持 64 KByte 的数据空间和 64 KByte 的程序空间，能够满足射频识别系统的要求。主控模块的硬件框图如图 8.24 所示，本系统采用复杂可编程逻辑器件（Complex Programmable Logic Device，CPLD）完成整个系统的逻辑电路设计。

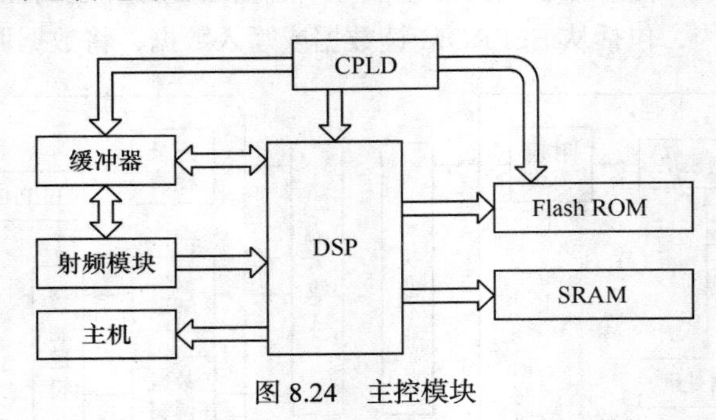

图 8.24　主控模块

实际系统中，扩展了 64 KByte 的 SRAM，但因 DSP 最多支持外部扩展 64 KByte 的数据空间，因此，模拟 CE 控制信号由 DSP 通过 CPLD 中的逻辑电路来控制，从而决定选择 SRAM 的高地址段 64 KByte 的存储空间还是低地址字段的存储空间。这样，在符合 DSP 的外扩数据空间要求的基础上又增加了宝贵的存储资源。除了 SRAM，还配置了 64 KByte 的 Flash，以满足 DSP 引导装入程序的需要。

习题

8.1 读写器的硬件一般由哪几部分组成？每部分的功能是什么？在设计读写器时，需要考虑基本功能、应用环境、电器性能和电路设计的哪些因素？

8.2 低频读写器采用的 U2270B 芯片，射频工作频率范围是什么？数据传输速率可以达到多少？芯片各个引脚的功能是什么？主要应用是什么？

8.3 简述由 U2270B 构成的汽车防盗系统读写器的工作原理、系统构成、硬件电路设计和软件系统设计。

8.4 高频读写器采用的 MFRC500 芯片，射频工作频率是什么？支持哪种协议？对天线的驱动距离可达多少？是否支持加密算法？是否可用于验证MIFARE产品？并行接口可直接连接到多少位的微处理器？芯片的引脚有多少？芯片各个引脚的功能是什么？

8.5 简述基于 MFRC500 芯片和 P89C58BP 单片机的读写器系统的发卡器、读卡器和硬件系统以及 MFRC500 芯片的组成和工作原理。

8.6 微波读写器的射频电路与低频和高频读写器有什么本质上的差别？为什么需要考虑分布参数的影响？

8.7 什么是电子设计自动化（EDA）软件工具？ADS 软件的全称是什么？为什么说 ADS 软件是通向射频/微波电路设计成功的最佳路线？

8.8 ADS 软件的 4 种主要工作视窗是什么？各种视窗分别可以完成什么功能？简述原理图与版图的异同点。

8.9 简述 ADS 软件的设计功能，简述 ADS 软件的仿真功能。

8.10 简述 915 MHz 读写器 RFID 系统构成和硬件结构。

第9章 RFID中间件

随着计算机技术和网络技术的迅速发展，许多应用程序需要在网络环境的异构平台上运行。在这种分布式异构环境中，通常存在多种硬件平台，如读写器、PC 和工作站等。在这些硬件平台上，又存在各种各样的系统软件，如不同的操作系统、数据库和语言编译器等。如何把这些硬件和软件集成起来，开发出新的应用，并在网络上互通互联，是一个非常现实和困难的问题。为解决分布异构的问题，人们提出了中间件的概念。从 RFID 的角度来看，中间件是介于前端读写器与后端应用软件之间的重要环节，是 RFID 应用运作的中枢。

9.1 RFID中间件概述

9.1.1 中间件的概念

目前，中间件（Middleware）并没有严格的定义。人们普遍接受的定义是，中间件是一种独立的系统软件或服务程序，分布式应用系统借助这种软件，可实现在不同的应用系统之间共享资源。人们在使用中间件时，往往是一组中间件集成在一起，构成一个平台（包括开发平台和运行平台），但在这组中间件中必需有一个通信中间件，即中间件=平台 + 通信。从上面这个定义来看，中间件由“平台”和“通信”两部分构成，这就限定了中间件只能用于分布式系统中，同时也把中间件与支撑软件和实用软件区分开来。

中间件如图 9.1 所示。中间件应具有如下的一些特点：

（1）满足大量应用的需要；

（2）运行于多种硬件和 OS 平台；

（3）支持分布计算，提供跨网络、硬件和 OS 平台的透明性应用或服务的交互；

（4）支持标准的协议；

（5）支持标准的接口。

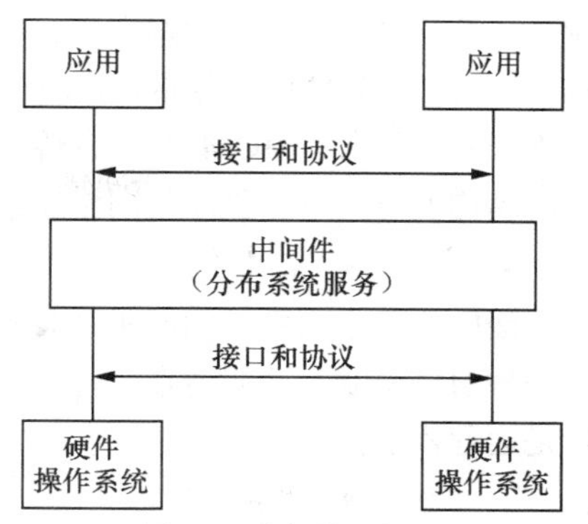

图 9.1　中间件的概念

中间件是伴随着网络应用的发展而逐渐成长起来的技术体系。最初，中间件的发展驱动力是需要有一个公共的标准应用开发平台，来屏蔽不同操作系统之间的环境和 API 差异，也就是所谓操作系统与应用程序之间“中间”的这一层叫中间件。但随着网络应用的需求，解决不同系统之间的网络通信、安全、事务的性能、传输的可靠性、语义的解析、数据和应用的整合这些问题，变成中间件更重要的驱动因素。

中间件位于客户机服务器的操作系统之上，管理计算机资源和网络通信，分布式应用软件借助这种软件，可以连接网络上不同的应用系统，在不同的技术之间共享资源，以达到资源和功能共享的目的。

由于标准接口对于可移植性和标准协议对于互操作性的重要性，中间件已成为许多标准化工作的主要部分。对于应用软件开发，中间件远比操作系统和网络服务更为重要。中间件提供的程序接口定义了一个相对稳定的高层应用环境，不管底层的硬件和系统软件怎样更新换代，只要将中间件升级更新，并保持中间件对外的接口定义不变，应用软件几乎不需任何修改，从而保护了应用软件开发和维护中的重大投资。

9.1.2　RFID 中间件的分类

中间件包括的范围十分广泛，针对不同的应用需求，涌现出多种各具特色的中间件。根据中间件所起的作用和采用的技术，RFID 中间件大致分为以下几种。

1. 数据访问中间件

数据访问中间件（Data Access Middleware）是在系统中建立数据应用资源互操作模式，实现异构环境下的数据库连接或文件系统连接，从而为网络中的虚拟缓冲存取、格式转换和解压等操作带来方便。在所有的中间件中，数据访问中间件是应用最广泛、技术最成熟的一种。不过在数据访问中间件的处理模型中，数据库是信息存储的核心单元，中间件仅完成通信的功能。这种方式虽然是灵活的，但是它不适合需要大量数据通信的高性能处理场合，而且当网络发生故障时，数据访问中间件不能正常工作。

2. 远程过程调用中间件

远程过程调用（Remote Procedure Call，RPC）是一种广泛使用的分布式应用程序处理方法，一个应用程序使用 RPC“远程”执行一个位于不同地址空间里的过程，并且从效果上看和执行本地调用相同。RPC 的性能灵活，在客户/服务器（Client/Server）应用方面，比数据访问中间件又迈进了一步。RPC 也有一些缺点，对于大型的应用，同步通信方式就不是很合适了，因为此时程序员需要考虑网络或者系统的故障，处理并发操作、缓存、流量控制以及进程同步等一系列复杂的问题。

3. 面向消息中间件

面向消息中间件（Message Oriented Middleware，MOM）指的是利用高效可靠的消息传递机

制，进行与平台无关的数据交流，并基于数据通信进行分布式系统的集成。通过消息传递和消息排队模型，中间件可在分布式环境下扩展进程间的通信，并支持多种通信协议、语言、应用程序、硬件和软件平台。MOM 在消息传递和排队技术方面，通信程序可在不同的时间运行，对应用程序的结构没有约束，程序与网络复杂性相隔离。

4. 面向对象中间件

面向对象中间件（Object Oriented Middleware）是对象技术和分布式计算发展的产物，它提供一种通信机制，透明地在异构的分布式计算环境中传递对象请求，而这些对象可以位于本地或者是远程机器。

5. 事件处理中间件

事件处理中间件是在分布、异构环境下提供保证交易完整性和数据完整性的一种环境平台，它是针对复杂环境下分布式应用的速度和可靠性要求而产生的。它给程序员提供了一个事件处理的应用程序编程接口（API），程序员可以使用这个程序接口编写高速而且可靠的分布式应用程序。事件处理中间件可向用户提供一系列服务，如应用管理、管理控制、已经应用于程序间的消息传递等服务。事件处理中间件常用的功能包括全局事件协调、事件的分布式两段提交（准备阶段和完成阶段）、资源管理器支持、故障恢复、高可靠性和网络负载平衡等。

6. 网络中间件

网络中间件包括网管、接入、网络测试、虚拟社区和虚拟缓冲等，网络中间件也是当前研究的热点。

7. 屏幕转换中间件

屏幕转换中间件的作用在于实现客户机图形用户接口与已有的字符接口方式的服务器应用程序之间的互操作。

9.1.3 RFID 中间件的发展历程

RFID 中间件最初只是面向单个读写器和特定应用驱动交互程序，如今，RFID 中间件涉及应用的各个层面，涵盖从基础通信、数据访问到应用集成等众多环节，已成为射频识别应用系统开发、集成、部署、运行和管理必不可少的工具。

1. RFID 中间件的发展阶段

RFID 中间件在发展的过程中经历了应用程序中间件发展阶段、架构中间件发展阶段和解决方案中间件发展阶段 3 个阶段。

（1）应用程序中间件发展阶段。

本阶段是 RFID 中间件的初始阶段。在本阶段，RFID 中间件多以整合、串接 RFID 读写器为目的。在 RFID 技术使用初期，企业需要花费许多成本去处理后端系统与读写器的连接问题，RFID 厂商根据企业的需要帮助企业将后端系统与 RFID 读写器串接。

（2）构架中间件发展阶段。

本阶段是 RFID 中间件的成长阶段。由于 RFID 技术的应用越来越广泛，促进了国际各大厂商对 RFID 中间件的研发，大大促进了 RFID 中间件的发展，RFID 中间件不但具备了基本数据收集、过滤和处理等功能，同时也满足了企业多点对多点的连接需求，并具备了平台的管理与维护功能。

（3）解决方案中间件发展阶段。

本阶段是 RFID 中间件的成熟阶段。各厂商针对 RFID 在不同领域的应用，提出了各种 RFID 中间件的解决方案，企业只需要通过 RFID 中间件，就可以将原有的应用系统快速地与 RFID 系统连接，实现对 RFID 系统的可视化管理。

2. RFID 中间件从传统模式向网络服务模式的发展趋势

传统中间件在支持相对封闭、静态、稳定、易控的企业网络环境中的企业计算和信息资源共享方面，取得了巨大成功。但在新时期以开放、动态、多变的互联网为代表的网络技术冲击下，传统中间件显露出了固有局限性，如功能较为专一化，产品和技术之间存在着较大的异构性，跨互联网的集成和协同工作能力不足，僵化的基础设施缺乏随需应变的能力等，在互联网计算带来的巨大挑战面前显得力不从心。

中间件技术的发展方向将聚焦于消除信息孤岛，推动无边界信息流，支撑开放、动态、多变的互联网环境中的复杂应用系统，实现对分布于互联网之上的各种自治信息资源（计算资源、数据资源、服务资源和软件资源）的简单、标准、快速、灵活、可信、高效能及低成本的集成、协同和综合利用，提高组织 IT 基础设施的业务敏捷性，降低总体运维成本，促进 IT 与业务之间的匹配。

随着 RFID 应用向规模化、灵活化方向的不断深入，商业模式的创新让 RFID 应用变得更加灵活，从而满足了更快响应的需求。一方面，服务架构（SOA）和网格技术将与 RFID 中间件技术逐渐融合，突破了应用程序之间沟通的障碍，实现了商业流程自动化；另一方面，为解决大规模应用中对企业机密、个人隐私等关键信息的保护，更可靠和更高效的安全技术将成为 RFID 中间件技术发展的另一个重点。

9.1.4　RFID 中间件的特征与作用

1. 中间件的特征

（1）多种构架。

RFID 中间件可以是独立的，也可以是非独立的。非独立中间件将 RFID 技术纳入其现有的中间件产品中，RFID 技术作为中间件可选的子项。

（2）数据流。

RFID 中间件的主要目的在于将实体对象转换为信息环境下的虚拟对象，因此数据处理是 RFID 中间件最重要的特征。RFID 中间件具有数据的收集、过滤、整合与传递等特性，以便将正确的信息传到企业后端的应用系统。在 RFID 中间件从 RFID 读写器获取大量的突发数据流或者连续的标签数据时，需要除去重复数据，过滤垃圾数据，或者按照预定的数据采集规则对数据进行效验，并提供可能的警告信息。

（3）过程流。

RFID 中间件采用程序逻辑及存储再传送（Store-and-Forward）的功能，来提供顺序的消息流，具有数据流设计与管理的能力。

（4）支持多种编码标准。

目前国际上有关机构和组织提出了多种编码方式，但尚未形成统一的 RFID 编码标准体系。RFID 中间件应具有支持各种编码标准、并具有进行数据整合与集成的能力。

（5）状态监控。

RFID 中间件还可以监控连接到系统中的 RFID 读写器的状态，并自动向应用系统汇报。该项功能十分重要，比如分布在不同地点的多个 RFID 应用系统，通过视觉或人工监控读写器状态都是不现实的。设想在一个大型仓库里，多个不同地点的 RFID 读写器自动采集系统信息，如果某台读写器状态错误或连接中断，那么在这种情况下，及时准确的汇报就能够快速地确定出错位置。在理想情况下，监控软件还能够监控读写器以外的其他设备，如在系统中同时应用的条码读写器或者智能标签打印机等。

（6）安全功能。

通过安全模块可完成网络防火墙功能，保证数据的安全性和完整性。

2. 中间件的作用

（1）控制 RFID 读写设备按照预定的方式工作，保证不同读写设备之间配合协调。

（2）按照一定规则过滤数据，筛除绝大部分冗余数据，将真正有效的数据传送给后台信息系统。为了减少网络流量，中间件只向上层转发它感兴趣的某些事件或事件摘要。

（3）保证读写器和企业级分布式应用系统平台之间的可靠通信，为分布式环境下异构的应用程序提供可靠的数据通信服务。

（4）中间件屏蔽了底层操作系统的复杂性，使程序开发人员面对一个简单而统一的开发环境，减少了程序设计的复杂性，程序开发人员可以将注意力集中在自己的业务上，不必再为程序在不同系统软件上的移植而重复工作，从而大大减少了技术上的负担。中间件带给应用系统的，不只是开发的简便、开发周期的缩短，也减少了系统的维护、运行和管理的工作量，还减少了计算机总体费用的投入。

9.2 RFID 中间件的结构

中间件采用分布式架构，利用高效可靠的消息传递机制进行数据交流，并基于数据通信进行分布式系统的集成，支持多种通信协议、语言、应用程序、硬件和软件平台。中间件作为新层次的基础软件，其重要作用是将在不同时期、不同操作系统上开发的应用软件集成起来，彼此像一个整体一样协调工作，这是操作系统和数据管理系统本身做不到的。

9.2.1 中间件的系统框架

中间件包括读写器接口（Reader Interface）、处理模块（Processing Module）以及应用接口（Application Interface）3 部分。读写器接口主要负责前端和相关硬件的连接；处理模块主要负责读写器监控、数据过滤、数据格式转换和设备注册；应用程序接口主要负责后端与其他应用软件的连接。中间件还提供 EPC 系统的对象名称解析服务（ONS）和信息服务。中间件的结构框架如图 9.2 所示。

1. 读写器接口的功能

目前有多种不同的读写器，每一种都有其专有的接口，读写器接口以及数据的访问和管理能力是各不相同的。要使开发人员能够了解所有的读写器接口是不现实的，因此应该使用中间件来屏蔽具体的读写器接口。读写器适配层是将专有的读写器接口封装成通用的抽象逻辑接口，提供

给应用开发人员。读写器接口的功能如下。

（1）提供读写器硬件与中间件连接的接口；

（2）负责读写器、适配器与后端软件之间的通信接口，并支持多种读写器和适配器；

（3）能够接收远程命令，控制读写器和适配器。

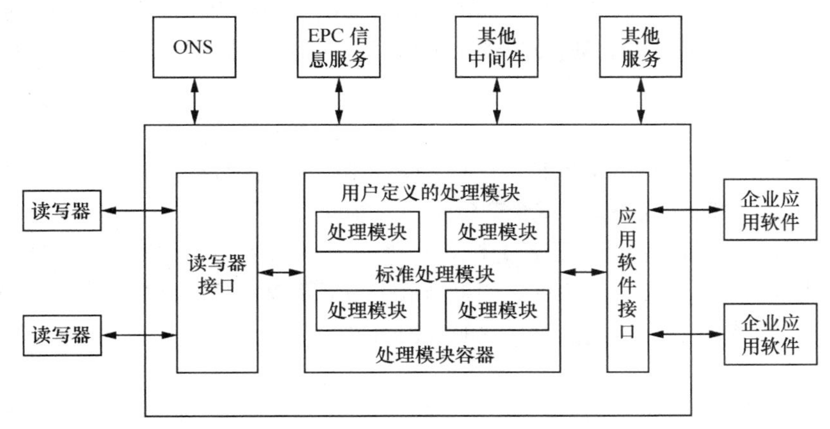

图 9.2　中间件系统结构框架

2. 处理模块的功能

处理模块汇聚不同数据源的读取数据，并且基于预先配置的应用层事件过滤器进行调整和过滤，然后将经过过滤的数据送到后端系统。处理模块的功能如下。

（1）在系统管辖下，能够观察所有读写器的工作状态；

（2）提供处理模块向系统注册的机制；

（3）提供 EPC 编码和非 EPC 编码的转换功能；

（4）提供管理读写器的功能，如新增、删除、停用和群组等功能；

（5）提供过滤不同读写器接收内容的功能，进行数据处理。

3. 应用接口的功能

应用接口在中间件的顶层，其主要目的在于提供一个标准机制，来注册和接收经过过滤的事件。应用接口还提供标准的 API，来配置、监控和管理中间件，以及它所控制的读写器和感应器。

9.2.2　中间件的处理模块

中间件处理模块是 RFID 中间件的核心模块，主要作用是负责数据接收、数据处理和数据转换，具有对读写器的工作状态进行监控的功能，同时还具有读写器的注册、删除和群组等功能。RFID 中间件处理模块由 RFID 事件过滤系统、实时内存事件数据库和任务管理系统 3 部分组成，下面对这 3 部分的功能分别加以介绍。

1. RFID 事件过滤系统

RFID 事件过滤系统（RFID Event Management System，RFID EMS）可以与读写器应用程序进行通信，过滤读写器发送的事件流。在中间件系统中，RFID EMS 是最重要的组件，它为用户提供了集成其他应用程序的平台。RFID EMS 支持多种读写器协议，RFID EMS 读取的事件能够在满足中间件要求的基础上被过滤。RFID EMS 可以采集、缓冲、平滑和组织从读写器获得的信

息，读写器每秒可以上传数百个事件，每个事件都能在处理中间件请求的基础上被恰当地缓冲、过滤和记录。

（1）事件过滤的方式。

① 平滑。

有时读写器会读错或丢失标签。如果标签数据被读错，则称为积极阅读错误；如果覆盖区内的标签数据被漏读，则被称为消极阅读错误。平滑算法就是要清除那些被怀疑有积极或消极错误的阅读。

② 协调。

当多个读写器相互之间离得很近时，它们会读到相同的标签数据。如果一个标签数据被不同的读写器上传两次，中间件流程逻辑就会产生错误。协同工作可以采用不同的运算规则，清除“不属于”的那个读写器的阅读。如果在几毫秒中，一个解读事件涉及不同的读写器阅读同一个标签数据，协同运算规则就可以删除这一事件。如果当前读写器距离标签比该标签应该“归属”的读写器近，那么附加的逻辑应该允许当前读写器的数据通过。

③ 转发。

一个时间转发器应该有一个或多个输出。根据事件类型的不同，转发器可以将事件传送为一个或多个输出。例如，时间转发器可选择只转发读写器上传的非标签数据阅读事件，如阅读时的温度。因此，RFID EMS 支持具有一个输入事件流，一个或多个输出事件流的“事件过滤器”。

（2）事件记录的方式。

经过采集和平滑的事件，最终会被恰当地以事件记录的方式处理。常用的事件记录方式有以下 4 种：

① 保存在像数据库这样永远的存储器中；

② 保存在仓储数据结构中，如实时内存数据库；

③ 通过 HTTP、JMS 或 SOAP 协议传输到远程服务器；

④ RFID EMS 支持多种“事件记录器”。

（3）事件过滤的作用。

① RFID EMS 是具有采集、过滤和记录功能的“程序模块”，工作在独立的线程中，不相互妨碍。RFID EMS 能在不同的线程中启动处理单元，而且能够在单元间缓冲事件流；

② RFID EMS 能够实例化和连接上面提到的事件处理单元；

③ RFID EMS 允许远方机器登录和注销到动态事件流中。

（4）事件过滤的功能。

① 允许不同种类的读写器写入适配器；

② 读写器以标准格式采集数据；

③ 允许设置过滤器，清除冗余的数据，上传有效的数据；

④ 允许写各种记录文件，如记录数据库日志，记录数据广播到远程服务器事件中的 HTTP/JMS/SOAP 网络日志；

⑤ 对记录器、过滤器和适配器进行事件缓冲，使它们在不相互妨碍的情况下运行。

2. 实时内存事件数据库

实时内存事件数据库（Real-time In-memory Event Database，RIED）是一个用来保存 RFID 边缘中间件信息的内存数据库。RFID 边缘中间件保存和组织读写器发送的事件。RFID 事件管理系统通过过滤和记录事件的框架，可以将事件保存在数据库中。但是，数据库不能在一秒内处理几

百次以上的交易。实时内存事件数据库提供了与数据库一样的接口，但其性能要好得多。

应用程序可以通过 JDBC 或本地 Java 接口访问实时内存事件数据库。RIED 支持常用的 SQL 操作，还支持一部分 SQL92 中定义的数据操作方法。RIED 也可以保存不同事件点上数据库的“快照”。

RIED 是一个高性能的内存数据库，假如读写器每秒阅读并发送 10 000 个数据信息，内存数据库每秒必须能够完成 10 000 个数据处理，而且这些数据是保守估计的，内存数据库必须高效地处理读取的大量数据。

RIED 是一个多版本的数据库，即能够保存多种快照的数据库。此外，并不是读写器发送的每个事件都能存储到内存数据库中。保存监视器的过期快照是为了满足监视和备份的要求，RIED 可以为过期信息保存多个阅读快照。例如，数据库中可以保存监视器的两个过期快照，一个是一天的开始，另一个是每一秒的开头，但现有的内存数据库系统不支持对永久信息的有效管理。

3. 任务管理系统

任务管理系统（Task Management System，TMS）负责管理由上级中间件或企业应用程序发送到本级中间件的任务。一般情况下，任务可以等价为多任务系统中的进程，TMS 管理任务类似于操作系统管理进程。

（1）任务管理系统的特点。

TMS 具有许多一般线程管理器和操作系统不具有的特点，TMS 的特点如下。

① 任务进度表的外部接口；

② 独立的虚拟机平台，包含从冗余类服务器中根据需要加载的统一库；

③ 用来维护永久任务信息的健壮性进度表，具有在中间件碎片或任务碎片中重启任务的能力。TMS 使分布式中间件的维护变得简单，企业可以仅仅通过在一组类服务中保存最新的任务和中间件中恰当地安排任务进度来维护中间件。然而，硬件和核心软件，如操作系统和 Java 虚拟机，必须定期升级。

（2）任务管理系统的功能。

传输到 TMS 的任务可以获得中间件的所有便利条件，TMS 可以完成企业的多种操作。TMS 的功能如下。

① 数据交互，即向其他中间件发送产品信息或从其他中间件中获取产品信息；

② PML 查询，即查询 ONS/PML 服务器获得产品实例的静态或动态信息；

③ 删除任务进度，即确定和删除其他中间件上的任务；

④ 值班报警，即当某些事件发生时，警告值班人员，如需向货架补货、丢失或产品到期；

⑤ 远程数据上传，即向远处供应链管理服务器发送产品信息。

（3）任务管理系统的性能。

① 从 TMS 的各种需求可以看到，TMS 应该是一个有较小存储注脚，建立在开放、独立平台标准上的健壮性的系统。

② TMS 是具有较小存储处理能力的独立系统平台。不同的中间件选择不同的工作平台，一些工作平台，尤其是那些需要大量中间件的工作平台，可以是进行低级存储和处理的低价的嵌入式系统。

③ 对网络上所有中间件进行定期升级是一项艰巨的任务，如果中间件基于简单维护的原则对代码解析自动升级则是比较理想的。因此要求 TMS 能够对执行的任务进行自动升级。中间件需要为任务时序提供外部接口，为了满足公开和协同工作的系统要求，为了将 TMS 设计从任务设计中分离出来，需要在一个独立的语言平台上，用简单、定义完美的软件开发工具包（SDK）来描述任务。

9.3 RFID 中间件实例

目前技术比较成熟的 RFID 中间件主要是国外产品，IBM、Microsoft、BEA、Reva、Oracle、Sun、SPA 等公司都提供 RFID 中间件产品。国内的深圳立格和清华同方是较早涉足这一领域的企业，已经拥有具有自主知识产权的中间件产品。

中间件主要分为非独立中间件和独立的通用中间件两大类。非独立中间件将各种技术纳入其现有的中间件产品，某一种技术作为可选的子项，例如 IBM 将 RFID 纳入 WebSphere 架构、SPA 在 NetWeaver 中增加 RFID 功能。非独立中间件是在现有产品的基础上开发 RFID 模块，其优点是开发工作量小、技术成熟度高、产品集成性好；缺点是使得 RFID 中间件产品变得庞大，推出“套餐”价格高，不便于中小企业低成本轻量级应用。独立的通用中间件具有独立性，不依赖于其他软件系统，各模块都是由组件构成，根据不同的需要进行软件组合，灵活性高，能够满足各种行业应用的需要。独立的通用中间件的优点是轻量级、价格低，便于中小企业低成本快速集成；缺点是开发工作量大，技术仍处于走向成熟的过程。

9.3.1 IBM 的 RFID 中间件

IBM 公司在中间件领域处于全球领先地位。IBM 公司推出了以 WebSphere 中间件为基础的 RFID 解决方案，WebSphere 中间件通过与 EPC 平台集成，可以支持全球各大著名厂商生产的各种型号读写器和传感器，可以应用在几乎所有的企业平台。IBM 公司的 WebSpherer 中间件 2009 年底升级到 v7 版本，如图 9.3 所示。

图 9.3　IBM 公司的 WebSpherer 中间件 v7 版本

1. IBM RFID 中间件的体系架构

IBM RFID 中间件的体系架构主要包括边缘控制器和前端服务器两部分，如图 9.4 所示。

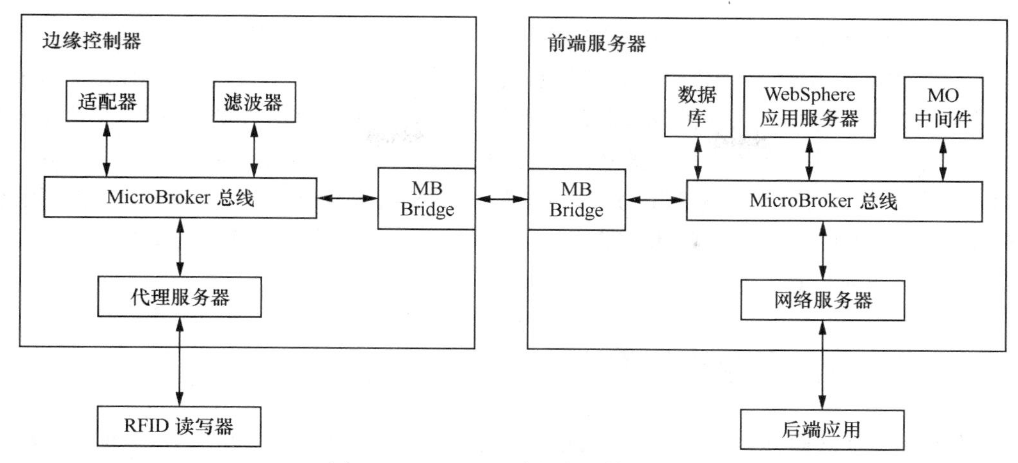

图 9.4　IBM RFID 中间件的体系架构

（1）边缘控制器。

边缘控制器（Edge Controller）主要负责与 RFID 硬件设备之间的通信，对 RFID 读写器所提供的数据进行过滤和整合，将其提供给前端服务器。边缘控制器主要由适配器（Device Infrastructure）、滤波器（Filter Agent）和读写器代理服务器等组成。

（2）前端服务器。

前端服务器充当了所有 RFID 设备信息采集的汇合中心。前端服务器基于 J2EE（Java 2 Platform Enterprise Edition）标准环境，主要由 WebSphere 应用服务器（WebSphere Application Server，WAS）、MQ 中间件、数据库和网络服务器等部分组成。边缘控制器与前端服务器之间采用发布主题/订阅主题的方式通信。

2. IBM RFID 中间件的工作流程

RFID 读写器获得标签数据后，通过代理服务器将其发布到 MicroBroker 总线；适配器和滤波器订阅了标签数据这一主题，就从 MicroBroker 总线上得到数据。适配器主要用来适配各种 RFID 读写器数据，因为读写器厂家众多，所以它支持的协议也不尽相同。滤波器负责定制过滤规则，并负责对数据进行过滤，忽略重复的标签信息，过滤不需要的数据，然后将处理后的标签数据发布到 MicroBroker 总线上，由 MB Bridge 模块将数据发送到前端服务器。

前端服务器订阅了处理后的标签数据，然后将其提供给 WebSphere 应用服务器。IBM WebSphere 应用服务器将 RFID 事件、企业的商业模型以及应用程序进行映射，提取应用程序关心的 RFID 事件和数据。

由于 WebSphere 应用服务器运行在标准的 J2EE 环境下，因此，基于 J2EE 的应用程序均可以在 IBM RFID 中间件中运行。该产品可以动态配置网络拓扑结构，管理工具可以动态配置网络中的 RFID 读写器，并可以重新启动边缘控制器。

WebSphere 应用服务器通过对数据进一步过滤和整理，将处理过的数据发送给网络服务器模块，最后数据通过 MQ 以 XML 的格式传送到后端应用系统为用户所用。

3. IBM 与远望谷公司合作开发的中间件

我国远望谷公司与 IBM 公司共同合作开发了 RFID 中间件适配层软件。远望谷与 IBM 的合作，实现了远望谷公司 RFID 系统与 IBM 公司 RFID 系统在技术上的对接，这对于我国 RFID 技术在各个领域的推广有着深远的影响。

为使 RFID 硬件和应用系统之间的互动更为顺畅，远望谷与 IBM 共同开发了 RFID 中间件适配层软件，该软件在 IBM 中国创新中心实验室顺利通过测试，测试结果得到了 IBM 美国公司的认证。认证通过后，远望谷公司的读写器将会添加到 IBM RFID 中间件的支持列表，这意味着使用 IBM“企业级”软件平台的用户，通过 IBM RFID 中间件可直接使用远望谷公司的 RFID 产品。

IBM 与远望谷公司合作开发 RFID 产品绝非偶然。远望谷是我国 RFID 上市公司，在中国 RFID 产业有着广泛的影响力和专业的技术力量，为了解决 RFID 硬件和应用系统之间的衔接问题，两公司商榷已久，并最终研发合作成功。

9.3.2 微软的 RFID 中间件

Biz 为 Business 的简称，Talk 为对话之意，因此微软公司的 RFID 中间件 BizTalk RFID，能作为各企业级商务应用程序间的消息交流之用。BizTalk RFID 为 RFID 的应用提供了一个功能强大的平台，不仅可以连接贸易合作伙伴和集成企业系统，还可以实现各公司业务流程管理的高度自动化，并可以在整个工作流程的适当阶段灵活地结合人性化的色彩。此外，各公司还能利用 BizTalk RFID 规则引擎实施灵活的业务规则，并使信息工作者看到这些规则。作为微软的一个“平台级”软件，BizTalk RFID 也进行更新升级，如图 9.5 所示。

图 9.5 微软的 BizTalk RFID

1. BizTalk RFID 的特性

（1）提供基于 XML 标准 Web Services 的开发接口，方便软硬件合作伙伴在此平台上进行开发、应用、集成。

（2）含有 RFID 识别的标准接入协议及管理工具，DSPI 设备接口是微软公司和全球 40 家 RFID 硬件合作伙伴定制的一套标准接口，所有支持 DPSI 的各种设备（RFID、条码及 IC 卡等）在 Microsoft Windows 上即插即用。

（3）对于软件合作伙伴，微软公司的 BizTalk RFID 提供了对象模型应用访问程序接口，这是为上层的各类软件解决方案服务的。BizTalk RFID 也提供了编码器/解码器的插件接口，不管将来的 RFID 标签采用何种编码标准，都可以非常方便地接入到解决方案中。

（4）在应用环境中，需要创建业务流程将各种分散的应用程序融为一体。借助微软公司的

BizTalk RFID，可以实现不同应用程序的连接，然后利用图形用户界面来创建和修改业务流程，以便使用这些应用程序提供的服务。各用户都需要集成各种不同供应商提供的应用程序、系统和技术，BizTalk RFID 提供了集成技术，使集成变得更加简便。

2. BizTalk RFID 的功能

与基于COM的早期版本不同，BizTalk RFID完全是在Microsoft NET Framework和Microsoft Visual Studio.NET 的基础上构建的。它本身可以利用 Web Services 进行通信，而且能够导入和导出以业务处理执行语言（Business Process Execution Language，BPEL）描述的业务流程。BizTalk RFID 引擎还在早期版本的基础上提供了扩展功能和新的服务功能。BizTalk RFID 的主要功能如图 9.6 所示。

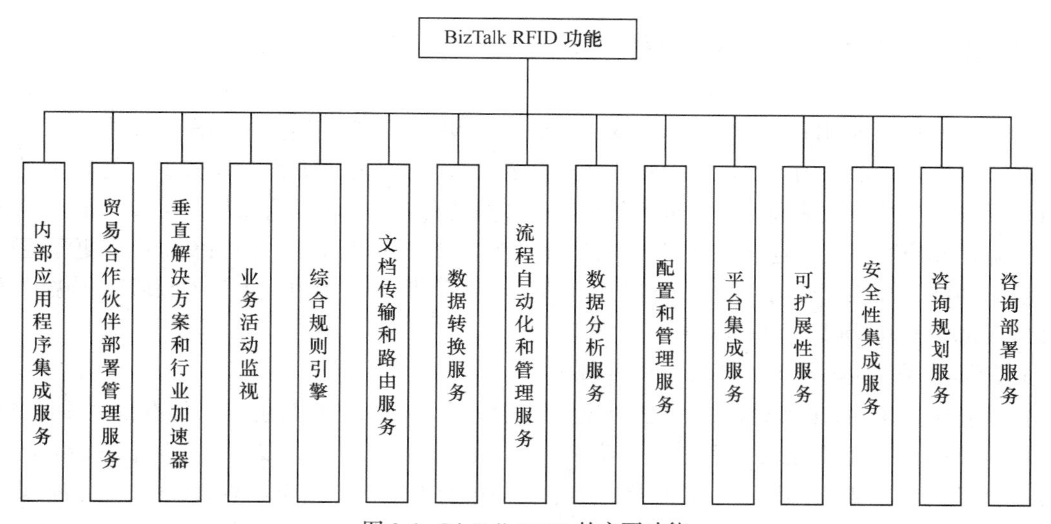

图 9.6　BizTalk RFID 的主要功能

（1）内部应用程序集成服务：这些服务支持成套应用程序、自定义应用程序与业务流程的集成；

（2）贸易合作伙伴部署管理服务：利用这些服务，可以创建贸易合作伙伴关系，并通过向导使这些关系的测试和部署实现自动化；

（3）垂直解决方案和行业加速器：这些附加组件可支持 HIPAA、HL7、Rosetta Net 和 SWIFT；

（4）业务活动监视：面向信息工作者的强大工具，可实时监视事件和流程；

（5）综合规则引擎：通过使用复杂业务规则，这个核心功能可以用来定义、管理和部署跨越整个组织的一个或多个业务流程；

（6）文档传输和路由服务：这些服务支持有关文档路由位置的评估，可执行文档发送的基础传输服务；

（7）数据转换服务：利用这些服务，能够在不同业务应用程序和贸易社区使用的差别非常大的各种数据格式之间转换，例如 XML、EDI 和 RosettaNet 等；

（8）流程自动化和管理服务：通过这些服务，可将应用程序和数据源集成到组织内部和各组织之间的精简业务流程中；

（9）数据分析服务：通过图形工具与自动数据挖掘实用程序的结合，这些服务可访问并分析操作数据，以便发现数据模式和发展趋势；

（10）配置和管理服务：这些服务可提供集成解决方案的监视和管理；

（11）平台集成服务：这些核心平台服务支持异类企业基础设施的目录、数据、安全性和操作系统互操作性方案；

（12）可扩展性服务：利用这些服务，可以在性能和范围上扩展集成解决方案，满足大型企业的容量要求；

（13）安全性集成服务：通过这些服务，可以跨越异类企业域无缝地配置安全数据；

（14）咨询规划服务：评估服务可提供时间和成本都固定的知识传授计划，制定工作设计和项目规划，并完成 BizTalk 中间件的试验室安装；

（15）咨询部署服务：提供结构性指导及相关服务，重点强调基于客户要求的配置规划和测试，并在模拟环境中部署 Microsoft EI 解决方案必需的步骤。

9.3.3 国内的 RFID 中间件

由于中间件在 RFID 系统中的地位越来越重要，国内在这方面给予了越来越多的关注，并进行了技术研究。目前，国内 RFID 中间件具有自主知识产权、独立开发的比较少，国产 RFID 中间件产品提供的功能较为简单，大都处于将数据转换成有效的业务信息阶段，可以满足 RFID 系统与企业后端应用系统的连接、数据的捕获、监控和测试等基本需求，但在安全性等更深层次的问题上，尚缺乏性能优秀的产品。尽管与国外同行存在差距，但国内在中间件领域的积极尝试和积累将有助于推动低成本 RFID 应用的发展。

1. 深圳立格公司的 RFID 中间件

深圳立格公司的 AIT LYNKO-ALE 中间件是与国际市场同步开发的产品，拥有自主知识产权，具有提供整体 RFID 以及 EPC 应用解决方案的能力。目前该产品已经完成了 ALE（Application Level Event）规范的基本要求，可实现 ALE 接口规范所描述的工作状态，能够接收多种类型 EPC 事件，如 HTTP、TCP、FILE 等，可处理 ECPec、ECReport 等 XML 格式，并可为第三方提供 Web Service 接口。

（1）AIT LYNKO-ALE 中间件的功能。

AIT LYNKO-ALE 中间件集成了业界主流的 RFID 读写器，可实现以下的配置管理功能。

① 配置读写器集成参数，实现不同读写器的集成；

② 配置 ALE 接口参数，实现第三方访问的功能；

③ 配置中间件工作参数，实现 RFID 读写设备在特殊环境下工作；

④ 提供集中管理功能。

（2）AIT LYNKO-ALE 中间件的构成。

AIT LYNKO-ALE 可提供对 RFID 读写器的监控、配置和管理，支持多个读写器同时访问，可实现对多个读写器的同时监控，可对不同标准的 RFID 读写器进行配置和管理。AIT LYNKO-ALE RFID 中间件由如下 4 个主要模块构成。

① 控制中心（CCS）。CCS 负责配置管理 AIT Reader 服务器和 AALE 服务器，以及管理控制物理读写设备。系统采用 B/S 结构，管理员通过浏览器登录 CCS，即可实现对中间件的管理。该模块可实现系统管理和配置管理功能，系统管理提供系统登录、退出系统、增加信息，删除信息、修改信息以及操作员信息查验等操作，配置管理提供对 AIT Reader 服务器、Reader 及 AALE 服务器进行参数配置等操作。

② 事件处理系统（AALE）模块。AALE 模块主要对物理读写器进行集中管理和配置。它主

要包括启动和停止读写设备、保存相关的读写设备的配置信息、向 Control Center 发送读写设备配置信息、响应 ALE 的命令并做相应的处理、将读取的 EPC 信息经过简单处理发送到 ALE。AALE 模块具备良好的扩展性，具有分布式处理能力，对不同的读写设备实现了统一的接口层，简化了上层处理。

③ 识读系统（RSS）模块。RSS 模块的主要作用是将 Reader 服务器传送的数据进行整理，把标签数据封装成标准的数据格式，为上层的应用系统提供服务。它的主要功能为建立逻辑读写设备和物理读写设备的映射、接收 Reader Server 传送的数据、根据上层应用的要求定制服务信息。RSS 模块具备良好的可扩展性，具有分布式处理能力，采用了高效处理算法和特殊的数据结构，使其整体性能比较高。

④ AIT 网关（AGW）模块。AGW 模块的主要功能是实现管理服务和数据服务的转换，它具有较高的安全性和可扩展性。外部应用采用 HTTP，具有防火墙穿透功能，在 Internet 上可实现远程服务请求功能。

2. 清华同方“ezONE 易众”中间件

“ezONE 易众”是基于 J2EE/XML/Portlet/WFMC 等开放技术开发的，提供整合框架和丰富的构件及开发工具的应用中间件平台。在“ezONE 易众”平台之上，融合控制技术和信息技术，可以开发出智能建筑、城市供热、RFID、协同办公及智能交通等多个行业类软件，能够满足多个行业信息化的需求。

2004 年，清华同方在北京正式发布具有自主知识产权的“ezONE 易众”业务基础软件平台。清华同方将在这一业务基础软件平台基础上，开发、构建和整合数字城市、数字家园、电子政务和数字教育等 IT 应用，使行业用户能以更好的性价比、更高的效率构建 IT 应用系统，实现整合、智能、统一的行业信息化应用效果。

2007 年，同方软件展出了 V3.0 版本的 ezONE 业务基础平台以及 ezM2M 构件平台。M2M 是指机器对机器（Machine to Machine），是物联网的实现方式之一。同方的 ezONE V3.0 除了在功能和性能上都得到了一定程度的拓展以外，最显著的变化是增加了 ezM2M 构件平台。

习题

9.1 简述中间件的定义，并说明 RFID 中间件的分类方法。

9.2 简述 RFID 中间件的发展阶段，并说明中间件的发展趋势。

9.3 简述中间件的特征，并说明中间件的作用。

9.4 RFID 中间件的系统框架由几部分组成？简述中间件处理模块的功能。

9.5 简述 IBM 公司 RFID 中间件的产品特性。

9.6 简述微软公司 RFID 中间件的产品特性。

9.7 简述国内 RFID 中间件的产品特性。

第10章 RFID标准体系

RFID 是涉及诸多学科、涵盖众多技术和面向多领域应用的一个体系，为防止技术壁垒，促进技术合作，扩大产品和技术的通用性，需要建立标准体系。RFID 标准化是指制定、发布和实施射频识别标准，解决编码、数据通信和空中接口等共享问题，促进射频识别技术在全球跨地区、跨行业和跨平台的应用。

10.1 RFID标准化简介

目前 RFID 还没有形成统一的标准体系，全球有多个 RFID 标准化组织，制订了多个 RFID 标准体系。标准体系的实质就是知识产权，RFID 标准体系包含大量的技术专利，RFID 标准之争实质上就是物品信息控制权之争，关系着国家安全、RFID 战略实施和 RFID 产业发展的根本利益。

10.1.1 RFID标准化组织

目前全球有 5 大 RFID 标准化组织，分别代表了国际上不同团体或国家的利益，这五大组织分别为 ISO/IEC、EPCglobal、UID、AIM Global 和 IP-X。这些不同的 RFID 标准化组织各自推出了自己的标准，给 RFID 的大范围应用带来了困难，但多个标准体系的竞争也促进了技术和产业的快速发展。全球 5 大射频识别标准组织如图 10.1 所示。

1. ISO/IEC

国际标准化组织（International Organization for Standardization，ISO）是一个全球性的非政府组织，是国际标准化领域一个十分重要的组织。中国是 ISO 的正式成员，中国参加 ISO 的国家机构是中国国家标准化管理委员会（Standardization Administration of China，SAC）。国际电工委员会（International Electrotechnical Commission，IEC）是非政府性国际组织和联合国社会经济理事会的甲级咨询机构，成立于 1906 年，是世界上

成立最早的国际标准化机构，中国参加 IEC 的国家机构是国家技术监督局。ISO 与 IEC 有密切的联系，ISO 和 IEC 作为一个整体，担负着制定全球国际标准的任务。

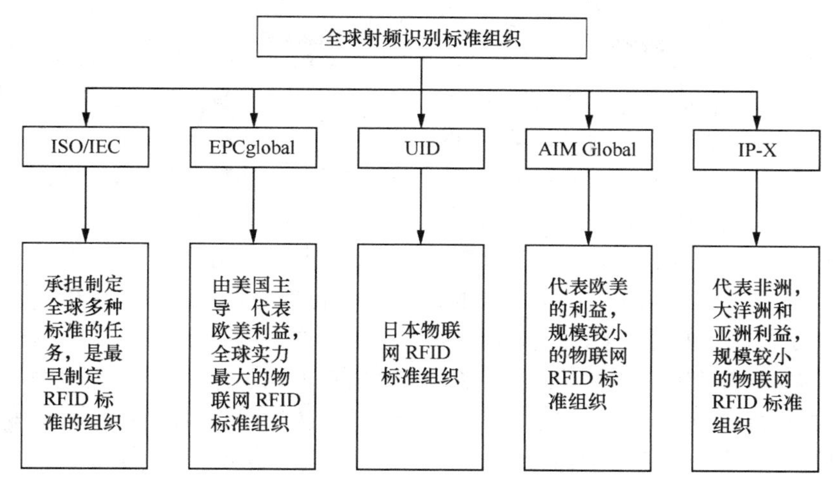

图 10.1 全球五大射频识别标准组织

ISO 和 IEC 都是非政府机构，它们制定的标准实质上是自愿性的，这就意味着这些标准必须是优秀的标准，它们会给工业和服务业带来收益。ISO 和 IEC 约有 1 000 个专业技术委员会和分委员会，各会员国以国家为单位参加这些技术委员会和分委员会的活动。ISO 和 IEC 每年大约制订和修订 1 000 个国际标准，标准的内容涉及广泛，从基础的紧固件、轴承到半成品和成品，其技术领域涉及信息技术、交通运输和环境等。

ISO/IEC 也负责制定 RFID 标准，是制定 RFID 标准最早的组织。ISO/IEC 早期制定的 RFID 标准，只是在行业或企业内部使用，并没有构筑物联网的背景。随着物联网概念的提出，两个后起之秀 EPCglobal 和 UID 相继提出了基于物联网的 RFID 标准，于是 ISO/IEC 又制订了新的 RFID 标准。与 EPCglobal 和 UID 相比，ISO/IEC 有着天然的公信力。在 RFID 标准中，EPCglobal 专注于 860 MHz～960 MHz 频段，UID 专注于 2.45 GHz 频段，ISO/IEC 则在每个频段都发布了标准。EPCglobal 和 UID 也希望将自己的 RFID 标准纳入到 ISO/IEC 的标准体系，以扩大自己标准的影响力。

2. EPCglobal

1999 年，美国麻省理工学院提出了电子产品编码（Electronic Product Code，EPC）的概念，并成立了 Auto-ID 中心。2003 年，国际物品编码协会（EAN）和美国统一编码委员会（UCC）联合收购了 EPC，共同成立了全球电子产品编码中心（EPCglobal）。EPCglobal 以创建物联网为使命，与众多成员共同制定了一个开放的技术标准。

EPCglobal 在全球有上百家成员，得到了世界 500 强企业沃尔玛、强生和宝洁等公司的支持，同时有 IBM、微软和 Auto-ID Lab 等提供技术支持，是以物联网为目标、实力最强的一个物联网 RFID 标准化组织。EPCglobal 除发布标准外，还负责号码注册管理。目前，EPCglobal 已经在加拿大、中国、日本和韩国等建立了分支机构，负责 EPC 码段在这些国家的分配和管理，并负责普及与推广 EPCglobal 的标准体系。

目前，EPCglobal 已经发布了一系列标准和规范，包括电子产品代码（EPC 码）、电子标签规范和互操作性、读写器-电子标签通信协议、中间件系统接口、PML 数据库服务器接口、对象名

称服务（ONS）和信息发布服务（EPCIS）等。

3. UID

泛在识别中心（Ubiquitous ID Center，UID）是日本的RFID标准组织，主要由日系的厂商组成。主导日本RFID标准与应用的组织是T-Engine forum论坛，该论坛已经拥有475家成员，这些成员绝大多数是日本的厂商，如NEC、日立、索尼、三菱、夏普、富士通和东芝等，还有少数其他国家的厂商，如微软、三星和LG等。2002年12月，在日本产经省、总务省及各大企业的支持下，T-Engine forum论坛下的泛在识别中心（UID）成立。UID负责研究射频识别技术，并推广这项技术的使用，在物品上附着电子标签，组建网络进行通信。

日本和欧美的RFID标准在使用的无线频段、信息位数和应用领域等有许多不同点。日本电子标签主要采用的频段为2.45 GHz和13.56 MHz，EPC标准主要采用UHF频段；日本电子标签的信息位数为128位，EPC标准的信息位数为96位；日本的电子标签标准可用于库存管理、信息发送、信息接收以及产品和零部件的跟踪管理等，EPC的电子标签标准侧重于物流管理和库存管理等；日本的标准强调电子标签与读写器的功能，信息传输网络多种多样，EPC标准则强调组网，在美国要建立一个全球网络中心。

4. AIM Global

全球自动识别和移动技术行业协会（AIM Global）也是一个射频识别的标准化组织，但这个组织相对较小。AIM（Automatic Identification Manufacturers）是由AIDC（Automatic Identification and Data Collection）组织发展而来，目的是推出RFID技术标准。AIDC原先制定通行全球的条码标准，1999年AIDC另成立了AIM，AIM在全球几十个国家与地区有分支机构，目前全球的会员数已快速累积至一千多个。

AIM Global是可移动环境中自动识别、数据搜集及网络建设方面的专业协会，是世界性的机构，致力于促进自动识别和移动技术在世界范围内的普及和应用，成员主要是射频识别技术、系统和服务的提供商。AIM Global由技术符号委员会、北美及全球标准咨询集团、RFID专家组（RFID Experts Group，REG）等组成，开发射频识别技术标准，同时也是条码、RFID及磁条技术认证的机构。

5. IP-X

IP-X是较小的射频识别标准化组织，IP-X标准主要是在非洲、大洋洲和亚洲推广，目前南非、澳大利亚和瑞士等国家采用IP-X标准，我国也在青岛等地对IP-X技术进行了试点。

10.1.2 RFID标准体系的构成

RFID标准体系主要由4部分组成，分别为技术标准、数据内容标准、性能标准和应用标准。其中，编码标准和通信协议（通信接口）是争夺得比较激烈的部分，它们也构成了RFID标准的核心。RFID标准体系的构成如图10.2所示。

1. RFID技术标准

RFID技术标准主要定义了不同频段的空中接口及相关参数，包括基本术语、物理参数、通信协议和相关设备等。

RFID技术标准划分了不同的工作频率，工作频率主要有低频、高频、超高频和微波。RFID技术标准规定了不同频率电子标签的数据传输方法和读写器工作规范。例如，当工作频率为

134.2 kHz 时，数据传输有全双工和半双工两种方式，电子标签采用 FSK 调制、NRZ 编码，读写器数据以差分双相代码表示。

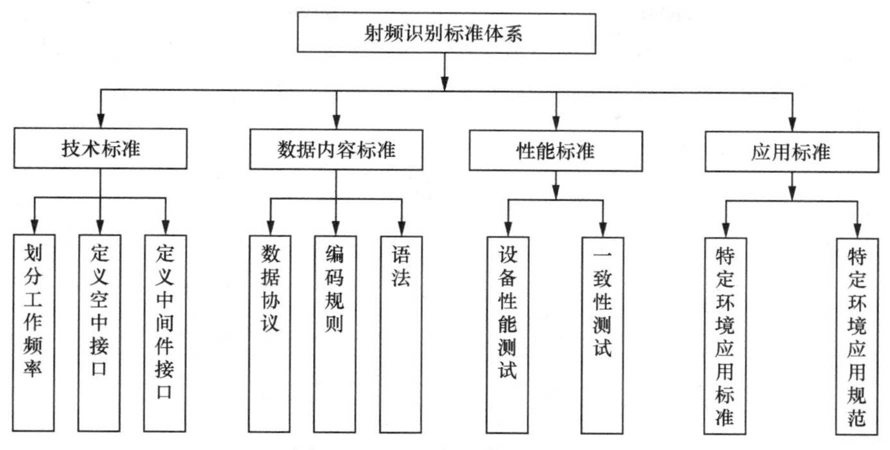

图 10.2　RFID 标准体系的构成

RFID 技术标准也定义了中间件的应用接口。中间件是电子标签与应用程序之间的中介，从应用程序端使用中间件提供的一组应用程序编程接口（Application Programming Interface，API），就能连接到读写器，读取电子标签的数据。

2. RFID 数据内容标准

RFID 数据内容标准涉及数据协议、数据编码规则及语法，主要包括编码格式、语法标准、数据对象、数据结构和数据安全等。RFID 数据内容标准能够支持多种编码格式，如 EPCglobal 的编码格式。

3. RFID 性能标准

RFID 性能标准也称为 RFID 一致性标准，涉及设备性能测试标准和一致性测试标准，主要包括设计工艺、测试规范和试验流程等。

4. RFID 应用标准

RFID 应用标准用于设计特定应用环境 RFID 的构架规则，包括 RFID 在工业制造、物流配送、仓储管理、交通运输、信息管理和动物识别等领域的应用标准和应用规范。

10.2 ISO/IEC RFID 标准体系

ISO/IEC 的 RFID 标准体系主要包含技术标准、数据结构标准、性能标准和应用标准 4 个方面。通过这些标准可以了解 ISO/IEC RFID 标准体系的结构、内容和功能。

10.2.1　ISO/IEC 技术标准

ISO/IEC 技术标准规定了 RFID 有关技术特征、技术参数和技术规范，主要包括 ISO/IEC 18000（空中接口参数）、ISO/IEC 14443（近耦合、非接触、集成电路卡）、ISO/IEC 15693（疏耦合、非接触、集成电路卡）和 ISO/IEC 10536（密耦合、非接触、集成电路卡）等。

1. ISO/IEC 18000

ISO/IEC 18000 是空中接口通信协议，主要规定了基于物品管理的 RFID 空中接口参数，如图 10.3 所示。空中接口通信协议规范了读写器与电子标签之间信息的交互，目的是使不同厂家生产的设备可以互联互通。由于不同频段 RFID 标签在识读速度、识读距离和适用环境等方面存在较大差异，单一频段的标准不能满足各种应用的需求，所以 ISO/IEC 18000 制定了多个频段的空中接口通信协议。

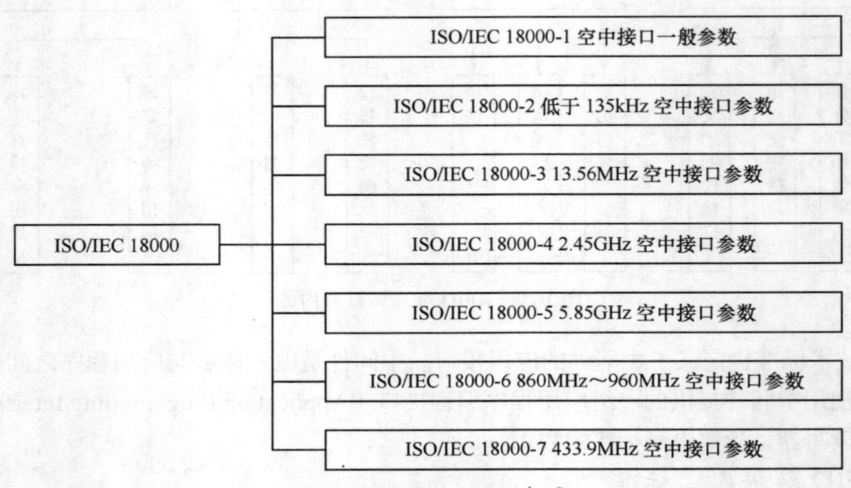

图 10.3　ISO/IEC 18000 标准

（1）ISO/IEC 18000-1 标准。

ISO/IEC 18000-1 规范了空中接口通信协议的基本内容，包括读写器与电子标签的通信参数和知识产权基本规则等。该内容适合多个频段，这样每一个频段对应的标准不需要对相同内容进行重复规定。

（2）ISO/IEC 18000-2 标准。

ISO/IEC 18000-2 适用于低频频段 125 kHz～134 kHz，规定了电子标签和读写器之间通信的物理接口，规定了协议、指令以及多标签通信的防碰撞方法。

（3）ISO/IEC 18000-3 标准。

ISO/IEC 18000-3 适用于高频频段 13.56 MHz，规定了读写器与标签之间的物理接口、协议、命令以及防碰撞方法。关于防碰撞协议可以分为两种模式，模式 1 分为基本型与两种扩展型协议；模式 2 适用于标签数量较多的情形。

（4）ISO/IEC 18000-4 标准。

ISO/IEC 18000-4 适用于微波频段 2.45 GHz，规定了读写器与电子标签之间的物理接口、协议、命令以及防碰撞方法。该标准包括两种模式，模式 1 是无源标签，工作方式为读写器先讲；模式 2 是有源标签，工作方式为电子标签先讲。

（5）ISO/IEC 18000-6 标准。

ISO/IEC 18000-6 适用于超高频频段 860 MHz～960 MHz，规定了读写器与电子标签之间的物理接口、协议、命令以及防碰撞方法。该标准包含 Type A、Type B 和 Type C 3 种无源标签的接口协议，通信距离最远可以达到 10 m。其中，Type C 是由 EPCglobal 起草的，2006 年 7 月获得批准，它在识别速度、读写速度、数据容量、防碰撞、信息安全、频段适应能力和抗干扰等方面有

较大的提高。

（6）ISO/IEC 18000-7 标准。

ISO/IEC 18000-7 适用于超高频频段 433.92 MHz，属于有源电子标签。ISO/IEC 18000-7 规定了读写器与标签之间的物理接口、协议、命令以及防碰撞方法。有源标签识读范围大，适用于大型固定资产的跟踪。

2. 其他 ISO/IEC 技术标准

自 20 世纪 70 年代集成电路卡（IC 卡）诞生以来，经历了从存储卡到智能卡、从接触式卡到非接触式卡的过程。非接触的 RFID 卡由于具有无读卡磨损、寿命长和操作速度快等优点，应用日趋广泛。现在，就餐的食堂卡、公交车的交通卡和出入管理的考勤卡都采用 RFID 卡，这些卡主要为 ISO/IEC 14443 定义的近耦合卡、ISO/IEC 15693 定义的疏耦合卡或 ISO/IEC 10536 定义的密耦合卡。

（1）ISO/IEC 14443 标准。

ISO/IEC 14443 是近耦合、非接触、集成电路卡标准，最大的读取距离一般不超过 10 cm，是 ISO/IEC 早期制定的 RFID 标准，技术发展较早，相关标准也较为成熟。ISO/IEC 14443 标准采用 13.56 MHz 频率，根据信号发送和接收方式的不同，ISO/IEC 14443-3 定义了 TYPE A 和 TYPE B 两种卡型，各地公交卡和校园卡主要基于 ISO/IEC 14443-A 标准，中国第二代居民身份证基于 ISO/IEC 14443-B 标准。

（2）ISO/IEC 15693 标准。

ISO/IEC 15693 是疏耦合、非接触、集成电路卡标准，最大的读取距离一般不超过 1 m，也是 ISO/IEC 早期制定的 RFID 标准，技术发展较早，相关标准也较为成熟。ISO/IEC 15693 使用的频率为 13.56 MHz，其设计简单，让生产读写器的成本比 ISO/IEC 14443 低，ISO/IEC 15693 标准可以应用于进出门禁控制和出勤考核等。

（3）ISO/IEC 10536 标准。

ISO/IEC 10536 是密耦合、非接触、集成电路卡标准，最大的读取距离一般不超过 1 cm，使用的频率为 13.56 MHz，也是 ISO/IEC 早期制定的 RFID 标准。

10.2.2　ISO/IEC 数据结构标准

数据结构标准主要规定了数据从电子标签、读写器到主机（也即中间件或应用程序）各个环节的表示形式。由于电子标签能力（存储能力和通信能力）的限制，各个环节的数据表示形式各不相同，必须充分考虑各自的特点，采取不同的表现形式。ISO/IEC 的数据结构标准如图 10.4 所示。

（1）ISO/IEC 15961 标准。

ISO/IEC 15961 标准规定了读写器与应用程序之间的接口，规定了应用命令与数据协议加工器交换数据的标准方式，依据该标准应用程序可以完成对电子标签数据的读取、写入、修改和删除等操作功能。该标准也定义了错误响应消息。

（2）ISO/IEC 15962 标准。

ISO/IEC 15962 规定了数据的编码、压缩、逻辑内存映射格式，以及如何将电子标签中的数据转化为应用程序有意义的方式。该标准提供了一套数据压缩的机制，这样就可以充分利用电子标签中的数据存储空间以及空中通信能力。

（3）ISO/IEC 15963 标准。

ISO/IEC 15963 规定了电子标签唯一标识的编码标准，该标准兼容 ISO/IEC 7816-6、ISO/TS 14816、EAN/UCC 标准编码体系和 INCITS 256，并保留对未来扩展。

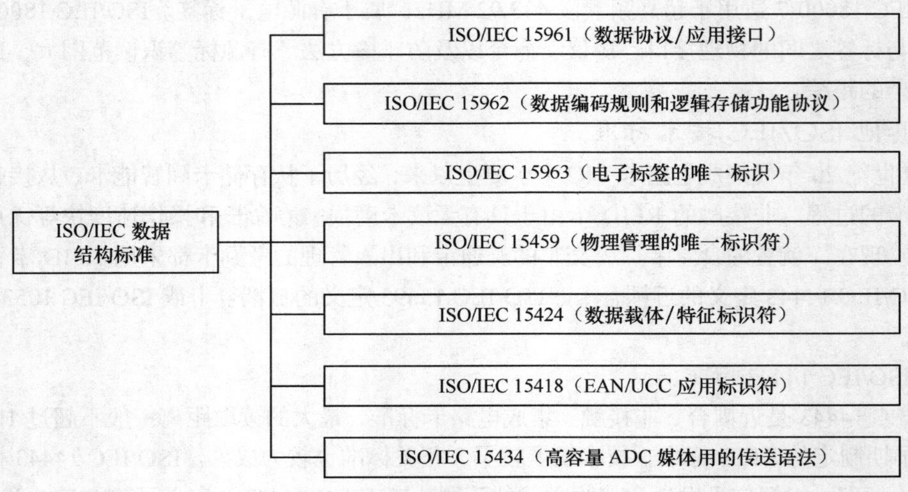

图 10.4 ISO/IEC 数据结构标准

10.2.3 ISO/IEC 性能标准

性能标准是所有信息技术类标准中非常重要的部分，它包括设备性能测试方法和一致性测试方法。ISO/IEC 性能标准的内容如图 10.5 所示。

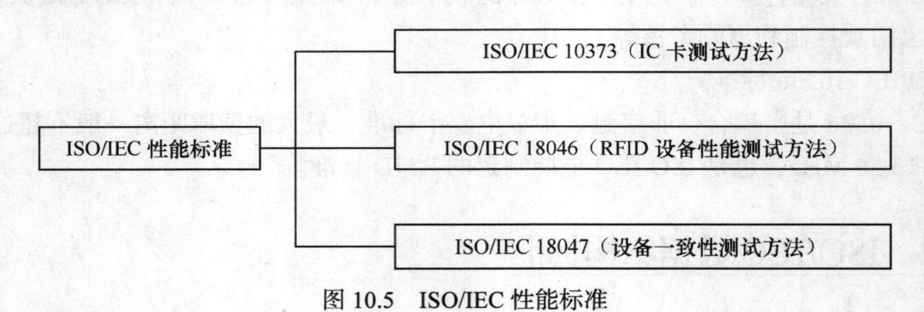

图 10.5 ISO/IEC 性能标准

1. ISO/IEC 10373 标准

ISO/IEC 10373 是 IC 卡测试标准。按照 ISO/IEC10373 中描述的测试方法，当 IC 卡的动态弯曲应力和动态扭曲应力等在规定范围内变动时，邻近的卡应能继续正常工作。

2. ISO/IEC 18046 标准

ISO/IEC 18046 是设备性能测试标准，射频识别设备性能测试方法的主要内容如下。

（1）电子标签性能参数及其检测方法，包括标签检测参数、检测速度、标签形状、标签检测方向、单个标签检测和多个标签检测等。

（2）读写器性能参数及其检测方法，包括读写器检测参数、识读范围检测、识读速率检测、读数据速率检测和写数据速率检测等。

（3）在 ISO/IEC 18046 附件中，规定了测试条件，包括全电波暗室、半电波暗室以及开阔场 3 种测试场。该标准定义的测试方法形成了性能评估的基本架构，可以根据 RFID 系统应用的要

求扩展测试内容。应用标准或者应用系统测试规范可以引用 ISO/IEC 18046 性能测试方法，并在此基础上根据具体要求进行扩展。

3. ISO/IEC 18047 标准

ISO/IEC 18047 对确定射频识别设备（电子标签和读写器）一致性的方法进行定义，也称为空中接口通信测试方法，它与 ISO/IEC 18000 系列标准相对应。一致性测试是确保各部分之间的相互作用达到系统的一致性要求，只有符合一致性要求，才能实现不同厂家生产的设备在同一个 RFID 网络内互联、互通和互操作。

10.2.4　ISO/IEC 应用标准

随着 RFID 应用越来越广泛，需要针对不同应用领域所涉及的共同要求和属性制定通用的应用标准。通用技术标准提供的是一个基本框架，而应用标准是对它的补充和具体规定，这样既保证了不同应用领域 RFID 技术具有互联、互通和互操作性，又兼顾了应用领域的特点，能够很好地满足应用领域的具体要求。根据 RFID 在不同应用领域的不同特点，ISO/IEC 制定了相应的应用标准，如图 10.6 所示，主要涉及动物识别、集装箱运输、物流供应链、交通管理和项目管理等领域。

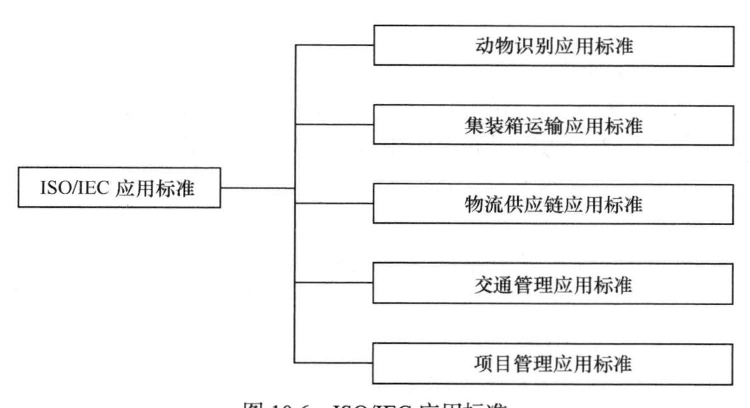

图 10.6　ISO/IEC 应用标准

1. 动物识别应用标准

（1）ISO 11784 标准。

ISO 11784 规定了动物射频识别码的编码结构。编码结构为 64 位代码，其中 27～64 位可由各个国家自行定义。动物射频识别码要求读写器与电子标签之间能够互相识别。

（2）ISO 11785 标准。

ISO 11785 是技术准则，规定了电子标签的数据传输方法和读写器的技术参数要求。ISO 11785 工作频率为 134.2 kHz，数据传输方式有全双工和半双工两种，读写器数据以差分双相代码表示，电子标签采用 FSK 调制、NRZ 编码。由于存在电子标签充电时间较长和工作频率的限制，该标准通信速率较低。

（3）ISO 14223 标准。

ISO 14223 标准包含空中接口、编码和命令结构、应用 3 个部分，它是 ISO 11784/11785 的扩展版本。ISO 14223 规定了动物射频识别读写器和高级标签的空间接口标准，可以让动物数据直

接存储在标签上，这表示通过简易、可验证、廉价的解决方案，每只动物的数据就可以在离线状态下直接取得。通过符合 ISO 14223 标准的读取设备，可以自动识别家畜，而它所具备的防碰撞算法和抗干扰特性，使得在家畜的数量极为庞大的情况下，识别也没有问题。

2. 集装箱运输应用标准

（1）ISO 6346 标准。

ISO 6346 是集装箱编码、ID 和标识符号标准，1995 年制定。该标准提供了集装箱标识系统，规定了集装箱尺寸和类型等参数的数据编码方式以及相应标记方法，同时规范了操作标记和集装箱标记的物理展示方法。

（2）ISO 10374 标准。

ISO 10374 是集装箱自动识别标准，1991 年制定，1995 年修订。该标准是基于微波电子标签的集装箱自动识别系统，RFID 标签为有源设备，工作频率在 850 MHz～950 MHz 及 2.4 GHz～2.5 GHz 范围内，只要 RFID 标签处于读写器的有效识别范围内，标签就会被激活，并采用变形的 FSK 副载波通过反向散射调制作出应答，信号在两个副载波频率 40 kHz 和 20 kHz 之间被调制。

（3）ISO 18185 标准。

ISO 18185 是集装箱电子关封标准草案（陆、海、空），该标准被海关用于监控集装箱装卸状况。它包含 7 个部分，分别是空中接口通信协议、应用要求、环境特性、数据保护、传感器、信息交换和物理层特性。

3. 物流供应链应用标准

为了使 RFID 能在整个物流供应链领域发挥重要作用，ISO 的包装技术委员会和货运集装箱技术委员会成立了联合工作组，制定了 6 个应用标准，分别是应用要求、货运集装箱、装载单元、运输单元、产品包装单元和单品物流单元。

（1）ISO 17358 标准。

ISO 17358 是应用要求标准，该标准定义了物流供应链各个单元层次的参数，定义了环境标识和数据流程。

（2）ISO 17363～ISO 17367 标准。

ISO 17363～ISO 17367 是系列标准，供应链 RFID 物流单元系列标准分别对货运集装箱、可回收运输单元、运输单元、产品包装和产品标签的 RFID 应用进行了规范。该系列标准的内容基本类同，针对不同的使用对象还作了补充规定，因而在具体规定上存在差异，如使用环境条件、标签的尺寸和标签张贴的位置等，根据对象的差异要求采用电子标签的载波频率也不同。

10.3 EPCglobal 标准体系

EPCglobal 是物联网的倡导者，在物联网的标准制定方面处于全球领先地位。EPCglobal 的目标是以射频识别为基础，形成物联网完整的标准体系，并将全球用户纳入到这个体系中来。

10.3.1 EPC 系统的工作流程

EPC 系统给出了物品“智能化”的技术方案，并通过引入互联网的服务，给出了在互联网上查找物品信息的实施方案。物品“智能化”的方案是：给全球的物品编码，然后利用射频识别技

术，使物品纳入到网络的管控之中。查找物品信息的方案是：通过名称解析服务（ONS）和信息发布服务（EPCIS），在互联网上查找物品的详细信息。

EPC 系统的 5 个组成部分为：物品的电子产品编码（EPC 码）、识别系统（ID）、中间件（MW）、名称解析服务（ONS）和信息发布服务（EPCIS）。在物联网中，每个物品都被赋予一个 EPC 码，EPC 码用来对全球每一个物品进行唯一的标识；EPC 码存储在物品的标签中，读写器对标签进行射频识别，标签与读写器构成一个识别系统；读写器对标签扫描后，将标签的 EPC 码发送给中间件，中间件是介于读写器与后端应用程序之间的独立软件，中间件可以解决分布异构问题，针对不同的操作系统和硬件平台，中间件可以有符合接口和协议规范的多种实现；中间件将物品的 EPC 码（其中包含物品的识别 ID 号）传递给互联网，通过互联网向 ONS 发出一条查询指令，ONS 根据规则查得存储物品信息的 IP 地址，同时根据 IP 地址引导中间件访问 EPCIS，这里 ONS 的作用类似于互联网中的 DNS。EPCIS 中用实体标记语言（PML）存储着物品的详细信息，其收到查询要求后，将该物品的详细信息以网页的形式发回以供查询。EPC 系统的工作流程如图 10.7 所示。

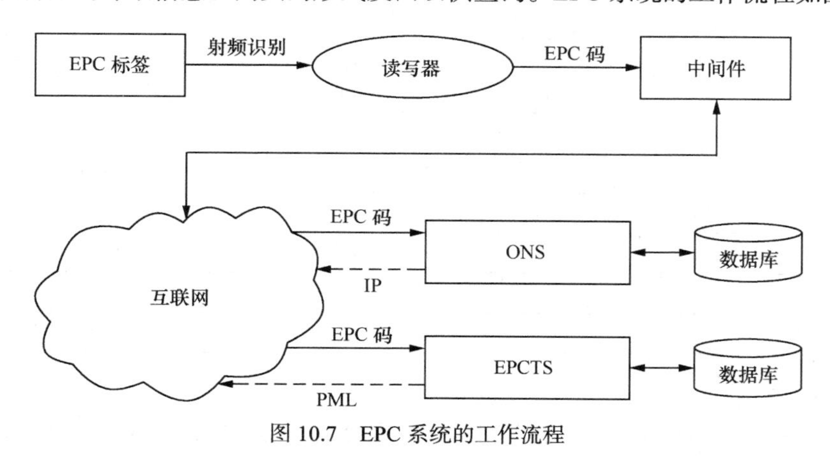

图 10.7　EPC 系统的工作流程

在 EPC 系统中，读写器读出的 EPC 码只是一个信息参考（指针），由这个信息参考可以从互联网上找到 IP 地址，并获取该 IP 地址存放的物品信息。当物品的 EPC 码与物联网信息发布服务（EPCIS）联系起来后，在互联网上可以获得大量的物品信息，并可以实时更新物品信息，一个全新的物联网就建立起来了。

10.3.2　EPC 物品编码标准

在 EPC 系统中，全球的物品均采用电子产品编码（EPC 码）进行标识。EPC 码的容量非常大，EPC 码被认为将取代条码编码，全球每件物品都可以通过 EPC 码进行标识。

1. 物品编码概述

1970 年，美国开始使用商品条码。商品条码的出现给商业带来了便捷和效益，现在，条码已应用于经济的各个领域。伴随着经济全球化的进程，需要对全球每个物品进行编码和管理，条码的容量满足不了这样的要求。EPC 码统一了对全球物品编码的方法，其容量可以为全球每一个物品进行编码。

（1）条码。

条码由欧洲物品编码协会（European Article Number，EAN）和美国统一编码委员会（Universal

Product Code，UCC）负责编制，目前已经成为全球通用的商务语言。商品条码的编码遵循唯一性原则，以保证商品条码在全世界范围内不重复，即一种条码只能标识一种商品项目，不同规格、不同包装、不同品种、不同价格和不同颜色的商品只能使用不同的商品条码。

EAN 条码是欧洲物品编码协会制定的一种商品用条码，在全世界通用，我国于 1991 年加入 EAN 组织。EAN-13 条码是使用最多的条码，它共有 13 位，由前缀码、制造厂商代码、商品代码和校验码组成。EAN-13 条码中的前缀码有 3 位，用来标识国家或地区，如 690～692 代表中国大陆；条码中的制造厂商代码有 4 位，由各个国家或地区的物品编码组织分配，也即赋码权是各个国家或地区的物品编码组织；条码中的商品代码有 5 位，是用来标识商品的代码，赋码权由商品生产企业自己行使；条码中的校验码有 1 位，用来校验商品条码中左起第 1～12 位数字代码的正确性。

EAN-13 条码的编码容量为 1 000 个国家前缀码的编码容量，每个国家前缀码有 10 000 个厂商编码的容量，每个厂商有 100 000 个商品项目的编码容量。因此，EAN-13 条码全球最多允许有 1 000 000 000 000 个编码的容量，见表 10.1。

表 10.1　　EAN-13 条码最多允许的编码容量

	位　数	允许存在的最大数字
国家前缀码	3	1 000
厂商代码	4	10 000
商品项目代码	5	100 000
校验码	1	
最多允许的编码容量		1 000 000 000 000

（2）EPC 码。

EPC 码是新一代的编码标准，并且与 EAN 和 UCC 码兼容。EPC 码的编码容量非常大，可以给全球每一件物品编码。

2. EPC 码的编码结构

EPC 码是二进制码，这一点与条码不同，条码是十进制码。每个 EPC 码包括 4 个独立的部分，即版本号加上另外 3 段数据。目前，EPC 码有 64 位、96 位和 256 位 3 种结构，已推出 EPC-64I 型、EPC-64II 型、EPC-64III 型、EPC-96I 型、EPC-256I 型、EPC-256II 型和 EPC-256III 型编码方案，见表 10.2。

表 10.2　　EPC 码的编码结构

编码方案	编码类型	版本号	域名管理	对象分类	序列号
EPC-64	I 型	2	21	17	24
	II 型	2	15	13	34
	III 型	2	26	13	23
EPC-96	I 型	8	28	24	36
EPC-256	I 型	8	32	56	160
	II 型	8	64	56	128
	III 型	8	128	56	64

以 EPC-96 为例，其编码结构如下。

（1）版本号具有 8 位大小，用来保证 EPC 编码的唯一性；

（2）28 位域名管理者编码（General Manager Number），用来标识商品制造商或者某个组织；

（3）24 位对象分类代码（Object Class），用来对物品进行分组归类；

（4）36 位序列号（Serial Number），用来表示每件物品的唯一编号。

EPC-96 编码结构可以为 2.68 亿个生产厂商或组织提供唯一标识，每个生产厂商或者组织可以有 1 678 万个品种的编码，每个品种可以有 687 亿个单品编码。也就是说，EPC-96 编码结构总计可以拥有 30 948 499 021 亿个编码的容量。这样大的编码容量意味着，全球每类物品的每个单品都能分配一个标识身份的唯一的 EPC 码。EPC-96 编码结构最多允许的编码容量见表 10.3。

表 10.3　EPC-96 数据结构最多允许的编码容量

	位　数	允许存在的最大数字
版本号	8	
域名管理者编码	28	268 435 455
对象分类代码	24	16 777 215
序列号	36	68 719 476 735
最多允许存在的编码容量		309 484 990 217 175 959 785 701 375

3. EPC 码的编码规则

（1）唯一性。

EPC 码有足够的编码容量，从世界人口总数（60 多亿）到世界大米总粒数（粗略估计 1 亿亿粒），EPC 码有足够大的空间来标识所有这些对象。

为保证 EPC 码的唯一性，EPCglobal 通过全球各国编码组织来分配本国的 EPC 码，并建立了相应的管理制度。

（2）永久性。

EPC 码一经分配，就不再更改，并且是终身的。当此商品不再生产时，其对应的商品代码只能搁置起来，不得重复使用或分配给其他的商品。

（3）可扩展性。

EPC 码留有备用的空间，具有可扩展性，从而确保了 EPC 码的升级和可持续发展。

10.3.3　EPC 射频识别标准

EPCglobal 的体系框架标准在不同频率、不同版本和不同类型的情况下，对体系框架中的所有部件进行规范。在 EPCglobal 体系框架标准中，射频识别标准最多，因此，EPCglobal 以射频识别为基础构建物联网的标准体系。

1. 射频识别标准

（1）900 MHz Class0 射频识别标签规范。

本规范定义了 900 MHz Class0 所采用的通信协议和通信接口，它指明了该频段的射频通信要求和标签要求，并给出了该频段通信所需的基本算法。

（2）13.56 MHz Class1 射频标签接口规范。

本规范定义了 13.56 MHz Class1 所采用的通信协议和通信接口，它指明了该频段的射频通信要求和标签要求，并给出了该频段通信所需的基本算法。

（3）869 MHz～930 MHz Class1 射频识别标签和逻辑通信接口规范。

本规范定义了 869 MHz～930 MHz Class1 所采用的通信协议和通信接口，它指明了该频段的射频通信要求和标签要求，并给出了该频段通信所需的基本算法。

（4）Class1 Gen2 超高频 RFID 一致性要求规范。

本规范给出了 EPCglobal 860 MHz～960 MHz 的 Class1 Gen2 超高频 RFID 协议，包括读写器和电子标签之间在物理交互上的协同要求，以及读写器和电子标签在操作流程与命令上的协同要求。

（5）Class1 Gen2 超高频空中接口协议标准。

该标准是 EPC 系统应用最多的标准，其定义了在 860 MHz～930 MHz 频段内被动式反向散射、读写器先激励工作方式 RFID 系统的物理和逻辑要求。该标准具有以下几个特点。

1）开放的标准，符合全球各国超高频段的规范，不同厂商的设备具有良好的兼容性；

2）可靠性强，标签具有高识别率，在较远距离测试具有将近 100%的识别率；

3）芯片将缩小到现有版本的 1/3～1/2，Gen2 标签在芯片中有 96 B 的存储空间，具有特定的口令、更大的存储能力以及更好的安全性能，可以有效地防止芯片被非法读取，能够迅速地适应变化无常的标签群；

4）可在密集的读写器环境中工作；

5）标签的隔离速度高，隔离率在北美可达每秒 1 500 个标签，在欧洲可达每秒 600 个标签；

6）安全性和保密性强，协议允许使用两个 32 Bit 的密码，一个用来控制标签的读写权，另一个用来控制标签的禁用/销毁权，并且读写器与标签的单向通信也采用加密；

7）实时性好，容许标签延时后进入识读区仍能被读取，这是 Gen1 所不能达到的；

8）抗干扰性强，更广泛的频谱与射频分布提高了 UHF 的频率调制性能，可以减少与其他无线电设备的干扰；

9）标签内存采用可延伸性的存储空间，原则上用户可有无限的内存；

10）识读速率大大提高，Gen2 标签的识读速率是现有标签的 10 倍，这使得通过使用 RFID 标签可实现高速自动化作业。

2．EPC 标签分类（Class）。

为了降低成本，EPC 标签通常是被动式电子标签。根据功能级别的不同，EPC 标签可以分为 Class 0、Class 1、Class 2、Class 3 和 Class 4。

（1）Class 0。

该类 EPC 标签一般能够满足供应链和物流管理的需要，可以在超市结账付款、超市货品扫描、集装箱货物识别及仓库管理等领域应用。Class 0 标签主要具有以下功能。

1）包含 EPC 码、24 位自毁代码以及 CRC 码；

2）可以被读写器读取，可以被重叠读取，但存储器不可以由读写器写入；

3）可以自毁，自毁后电子标签不能再被识读。

（2）Class 1。

该类 EPC 标签又称为身份标签，是一种无源、后向散射式的电子标签。该类 EPC 标签除了具备 Class 0 标签的所有特征外，还具有以下特征。

1）具有一个电子产品代码标识符和一个标签标识符（Tag Identifier，TID）；

2）通过 Kill 命令能够实现标签自毁功能，使标签永久失效；

3）具有可选的密码保护功能；

4）具有可选的用户存储空间。

（3）Class 2。

该类 EPC 标签也是一种无源、后向散射式电子标签，它是性能更高的电子标签，它除了具备 Class 1 标签的所有特征外，还具有以下特征。

1）具有扩展的标签标识符（TID）；

2）扩展的用户内存、选择性识读功能；

3）访问控制中加入了身份认证机制，并将定义其他附加功能。

（4）Class 3。

该类 EPC 标签是一种半有源、后向散射式标签，它除了具备 Class 2 标签的所有特征外，还具有以下特征。

1）标签带有电池，有完整的电源系统，片上电源用来为标签芯片提供部分逻辑功能；

2）有综合的传感电路，具有传感功能。

（5）Class 4。

该类 EPC 标签是一种有源、主动式标签，它除了具备 Class 3 标签的所有特征外，还具有以下特征。

1）标签到标签的通信功能；

2）主动式通信功能；

3）特别组网功能。

3. EPC 标签代（Gen）的概念

EPC 标签的 Gen 和 Class 是两个不同的概念，EPC 标签的 Gen 是指主要版本号，EPC 标签的 Class 描述的是标签的基本功能。例如，EPC Class1 Gen2 标签指的是 EPC 第 2 代 Class1 类别的标签，这是目前使用最多的 EPC 标签。

EPC Gen1 是 EPC 系统第一代标准。EPC Gen1 标准是 EPC 系统射频识别技术的基础，EPC Gen1 主要是为了测试 EPC 技术的可行性。

EPC Gen2 是 EPC 系统第二代标准。EPC Gen2 标准主要是为使这项技术与实践结合，满足现实的需求。EPC Gen2 标签 2005 年投入使用，Gen1 到 Gen2 的过渡带来了诸多益处，EPC Gen2 可以制定 EPC 系统统一的标准，识读准确率更高。EPC Gen2 标签提高了 RFID 标签的质量，追踪物品的效果更好，同时提高了信息的安全保密性。EPC Gen2 标签减少了读卡器与附近物体的干扰，并且可以通过加密的方式防止黑客的入侵。

4. EPC 读写器

EPC 读写器的基本任务就是激活 EPC 标签，与 EPC 标签建立通信联系，并且在 EPC 标签与应用软件之间传递数据。EPC 读写器与网络之间不需要个人计算机作为过渡，EPC 读写器提供了网络连接功能，EPC 读写器的软件可以进行 Web 设置、TCP/IP 读写器界面设置和动态更新等。EPC 读写器和标签与普通读写器和标签的区别在于，EPC 标签必须按照 EPC 标准编码，并遵循 EPC 读写器与 EPC 标签之间的空中接口协议。

10.3.4 EPC 对象名称解析和信息发布标准

EPC 码的容量虽然很大，能够给全球每个物品进行编码，但 EPC 码主要是给全球物品提供识

别 ID 号，EPC 码本身存储的物品信息十分有限。有关物品的大量信息需要存储在物联网的网络中，这就需要物联网的网络服务。

物联网的网络服务包括对象名称解析服务（Object Name Service，ONS）和信息发布服务（EPC Information Service，EPCIS），其中，ONS 负责将电子标签的 EPC 码解析成对应的网络资源地址；EPCIS 负责对物品的详细信息在物联网上进行处理和发布。物联网的网络是建立在互联网之上的，有关物品的大量信息存放在互联网上，存放地址与物品的识别 ID 号一一对应，这样，通过 ID 号就可以在互联网上找到物品的详细信息。

1. 对象名称解析服务（ONS）

ONS 的作用类似于互联网中的域名解析服务（Domain Name Server，DNS）。互联网的域名虽然便于人们记忆，但机器之间只能互相认识 IP 地址。DNS 是网络设备，响应客户端发出的请求，将域名解析为相应的 IP 地址，完成将一台计算机定位到互联网上某一具体地点的服务。

ONS 是前台软件与后台服务器的网络枢纽，ONS 以互联网中的域名解析服务（DNS）为基础，其作用就是通过 EPC 码获取物品数据的访问通道信息。ONS 的存储记录是授权的，只有 EPC 码的拥有者可以对其进行更新、添加和删除。

现今，全球 ONS 服务由 EPCglobal 委托 VeriSign 公司独家营运，设有 14 个资料中心用以提供 ONS 搜索服务，同时建立 7 个服务中心，共同构成 EPC 码的全球访问网络。2004 年 9 月，VeriSign 公司正式向全球投放 EPC 网络初始启动服务。

2. 信息发布服务（EPCIS）

EPCIS 是用网络数据库来实现的，EPCIS 提供了一个数据和服务的接口，使得物品的信息可以在企业之间共享。在 EPCIS 这个系统中，EPC 码被用作数据库的查询指针，EPCIS 提供信息查询接口，与已有的数据库、应用程序及信息系统相连。

2003 年 9 月，麻省理工学院 Auto-ID 中心提出使用实体标记语言（Physical Markup Language，PML）建立物联网信息服务系统，并发布了 1.0 版本的 PML Server。PML Server 用标准化的计算机语言来描述物品的信息，并使用标准接口组件的方式解决数据的存储和传输问题。2004 年 9 月，EPCglobal 修订了 EPC 网络结构方案，EPCIS 代替了 PML Server，现在并非必须用 PML 语言存储或记录信息。2007 年 4 月，EPCglobal 发布了 EPCIS 行业标准，这标志着物联网的信息发布服务跃上了一个新的台阶。

EPCIS 主要包括客户端模块、数据存储模块和数据查询模块。客户端模块主要用来将电子标签的信息向指定的 EPCIS 服务器传输；数据存储模块将通用数据存储于数据库的 PML 文档中；数据查询模块根据客户查询，访问相应的 PML 文档，然后生成 HTML 文档返回给客户端。

10.4 UID 标准体系

日本泛在识别（Ubiquitous ID，UID）标准体系是射频识别三大标准体系之一。UID 制定标准的思路类似于 EPCglobal，其目标也是推广自动识别技术，构建一个完整的编码体系，组建网络进行通信。与 EPC 系统不同的是，UID 信息共享尽量依赖于日本的泛在网络，它可以独立于互联网实现信息共享。

UID 标准体系主要包括泛在编码体系、泛在通信、泛在解析服务器和信息系统服务器 4 部分。

UID 编码体系采用 Ucode 识别码，Ucode 识别码是识别目标对象的唯一手段。UID 积极参加空中标准的制定工作，泛在通信除了提供读写器与标签的通信外，还提供 3G、PHS 和 802.11 等多种接入方式。在信息共享方面，Ucode 解析服务器通过 Ucode 识别码提供信息系统服务器的地址，信息系统服务器存储并提供与 Ucode 识别码相关的各种信息。

10.4.1　泛在识别码

Ucode 标签中存储着泛在识别码（Ucode 识别码）。Ucode 识别码采用 128 位记录信息，并能够以 128 为单元进一步扩展到 256 位、384 位或 512 位。

Ucode 识别码能包容现有的编码体系，通过使用 128 位这样一个庞大的号码空间，可以兼容多种国外编码，包括 ISO/IEC 和 EPCglobal 的物品编码，甚至是兼容电话号码。

10.4.2　泛在通信

泛在通信是一个识别系统，由标签、读写器和无线通信设备等构成，主要用于读取物品标签的 Ucode 识别码信息，并将获取的 Ucode 识别码信息传送到 Ucode 解析服务器。

1. Ucode 标签

Ucode 标签泛指所有包含 Ucode 识别码的设备。Ucode 标签具有多个性能参数，包括成本、安全性能、传输距离和数据空间等。在不同的应用领域对 Ucode 标签的性能参数要求也不相同，有些应用需要成本低廉，有些应用需要牺牲成本来保证较高的安全性，因此需要对 Ucode 标签进行分级。目前 Ucode 标签主要分为 9 类。

（1）光学性 ID 标签（Class0）。

光学性 ID 标签是指可通过光学手段读取的 ID 标签，相当于目前的条码。

（2）低档 RFID 标签（Class1）。

低档 RFID 标签的代码在制造时已经被嵌入在商品内，由于结构的限制，其是不可复制的标签，同时标签内的信息不可改变。

（3）高档 RFID 标签（Class2）。

高档 RFID 标签具有简单认证功能和访问控制功能，Ucode 识别码必须通过认证，并具有可写入功能，而且可以通过指令控制工作状态。

（4）低档 RFID 智能标签（Class3）。

低档 RFID 智能标签内置 CPU 内核，具有专用密匙处理功能，通过身份认证和数据加密来提升通信的安全等级，具有抗破坏性，并具有端到端访问保护功能。

（5）高档 RFID 智能标签（Class4）。

高档 RFID 智能标签内置 CPU 内核，具有通用密匙处理功能，通过身份认证和数据加密来提升通信的安全等级，并具有端访问控制和防篡改功能。

（6）低档有源标签（Class5）。

低档有源标签内置电池，访问网络时能够进行简单的身份认证，具有可写入功能，可以进行主动通信。

（7）高档有源标签（Class6）。

高档有源标签内置电池，具有抗破坏性，它通过身份认证和数据加密来提升通信的安全等级，

并具有端到端访问保护的功能，可以进行主动通信，且可以进行编程。

（8）安全盒（Class7）。

安全盒是可以存储大量数据、安全可靠的计算机节点，安全盒安装了实时操作系统内核（TRON），可以有效地保护信息安全，同时具有网络通信功能。

（9）安全服务器（Class8）。

安全服务器除具有 Class7 安全盒的功能外，还采用了更加严格的通信保密方式。

2. 泛在通信器

泛在通信器（Ubiquitous Communicator，UC）是 UID 泛在通信的一种终端，是泛在计算环境与人进行通信的接口。泛在通信器可以和各种形式的 Ucode 标签进行通信，同时还具有与广域网络通信的功能，可以与 3G、PHS 和 802.11 等多种无线网络连接。

（1）多元通信接口。

泛在通信器能够提供 Ucode 标签的读写功能，具有可同时读取多个不同公司、不同种类标签的功能。在泛在识别中心，可以利用无线和宽带通信手段，为具有 Ucode 识别码的物品提供信息服务。

（2）无缝通信。

泛在通信器具有多个通信接口，不仅可以使用不同的通信方式，还可以在两种通信方式之间进行无缝切换。例如，泛在通信器具有 WLAN 接口和第三代手机的 WCDMA 接口，在建筑物中使用泛在通信时，可以利用 WLAN 接口，在从室内走到室外的过程中，泛在通信可自动切换到 WCDMA 接口，在通信接口切换时，仍然可以为用户提供高质量的通信服务。这种可自动切换通信接口的技术，被称为无缝通信技术。

（3）安全性。

在泛在环境下，安全威胁主要来自窃听和泄密，关于网络安全和保护个人隐私问题，UID 中心提出了多种防范措施。在通信过程中，为了对个人隐私进行有效保护，防止其信息不被恶意攻击或读取，在使用泛在识别技术通信时，首先需要认证物品的 Ucode 识别码，同时也需要认证物品的信息密码，这样即使获得了物品信息，没有密码也无法读懂物品信息的内容。

10.4.3 泛在解析服务器和信息系统服务器

1. Ucode 解析服务器

由于分散在世界各地的 Ucode 标签和信息服务器数量非常庞大，为了在泛在计算环境下获得实时物品信息，Ucode 解析服务器的巨大分散目录数据库与 Ucode 识别码之间保持着信息服务的对应关系。

Ucode 解析服务器以 Ucode 识别码为主要线索，具有对泛在识别信息服务系统的地址进行检索的功能，可以确定与 Ucode 识别码相关的信息存放在哪个信息系统服务器，是分散型、轻量级目录服务系统。Ucode 解析服务器特点如下。

（1）分散管理。

Ucode 解析服务器不是由单一组织实施控制，而是一种使用分散管理的分布式数据库，其方法与因特网的域名管理（Domain Name Service，DNS）类似。

（2）与已有的 ID 服务统一。

在对 UID 信息服务系统的地址进行检索时，可以使用某些已有的解析服务器。

（3）安全协议。

Ucode 识别码解析协议规定，在 TRON 结构框架内进行 eTP（entity Transfer Protocol）会话，需要进行数据加密和身份认证，以保护个人信息安全。此外，通过在物品的 RFID 标签上安装带有 TRON 的智能芯片，可以保护存储在芯片中的信息。

（4）支持多重协议。

使用的通信基础设施不同，检索出的地址种类也不同，而不仅仅局限于检索 IP 地址。

（5）匿名代理访问机制。

UID 中心可以提供 Ucode 解析代理业务，用户通过访问一般提供商的 Ucode 解析服务器，可获得相应的物品信息。

2. 信息系统服务器

信息系统服务器存储并提供与Ucode识别码相关的各种信息。由于采用TRON实时操作系统，从而保证了数据信息具有防复制、防伪造的特性。信息服务系统具有专业的抗破坏性，通过自带的 TRON ID 实时操作系统识别码，信息系统服务器可以与多种网络建立通信连接。

为保护通信过程中的个人隐私，UID 技术中心使用密码通信和通信双方身份认证的方式确保通信安全。TRON 的硬件（节点）具有抗破坏性，要保护的信息存储在 TRON 的节点中，在 TRON 节点间进行信息交换时，通信双方必须进行身份认证，且通信内容必须使用密码进行加密，即使恶意攻击者窃取了传输数据，也无法解译具体的内容。

10.5 我国 RFID 标准简介

在信息技术领域，一个产业往往是围绕着标准建立起来的。RFID 标准的制定是促进我国 RFID 产业发展的基础性工作，从维护国家利益的角度出发，我国只有推出具有自主知识产权的 RFID 标准，才能掌握 RFID 发展的主动权。

1. 我国制定 RFID 标准的基本原则

由于 RFID 涉及电子标签、读写器、中间件、数据采集、编码解析和信息服务等众多软硬件产品，随着 RFID 应用的发展，它将形成一个庞大的产业。因此，需要根据 RFID 技术的特点以及我国 RFID 产业的实际情况，制定适合我国国情的 RFID 技术标准发展规划。考虑到 RFID 在我国应用的具体情况，需要按照以下原则制定标准。

（1）系统性。

RFID 技术极具渗透性，它的应用领域包括资产管理、物流供应链、安全防伪和生产管理等，涉及国民经济的各个方面。制定 RFID 标准要从系统的角度出发，综合考虑系统的各个组成要素，协调和统一各个环节的技术问题。

（2）衔接性。

RFID 技术包括前端数据采集、中间件、编码解析和信息服务等环节，各个环节之间涉及众多标准，要充分考虑这些标准的衔接性，以保证标准体系的配套，从而发挥标准体系的综合作用。

（3）自主性。

要充分考虑我国 RFID 产业和应用的现状，优先吸收我国自主的专利技术，建立具有自主知识产权的 RFID 标准体系，维护国家安全，促进我国 RFID 相关产业快速发展。

（4）兼容性。

兼容性是多种产品在一起使用的基本要求。自主性并不意味着排斥国外的先进技术，要充分研究国外 RFID 标准体系和我国 RFID 应用现状，在制定我国 RFID 标准时考虑与相关国际标准的兼容性，这样才会保护消费者的利益，也有利于我国 RFID 产品的出口。

2. 我国 RFID 标准体系的框架

我国制定 RFID 标准框架的指导思想是以完善的基础设施和技术装备为基础，并考虑相关的技术法规和行业规章制度，利用信息技术整合资源，形成相关的标准体系。

RFID 标准体系由各种实体单元组成，各种实体单元由接口连接起来，对接口制定接口标准，对实体定义产品标准。

我国 RFID 系统标准体系可分为基础技术标准体系和应用技术标准体系，基础技术标准分为基础类标准、管理类标准、技术类标准和信息安全类标准 4 个部分。其中，基础类标准包括术语标准；管理类标准包含编码注册管理标准和无线电管理标准；技术类标准包含编码标准、RFID 标准（包括 RFID 标签、空中接口协议、读写器和读写器通信协议等）、中间件标准、公共服务体系标准（包括物品信息服务、编码解析、检索服务、跟踪服务和数据格式）以及相应的测试标准；信息安全类标准不仅涉及标签与读写器，也涉及整个信息网络的每一个环节，RFID 信息安全类标准可分为安全基础标准、安全管理标准、安全技术标准和安全测评标准 4 个方面。

3. 我国 RFID 的关键技术

我国 RFID 的关键技术主要包括编码标准、数据采集标准、中间件标准、公共服务体系标准和信息安全标准 5 个方面内容。

（1）编码标准。

应该制定我国自己的编码体系，满足国家信息安全和中国特色应用的要求。同时需要考虑与国际通用编码体系的兼容性，使其成为国际承认的编码方式之一。

（2）数据采集标准。

RFID 数据采集技术框架主要由空中接口协议组成，空中接口协议主要指的是 ISO/IEC 18000 系列标准。从理论上讲，空中接口协议应趋向于一致，以降低成本并满足标签与读写器之间互操作性的要求。

（3）中间件标准。

目前 RFID 中间件标准的制定才刚刚开始。EPCglobal 提出了中间件规范草案，一些国际著名的 IT 企业，如微软、IBM 和 Sun 等，都在积极从事 RFID 中间件的研究与开发，但各个厂家的中间件在互联互通方面还处在探索和融合阶段。我国目前使用的中间件基本是从国外进口，随着 RFID 应用的迅速增长，对 RFID 中间件和相关标准的需求将非常迫切。在制定我国自主的中间件标准时，既要借鉴国外的经验和技术，又要考虑我国行业的应用特点和现状，这样才能够设计和开发出具有自主知识产权的 RFID 中间件产品。

（4）公共服务体系标准。

公共服务体系是在互联网网络体系的基础上，增加一层可以提供物品信息交流的基础设施，其功能包括编码解析、检索与跟踪服务、目录服务和信息发布服务等。

公共服务系统是 RFID 技术广泛应用的核心支撑，关系到国民经济运行、信息安全甚至国防安全。在制定我国 RFID 公共服务体系标准时，既要考虑我国未来 RFID 的应用特点，也要考虑全球贸易，需要支持与 EPCglobal 的互联互通。

（5）信息安全标准。

目前，ISO/IEC、EPC 和 UID 3 大标准都没有发布信息安全方面的标准。从电子标签到读写器、读写器到中间件、中间件之间以及公共服务体系各因素之间，均涉及信息安全问题。因此，我国应根据 RFID 系统中的不同节点和不同信息类型，研究其安全性要求，制定 RFID 信息安全标准，确保信息的安全。

4. 我国已经制定的 RFID 应用技术标准

在 RFID 应用标准和通用产品标准的制定方面，我国也做了大量的工作。目前已经公布的标准有国家应用标准、行业应用标准、协会应用标准、地方应用标准和企业应用标准，还有一些 RFID 标准正在制定中。

（1）动物识别代码结构标准。

2006 年，我国发布了国家标准 GB/T20563-2006《动物射频识别代码结构》，该标准根据 ISO 11784《射频识别-动物代码结构》的总体原则，并结合我国动物管理的实际编写而成。

（2）道路运输电子收费系列标准。

2007 年，我国发布了应用于高速公路收费的 RFID 系列标准。在这个系列标准中，以我国无线电管委会为道路运输电子收费应用分配的 5.8 GHz 载波频率为基础，制订了一系列用于不停车收费专用短程通信的国家标准，包括设备和系统的设计和生产制造标准。

（3）铁路机车车辆自动识别标准。

铁道部发布了该系统的行业标准 TB/T3070-2002《铁路机车车辆自动识别设备技术条件》，该标准适用于铁路机车车辆自动识别设备的设计、制造、安装和检验。

（4）射频读写器通用技术标准。

2006 年，中国自动识别协会主持制定了《射频读写器通用技术规范》。该技术规范是根据 ISO/IEC 18000 空中接口标准设定了读写设备的频率范围，规定了 RFID 的系统功能、读写器技术结构框架、主要技术参数和应用指标，同时，该标准还对读写器的测试项目、测试条件与测试方法也给出了相应的规范。

习题

10.1 现在全球主要存在哪 5 个 RFID 标准体系？为什么说标准体系非常重要？

10.2 RFID 的标准体系架构可以分为哪 4 个部分？

10.3 ISO/IEC 18000 空中接口通信协议主要规定了什么参数？规范了读写器与电子标签之间什么频段的协议？

10.4 非接触的 RFID 卡主要由 ISO/IEC 14443、ISO/IEC 15693 和 ISO/IEC 10536 定义，这 3 个标准有什么异同点？

10.5 ISO/IEC 的数据结构标准主要包括什么？性能标准主要包括什么？应用标准主要包括什么？

10.6 EPC 系统的工作流程是什么？从该工作流程中能看出 EPCglobal 的目标是形成物联网完整的标准体系吗？

10.7 EPCglobal 的编码标准是什么？从该编码标准中能看出 EPCglobal 希望将全球的用户都纳入到这个体系中来吗？

10.8 EPCglobal 射频识别标准包括哪些内容？什么是 EPC 标签的 Gen 和 Class 的概念？EPC 读写器有什么特点？

10.9 EPCglobal 网络运行标准涉及哪两方面的内容？网络运行是如何实现的？

10.10 简述日本泛在识别（UID）标准体系与 EPC 标准体系的异同点。

10.11 简述 UID 的编码结构和编码特点。

10.12 简述 Ucode 标签的种类和性能。简述泛在通信器的工作特点。

10.13 简述 Ucode 解析服务器和信息系统服务器的特点。

10.14 简述我国制定 RFID 标准的基本原则。我国 RFID 标准体系的框架和关键技术是什么？

10.15 简述我国已经公布的 RFID 应用技术标准。

第11章 物联网 RFID 应用实例

RFID 作为一种先进的自动识别和数据采集技术，被认为是 21 世纪十大重要技术之一，已经得到越来越广泛的应用。本章给出物联网 RFID 的应用实例，使读者认识到物联网的时代即将来临，物联网 RFID 将对社会经济的各个领域产生重大影响。

11.1 物联网 RFID 在制造领域的应用

对于大型制造企业，只有科学的管理才能提升企业整体效益，而科学的管理必须依靠实时准确的产品数据。物联网 RFID 技术能够实现产品数据的全自动采集和产品生产过程的全程跟踪，可以为大型制造企业的科学管理提供实时准确的产品数据。

11.1.1 物联网 RFID 在制造业的应用优势

制造业作为工业的主体，面临着国际和国内的激烈竞争，单纯软件管理已不能使制造业的生产达到理想状态。制造业由于无法实时传输生产绩效和生产跟踪的统计数据，导致缺乏供应链内的生产同步，管理部门无法对生产、仓储和物料供应等实施精确规划，造成生产线上经常出现诸如过量的制造、库存的浪费、等待加工时间及大量移动物料等问题。

解决这些问题的关键是如何采集实时产品数据。RFID 系统通过无线收发信号，可以在无人工操作的情况下实现自动识别和信息存储，能够解决生产数据的实时传输和实时统计。在 RFID 技术这种“非接触式”信息采集方式中，电子标签充当了“移动的信息载体”，这迎合了制造业生产流程和管理模式的需求。

美国制造研究机构在一份研究报告中指出，精确和实时的预测能明显提高制造业的效率，可以减少 15%的库存量，完成的订单率可以提高 17%，现金循环周期可以缩短 35%。

RFID技术正在改变制造业传统的生产方式，将对制造业的信息管理、质量控制、产品跟踪、资产管理以及仓储量可视化管理产生深远的影响。RFID 通过对生产线上的产品全程跟踪，以及自动记录产品在生产线各个节点的操作信息，可以实现制造信息实时管理；RFID 通过将不同型号的产品进行编码，并写入 RFID 标签，可以确认加工哪种型号的产品，从而实现同一生产线制造不同种类的产品；RFID 通过实施在线测试，可以确保生产线上的每个产品质量稳定可靠；RFID 通过提供产品生产和流通的信息，质量管理部门就可以查询到该产品的生产厂商、生产日期、合同号、原料来源和生产过程等，从而实现质量追溯；RFID 通过获得产品在供应链和制造过程的实时准确信息，可以实现产品的物料供应、生产过程、包装、存储、销售和运输的全程可视化。

11.1.2 物联网 RFID 在汽车制造领域的应用实例

德国的 ZF Friedrichshafen 公司是全球知名的车辆底盘和变速器供应商，在全球 25 个国家设有 119 家工厂，约有 57 000 名员工。ZF Friedrichshafen 公司为商用车辆生产变速器和底盘，用户不仅要求准时供货，而且还要求按生产排序供货。因此，ZF Friedrichshafen 公司希望提高生产流程，实现在正确的时间按正确的顺序运送正确的产品给顾客。

ZF Friedrichshafe 公司引进了一套 RFID 系统来追踪和引导八速变速器的生产。这套 RFID 系统采用 Siemens RF660 读写器和 Psion Teklogix Workabout Pro 手持读写器，通过 RF-IT Solutions 公司生产的 RFID 中间件，与 ZF Friedrichshafe 公司其他的应用软件连接。现在，ZF Friedrichshafe 公司实现了生产全过程的中央透明管理，从而扩大了公司 RFID 的应用规模，提高了公司的经济效益。

1. 变速器标签

ZF Friedrichshafe 公司在这个新项目之前采用的是条码识别产品，但条码在生产器件过程中容易受损或脱落，公司需要一套可识别各个变速器的新方案。

针对这个 RFID 新项目，ZF Friedrichshafe 公司专门设计了一个新的生产流程，通过对 RFID 标签进行测试，确认其可以承受变速器恶劣的生产环境。ZF Friedrichshafe 公司将 RFID 技术直接引入生产流程，建立了一条八速变速器的生产线，设置了 15 个 RFID 标签读取点，通过获得标签存储的信息来控制生产的全部流程。RFID 标签封装在保护性塑料外壳里，如图 11.1 所示。当 ZF Friedrichshafe 公司浇铸变速器的外壳时，外壳安置一个无源超高频 RFID 标签嵌体，标签将安装在嵌体里，嵌体符合 EPC Gen2 标准。

图 11.1 封装在塑料外壳里的 RFID 标签

无源超高频 RFID 标签带有 512 B 的用户内存，标签存储着与生产相关的数据信息，该数据信息包括变速器的识别码、序列号、型号和生产日期等。安装在变速器外壳上的 RFID 标签如图 11.2 所示。

2. 标签在生产线上

一旦标签应用于变速器上，ZF Friedrichshafe 公司或者供应商将采用手持或固定 RFID 读写器

测试标签，并在标签里存储信息。然后，ZF Friedrichshafe 公司或者供应商将采用读写器识别变速器外壳，再将变速器送往生产线上。

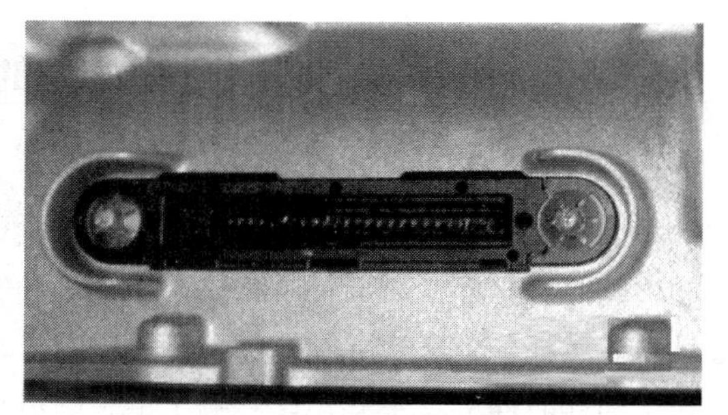

图 11.2　标签安装在变速器外壳上

在生产线上，ZF Friedrichshafe 公司在 3 个生产阶段共识别外壳约 15 次，包括机械处理、变速器集装和检测等。在全自动生产线的多个点上，ZF Friedrichshafe 公司采用远距离读写器或读写站读取标签，并获取可以改变特定变速器生产流程的信息。例如，在读写站可以升级标签数据，如补充生产状态信息等，同时在读写站获取的工艺参数和测量值，可能被用于定制生产流程。在生产线上读取标签数据如图 11.3 所示。

图 11.3　在生产线上读取标签数据

在生产的最后阶段，各个变速器装满油，进行运行测试，确保 RFID 标签正常工作。上述生产数据保留在 ZF Friedrichshafe 公司的服务器上，用于诊断和过程监测，如果产品发生问题，可以用于生产追溯。

3. RFID 变速器系统的优点

八速变速器 RFID 系统 2009 年开始实施，ZF Friedrichshafe 公司希望由 RFID 标签控制的生产线每年可生产 100 000～200 000 件变速器。ZF Friedrichshafe 公司称，这套系统的主要收益是稳定、低成本、变速器的唯一识别及生产能力控制。

11.2 物联网 RFID 在物流领域的应用

在物流领域，商品信息的准确性和及时性是管理的关键。RFID 技术具有非可视阅读、数据可读写和环境适应性强等特点，可以实现商品原料、半成品、成品、运输、仓储、配送、上架、销售和退货处理等所有环节的实时监控，不仅能极大地提高自动化程度，而且可以显著提高供应链的透明度和管理效率，被认为是 RFID 将来最大的应用领域。

11.2.1　物联网 RFID 在物流业的应用优势

在物流领域的供应链中，企业必须实时、精确地掌握整个供应链上的商流、物流、信息流和资金流的流向和变化，各个环节、各个流程都要协调一致、相互配合，采购、存储、生产制造、包装、装卸、运输、流通加工、配送、销售和服务必须环环相扣，才能发挥最大的经济效益和社会效益。然而，由于实际物体的移动过程处于运动和松散的状态，信息和方向常常随着实际的活动在空间和时间上发生变化，影响了信息的可获性和共享性。

RFID 技术可对库存物品的入库、出库、移动、盘点和配料等操作实现全自动控制和管理，可提高物料管理的质量和效率，可有效利用仓库仓储空间，可提高仓库的存储能力。RFID 技术可有效解决供应链上各项业务运作数据的输入和输出，控制和跟踪业务过程，实现对物品的全程跟踪和可视化管理。RFID 技术在物流领域的应用优势如下。

1. 入库和检验

当贴有 RFID 标签的货物运抵仓库时，入口处的读写器将自动识别标签，同时将采集的信息自动传送到后台管理系统，管理系统会自动更新存货清单，企业根据订单的需要将相应的货品发往正确的地点。在上述过程中，采用 RFID 技术的入库和检验手段，大大地简化了传统的货物验收程序，省去了烦琐的检验、记录和清点等大量需要人力的工作。

2. 整理和补充货物

装有读写器的运送车可自动对贴有 RFID 标签的货物进行识别，根据管理系统的指令自动将货物运送到正确的位置，如果读写器识别到摆放错误的货物，读写器会向管理系统发出警报。运送车完成管理系统的指令后，读写器再次对 RFID 标签进行识别，将新的货物存放信息发送给管理系统，管理系统更新货物存放清单，并存储新的货物位置信息。管理系统的数据库会按企业的生产要求设置一个各种货物的最低存储量，当某种货物达不到最低存储量时，管理系统会向相关部门发送补货指令。

3. 货物出库运输

应用 RFID 系统后，货物运输将实现高度自动化。当货物运出仓库时，在仓库门口的读写器会自动记录出库货物的种类、批次、数量和出库时间等信息，并将出库货物的信息实时发送给管理系统，管理系统立即根据订单确定出库货物的信息正确与否。在上述过程中，整个流程无需人工干预，可实现全自动操作，出库的准确率和出库的速度可大大提高。

11.2.2　物联网 RFID 在物品配送领域的应用实例

FANCL 是日本最大的“添加”护肤及健康食品品牌，FANCL 公司现在是东京证券交易主板的上市公司。FANCL 公司以邮购无添加化妆品为起点，同时也经营补品（如营养食品）、发芽米和青汁等商品，在日本国内大规模开设直营店，进而拓展到便利店等传统流通渠道，事业得到不断发展。目前，FANCL 公司引进了日本国内规模最大的 RFID 系统，大幅度提高了 FANCL 公司物流中心的业务效率。

1. FANCL 公司 RFID 系统的建设

2008 年 8 月，FANCL 公司启用了位于日本千叶县的最新物流基地——FANCL 株式会社关东物流中心，将一直以来按照商品类别和销售渠道分别运营的 8 个物流中心整合在一起。当初，

FANCL 公司在有生产工厂的千叶和横滨两地都没有物流中心，业务由本部进行管理，但由于事业的发展和经营水平的多样化，这种管理模式逐渐无法适应生产的需要。为此，FANCL 公司在横滨、埼玉和长野等地利用外部仓库，建立了不同业务和不同商品类别的 8 大物流基地，然而由于据点分散，导致同一订单商品发货地点不同，带来要多次收发货、物流费用增加以及新鲜度商品管理复杂等问题。

由于业务发展的需要，FANCL 公司开发了总面积为 1 332 000 m^2 的关东物流中心。在建设这个新中心时，FANCL 公司采用了 RFID 技术，投资了 6 亿日元。关东物流中心以 600 种化妆品和 300 种健康食品为主，对共约 2 500 多种商品进行一体化管理，除了每天要处理多达 3 万件商品的邮购业务以外，还要承担向日本国内 200 家直营店和近 200 家其他类型流通商店的配送工作，并承担向海外市场出货的工作。

在关东物流中心，FANCL 公司有先进的物料搬运设备，而最引人注目的，是多达 14 000 枚的 RFID 电子标签。FANCL 公司 RFID 的工作频率采用 13.56 MHz，RFID 技术构筑了高性能、高精度的物流系统，实现了物流全透明实时管理。通过启用该物流中心，FANCL 公司把当日接单的出货率提高到 90%以上，并把出货的精度提高到“错误基本为零”的水准，为客户提供了满意的供应链服务。

2. FANCL 公司 RFID 系统的运行

关东物流中心在新开发的 RFID 系统支持下，大幅改善保管商品的料箱式自动仓库，以料箱式自动仓库“Fine Stocker”为核心，设置了邮购商品检查区、邮购商品拣选区、海外商品检查区、海外商品拣选区、流通类商店商品拣选区和店铺商品拣选区。关东物流中心的最大特点是，将 14 000 枚 RFID 电子标签应用于检选周转箱中，实时控制了各个工序的传输流程，如图 11.4 所示。RFID 系统的使用，可以消减物流的费用，并致力于环保。目前，该中心 2 500 个品种的出货量约为每天 30 万个，其中有近 1 000 个批次是保鲜产品。在约 2 000 个品种的直销商品中，热销商品约 300～400 个品种，总订购量为平均每天 12 000～15 000 件，最大每天处理可达 3 万件，全部用数字分拣系统进行处理。

图 11.4　用 RFID 标签实现最先进的物流管理

（1）自动拣选系统。

在面向邮购的小件商品检查与拣选区，从拣选周转箱处起，就开始应用 RFID 标签，标签包含的信息与每一件商品订单内的信息是一一对应的。这里共有 15 个工位，工人将不同的商品订单放置在不同的周转箱中，同时用手持读写器确认订单信息是否正确。这样，分拣订单实现了无纸化，大大降低了由人工造成的风险。此后，周转箱经过 4 条传送带，被传送至不同的拣货区域。在输送过程中，传送带上共安装有 164 台读写器和编写器，能够准确迅速地进行出货调度，如图 11.5 所示。

图 11.5　应用 RFID 技术的自动拣选系统

（2）自动补货系统。

为了提高处理能力，在拣货区通过人工的方式，提前把下一个订单的商品放在临时放置台上。在本区域货架的背面，并列安放了堆垛机箱式射频自动补货系统，使用这种自动补货系统能节省大量人力。补货用堆垛机从箱式自动仓库提取商品，无论是塑料箱还是瓦楞纸箱都可以应对，同时也支持各种尺寸的包装箱，如图 11.6 所示。之后，商品经过传送带被送到检查包装站，在这里每一件商品还要被读取一次编码，以确保被包装的商品准确无误。商品包装完毕后，用传送带输送至物流中心一层，货品经过滑块式的自动分拣系统，按照不同运输公司进行分类输送。

图 11.6　应用 RFID 技术的自动补货系统

3. FANCL 公司 RFID 系统的优点

FANCL 公司关东物流中心的 RFID 标签，自动读取率能达到 99.99%，基本上没有错误发生，读取率远远高于条码。在中心的传送带流水线中，能够实现 90 m/min 无停止标签读取，系统运行稳定正常。与条码相比，引进 RFID 系统虽然初期整体投资会增加一倍，但运行中所节约的费用相当可观，一年半后即可收回投资。

（1）减小差错。

通过使用先进的 RFID 系统，FANCL 公司大幅度提高了大批量货物的处理能力和出货准确率，当日订单的发货率从 78%上升到 90%以上，误出率也从原来的 0.04%下降到 0.005%以下。通过对 8 个物流分中心进行集成和整合后，减少了存储转移和库存转移的次数，实现了射频统一管理和统一配送。

（2）节省费用。

由于 RFID 系统的使用，因营业额上升而增加的网络费用，目前以每年 10%的幅度消减。而且，原来需要 280 名员工的工作岗位，现在只需要 200 名左右就足够了。

（3）安全环保。

FANCL 公司新中心的启用，减少了用于仓库间移动和配送的卡车运输量，由此每年可以减少约 130 万吨的二氧化碳。在物流业务所需的票据类方面，使用 RFID 后，实现了无纸化管理，每年可节约 740 万张纸，相当于 30 吨纸。

11.3 物联网 RFID 在防伪领域的应用

RFID 防伪技术涉及票据防伪、商品防伪、证照防伪和包装防伪等各个方面。传统的防伪技术有激光防伪、荧光防伪、磁性防伪和温变防伪等，这些技术在一定程度上虽然发挥着防伪的作用，但技术还不够完善。RFID 防伪技术不仅可以提高企业管理效率、降低运营成本，还可以使国家管理部门有效地监管企业的经营状况，打击和取缔非法生产活动，维护社会秩序稳定，为国民经济持续发展提供有力的技术保障。

11.3.1 物联网 RFID 在票据防伪中的应用优势

在信息高速发展的时代，传统门票容易伪造和复制，加上人情放行、换人入馆等弊端时有发生，致使各大场馆门票的收入严重流失，难以对观众出入各大场馆的活动进行实时统计和实时管理。电子门票采用先进的 RFID 技术，可以有效地解决了各大场馆的票务管理和信息管理等传统问题，对提高馆会的综合管理水平和经济效益有着显著的作用。

1. 传统门票存在的问题

（1）假票问题。

热门比赛的票源有限，如世界杯外围赛、CBA 篮球赛等。这些比赛票价低的几百元，高的几千元，假票利润十分大，致使假票现象时有发生。

假票问题会引起许多严重后果。例如，假票会导致票款流失；会导致持真票和假票的观众争夺座位；查处假票会浪费大量的人力、物力和财力。

（2）分区不明确问题。

门票分为几个等级，通常主席台为 A 类票，前排为 B 类票，中排为 C 类票，后排为 D 类票。人工检票的时候，检票人员无法控制 A 类票在第一入口进入，B 类票在第二入口进入，球迷进场后很容易因为找不到位置或者坐错位置而引发混乱。

（3）进场速度慢问题。

传统的纸质门票需要用人工检验门票的真伪，检票员需要用肉眼来辨别票的真伪，需要花较

多的时间，这将降低检票的速度。足球比赛通常有几万人观看，既要球迷有次序地快速通过检票口，又要杜绝假票，采用传统的纸票方式是无法做到的。

2. RFID 电子门票的优势

RFID 电子门票系统建立了完整的电子标签票务系统，实现了计算机制票、售票、检票、查票、数据采集、数据结算、数据汇总统计、信息分析、查询和报表等整个业务流程的全自动化管理，提高了工作效率，堵住了票务发行的漏洞和财务漏洞，解决了票证的防伪问题，避免了可能产生的巨额经济损失。RFID 电子门票系统可以完成以下功能。

（1）系统具有全方位的实时监控和管理功能；

（2）有效杜绝了因伪造门票所造成的经济损失；

（3）有效杜绝了无票的人员进场，加强了场馆的安全保障措施；

（4）能准确统计参观者的流量、经营收入及查询票务，杜绝了内部财务漏洞，对于提高场馆的现代化管理水平，有着显著的经济效益和社会效益；

（5）通过对参展商和观众不同身份的归类划分，提供信息归类和增值服务；

（6）通过长期的数据积累分析，可积累相关行业的市场动态资料；

（7）通过使用电子票证防伪系统，主办方可以大大地提高顾客满意度。

11.3.2 物联网 RFID 在电子门票中的应用实例

2010 年 6 月，世界杯足球赛在南非举行。2008 年 3 月，南非世界杯足球赛亚洲选区的第三轮比赛（中国—澳大利亚）在中国昆明拓东体育场进行，鉴于以往大型国际比赛在国内多次出现票务问题，组委会为此次比赛制订了 RFID 电子门票解决方案。

1. 电子门票系统的组成

RFID 电子门票系统由制售门票子系统、验票监控子系统、展位观众子系统、统计分析子系统、系统维护子系统和网上注册子系统构成，如图 11.7 所示。

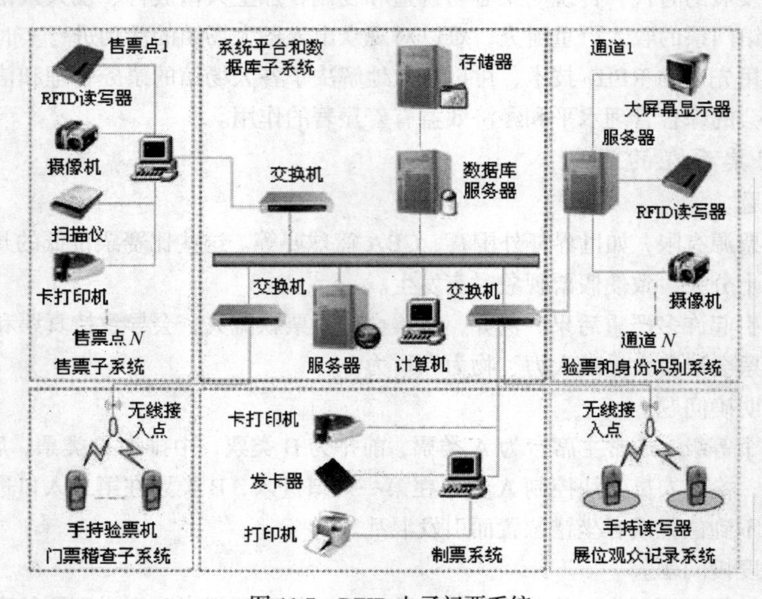

图 11.7 RFID 电子门票系统

（1）制售门票子系统。

该子系统主要由发卡器、打印机和读写器构成，用来完成门票的制作和销售任务。

（2）验票监控子系统。

该子系统主要由读写器和摄像机构成，用来完成验票入场的任务。

（3）展位观众子系统。

该子系统用手持读写器巡查观众席位，记录展位的观众数目并稽查观众的购票情况。

（4）统计分析子系统。

该子系统对展会的各种数据进行实时统计分析。

（5）系统维护子系统。

利用该子系统可以对 RFID 电子门票系统进行维护。

（6）网上注册子系统。

利用该子系统可以完成网上注册。

2. 昆明足球赛制定的电子门票解决方案

世界杯昆明预选赛采用了电子门票。在整个检票过程中，总计发现了 3 000 多张假票，门票上的条码、激光和钢印等防伪手段均制造得相当精致，但最后还是被 RFID 读写器验出。昆明世界杯电子门票如图 11.8 所示。

图 11.8　昆明世界杯电子门票

昆明世界杯电子门票的特点如下。

（1）采用 RFID 技术。

昆明世界杯电子门票在传统纸质门票的基础上，嵌入拥有全球唯一代码的 RFID 电子芯片，彻底杜绝了假票。RFID 芯片无法复制，可读可写，防伪手段先进。

（2）质优价廉。

昆明世界杯 RFID 电子门票采用 NXP 公司的 Mifare Ultralight 芯片，具有极高的稳定性，而且价格低廉（1 元/张，已含印刷费）。

（3）检票速度提高。

因为电子门票无须人工分辨真伪，只需要用 POS 机（手持读写器）靠近电子门票，0.1 s 即可分辨真伪，可让球迷快速通过检票口。

（4）快速区分门票的入口。

在电话或网络订票时，售票人员已经将买票人购票的种类、门票价格、购票人姓名和电话号码等信息写入电脑，并写入 RFID 电子门票的芯片中。待球迷到检票口时，如果该票应该在 A 入

口进入，球迷到 B 入口来检票，POS 机就会报警，提醒保安让球迷到 A 入口检票进入，这样就避免了进错入口找不到座位而引起的混乱。

11.4 物联网 RFID 在公共安全领域的应用

在现代社会中，公共安全问题无所不在，人员、物品和财富等都涉及公共安全，公共安全被认为将是 RFID 发展和应用的热点之一。目前，RFID 技术已经渗透到电子门禁、食品安全和医疗管理等公共安全的各个方面，RFID 技术将使各项管理工作更加高效、更加科学，将让人们的生活更便捷、更安全。

11.4.1 物联网 RFID 在公共安全中的应用优势

RFID 门禁系统是公共安全的一个重要组成部分，在科研、工业、博物馆、酒店、商场、医疗监护、银行和监狱等领域得到越来越广泛的应用。RFID 门禁系统作为“安保自动化管理”的一种方式，是一项先进的防范手段，具有隐蔽性和及时性，可以防止未经授权的人员进入，可以提供受限制区域快速进出条件下的安全保障。

1. RFID 门禁系统简介

RFID 门禁系统没有物理障碍，利用 RFID 检测人员通过和运行的方向，既可以方便人员快速通行，同时又防止未授权人员的非法通行。RFID 门禁系统具有以下特点。

（1）具有对通道出入控制、保安防盗和报警等多种功能。RFID 门禁系统具备防尾随功能，可及时识别尾随在合法人员后面试图进入通道的非授权人员，并在监控中心发出声光报警，如有需要还可以同时把非法通过人员的照片抓拍下来，以备日后查证。

（2）方便内部员工或者住户出入，方便内部管理。RFID 门禁系统无须刷卡，实现了真正的快速通行，通行速度可达 3 人/s。RFID 感应卡安全可靠、寿命长，非接触读卡方式可以使卡的机械磨损减少到零。门禁系统从一个方向刷卡只能按刷卡对应的方向进入，防止内部人员为外来人员放行，可有效防止在通道一端刷卡而非法人员从另一端闯入。

（3）门禁管理系统提高了管理的层次。使用 RFID 门禁系统，管理人员坐在监控电脑前就可以了解人员的进出情况，根据电脑的实时监控功能判断是否需要到现场进行观察，同时将人员进出情况、报警事件等信息进行浏览查看、打印或存档。

2. 门禁系统的设计原则

（1）系统的安全性。

RFID 门禁系统在保证所有设备性能安全可靠的同时，还应符合国家的相关安全标准。另外，系统安全性还应体现在信息传输及使用过程中，数据确保不被截获和窃取。

（2）系统的易操作性。

系统的前端产品和系统的软件应具有良好的可学习性和可操作性，管理人员通过简单的培训就能掌握系统的操作要领，达到独立完成值班任务的操作水平。

（3）系统的实时性。

为了防止门禁系统中任何一个子系统出现差错影响到整个系统的运行，门禁系统应设计成不停机系统，以保证整个系统正常运行。整个系统的维护应采用在线式，不会因为部分设备的维护

而停止所有设备的正常运作。

（4）系统的可扩展性。

门禁系统的技术在不断向前发展，用户需求也在发生变化，因此，门禁系统的设计与实施应考虑到将来可扩展的实际需要。系统设计时，可以对系统的功能进行合理配置，并且这种配置可以按照需求进行改变。系统可灵活增减或更新各个子系统，保持门禁系统的技术处于领先地位。系统软件可以进行实时更新，并提供软件升级服务。

11.4.2　物联网 RFID 在公共安全领域的应用实例

联网型 RFID 门禁系统主要由多个客户终端、多个读写器、多个通道、交换机和服务器构成，是组网型的门禁系统。联网型门禁系统有多种形式的终端，各种终端之间通过交换机相互通信，并使用服务器进行管理。

1. 联网型门禁系统的拓扑图

联网型门禁系统的拓扑图如图 11.9 所示。联网型门禁系统的拓扑图说明如下。

（1）在 RS-485 总线上，可以同时挂接多台控制器。例如，同时挂接 32 台控制器，如果全部采用 4 门控制的话，最多可控制 128 扇门。

（2）通道可以采用无障碍快速通道，非法进入时声光报警，并可以判断通行方向。

（3）考勤机也可以接入该系统。

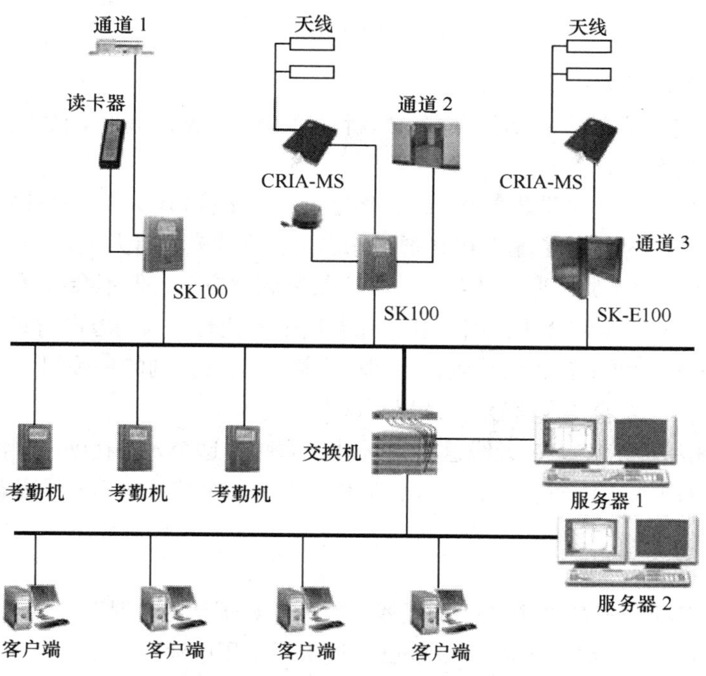

图 11.9　联网型门禁系统的拓扑图

2. 门禁的设计

门禁是一种终端形式，使用后台管理系统在管理中心可以实时监控。SK-110 型门禁的设计原理如图 11.10 所示，该系统采用低频远距离感应卡。持卡人员经过通道时，通道后靠近值班室的

门会自动打开，RFID 不报警；无卡的人员经过通道时，RFID 报警，管理中心会立即收到报警信号，通过监控系统可进行即时查看。

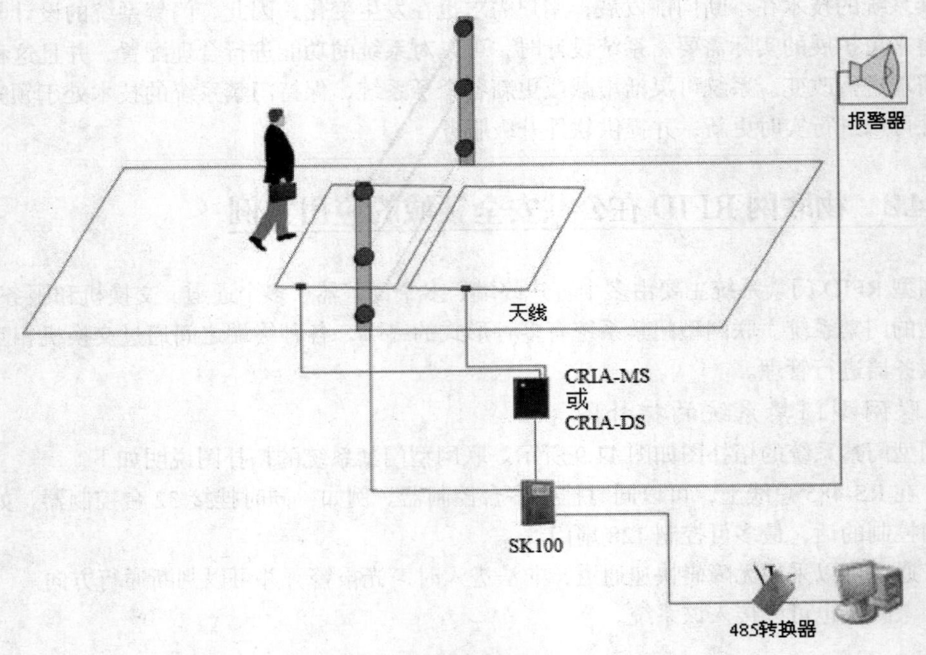

图 11.10　门禁的设计原理

（1）门禁设计的两种方式。

CRIA-MS 型，进出都读卡，不具有方向判断；CRIA-DS 型，进出都读卡，具有方向判断。

（2）门禁天线的设计。

在通道经过的地方，分别埋设两个天线，称之为 A 天线和 B 天线。CRIA-DS 读卡器有两路单独的信号输出，称之为 A 通道输出和 B 通道输出，分别代表“有人进入”及“有人出来”。

① 当携带感应卡的人员靠近 A 天线时，A 天线读到感应卡，但不会有任何输出。

② 当感应卡从 A 天线到 B 天线时，就意味着这个人朝着进入的方向行走，在这个过程中，感应卡前后分别被 A 天线和 B 天线读到，当感应卡被 B 天线读到的一瞬间，读卡器马上在 A 通道有一个信号输出，代表着“入信号”，意思是这个人进入了。

③ 如果紧接着感应卡又从 B 天线返回 A 天线，意味着这个人又在朝出来的方向行走。

④ 当感应卡返回 A 天线时，读卡器马上在 B 通道有一个信号输出，代表着“出信号”，意思是这个人出来了。

（3）CRIA 读卡器。

远距离 CRIA 读卡器外接两个 2 m 的天线，在无外界干扰的情况下，读卡距离可达 3 m，可同时识别 55 张感应卡，识别速度高达 60 km/h。读卡器采用电池，工作寿命 3 年以上，电池用完可更换。

3. 门禁系统无障碍快速通道

无障碍快速通道是为日益增长的安全需要而设计的产品，该系统没有物理障碍（无闸臂），方便人员快速通行并保障人身的安全。该系统配合远距离读卡器，无需刷卡，可确保通行的快捷方便，通行速度可达到 3 人/s。SK-E110 无障碍快速通道如图 11.11 所示。

图 11.11　SK-E110 无障碍快速通道

SK-E110 无障碍快速通道系统的功能如下。

（1）人员身份识别。

只有持有合法 RFID 卡的人员进入通道时，“通行绿灯”才会亮。根据需要，操作人员还可以对持有 RFID 卡人员的进出权限进行设定，以达到管制的目的。例如，可以规定哪部分人员在某个时段可以进入该通道，其余时间不允许进入。

（2）通道报警。

该系统利用红外光束检测未授权人员的非法通行，没有携带合法 RFID 卡的人员在进入通道的一瞬间，安装在通道两侧的光电开关将探测到有人非法闯入，并传递给控制器，控制器上面的报警继电器会动作，与之相连的“报警声光警号”会发出警报。

（3）卡片禁止。

操作员可随时通过软件将某张 RFID 卡禁止。例如，如果某个用户的 RFID 卡超过使用期限，可以将该用户的 RFID 卡禁止掉。

（4）防尾随。

如果有人紧跟在一个合法住户的后面试图进入通道，系统同样会给出报警提示。

（5）人工图像对比。

持卡人员到达感应区域时，计算机的监控画面将实时显示该人的资料，包括个人的图片，供保安人员进行人工对比。

4. 门禁系统的优点

（1）门禁系统是守护神。

感应卡被识别后，通过确认其身份和使用时段，人员方能通行。可以设置感应卡的使用权限、使用年限、每周的使用天数、每日的使用时段，可以禁用已经挂失的个人感应卡，可以将感应卡设置多级操作密码。

（2）门禁系统是千里眼。

门禁系统可以实时显示当前所有通道的进出情况，可以对以前时间内所有通道和卡的进出情况进行统计查询，进出人员均有相片显示，随时可查阅其人事档案。

（3）门禁系统安全可靠。

门禁系统采用无障碍通道，如遇到紧急情况对人员没有阻挡，可以确保人员的安全。门禁系统可以对设备的故障进行自检和跟踪监测，并有灯光提示，以便维护人员及时维修。

（4）门禁系统方便灵活。

门禁系统使用时，同步产生可供使用的用户数据库和历史数据库，可供财务、工资报表和其他管理部门使用。门禁系统可在网络回路上任意增减设备，用户应用软件界面友好，操作方便简单，自动式磁盘记录，具有多种查询方式。

（5）门禁系统功能强大。

门禁系统的容量非常大，每个控制器都可以保存 100 000 张感应卡的信息和 100 000 条出入的记录，并且可以根据用户的需要随时动态调整。门禁系统可脱机工作，计算机可存储 20 年的记录数据，通道与 RS-485 的通信距离可达 1 200 m。

11.5 物联网 RFID 在铁路领域的应用

以北京、天津为中心的环渤海地区是我国经济发展最快、最具活力的地区之一，京津两地人员往来十分频繁。京津铁路沿途都是北京、天津的开发区或卫星城，客流非常大，为方便旅客快速进出站，为旅客提供更加便捷、高效、舒适的服务，提升旅客的忠诚度，按照铁路部门的部署，发行了京津城际列车 RFID 快通卡，可实现旅客直接刷卡乘车。

11.5.1 物联网 RFID 在铁路业的应用优势

1. 支持城际铁路公交化的发展趋势

京津铁路全长 120 公里，沿途设北京南、亦庄、武清、天津这 4 个车站，预留永乐站。京津城际列车最小行车间隔为 5 分钟，旅客基本上可随到随走，已经实现公交化运营，但反复购票不仅耗费旅客时间，也增加了车站的工作量。

京津城际快通卡系统在借鉴其他交通领域 RFID 射频卡成熟经验的基础上，适应中国铁路的特点，乘客在乘坐京津城列车时能享受到自动检票系统、自动客运公里系统和列车调度系统等服务，RFID 射频卡已经成为提高运营管理效率和水平的重要手段。

2. 支持一卡多用

京津城际铁路快通卡系统的建设目标是实现快通卡的一卡多用，多地使用，建设城际铁路电子支付平台示范工程，统一发卡，统一清算。京津城际快通卡的系统设计符合铁道部有关 RFID 技术规范和相关规定，符合中国人民银行金融集成电路卡应用规范及国家有关规定和标准，统一平台、统一标准、统一流程。

以非接触 RFID 卡为支付手段，一方面方便市民快速乘坐城际轨道交通，促进窗口购票、自动售票机购票及商户网点购物等领域消费；另一方面该系统可实时准确计算和统计各铁路局的营运收付信息，保障各级管理单位的利益，提高工作效率和服务效率，最终为宏观调控及高铁建设提供科学的决策支持及现代化的管理手段。

11.5.2 物联网 RFID 在城际铁路领域的应用实例

1. 京津城际铁路快通卡系统总体结构

京津城际铁路的快通卡总体结构如图 11.12 所示。

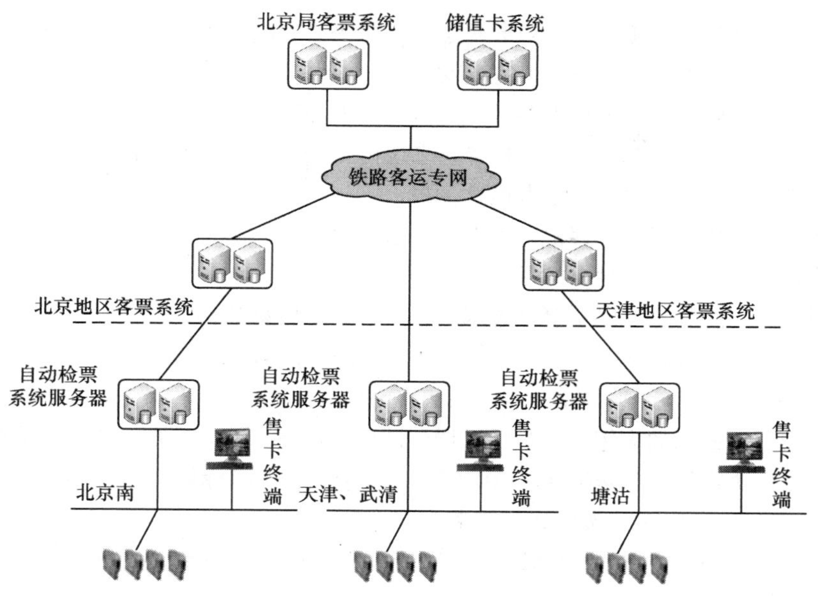

图 11.12　京津城际铁路的快通卡系统总体结构

项目的实施内容如下。

（1）开发并部署具备基本管理功能的快通卡系统软件，实现发卡、售卡、充值、换卡和退卡等业务的账户管理功能。

（2）在京津城际各站设立快通卡服务窗口，为旅客提供售卡、充值、换卡和退卡等客户服务。

（3）改造京津城际各站自动检票系统。在指定自动检票机上加装非接触式快通卡处理模块，支持旅客到检票机上刷卡检票，并升级改造自动检票系统软件，实现快通卡检票存根的采集和传递。

（4）完善客票系统，实现快通卡检票存根的采集并汇总到路局客票中心，在各站查询中心完成客运收入的数据统计。

2. 系统的业务流程

快通卡系统的业务流程如图 11.13 所示。

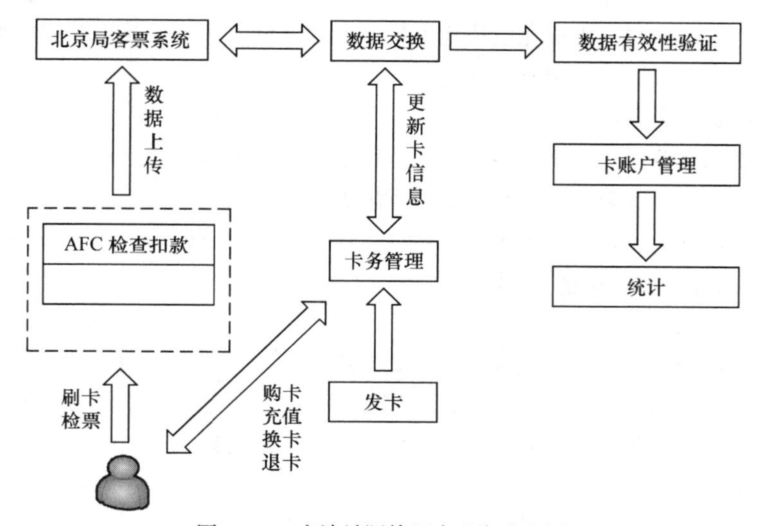

图 11.13　京津城际快通卡业务流程图

（1）快通卡系统统一对 RFID 射频卡初始化，在快通卡内写入基础信息，并在卡面上打印卡号，同时在系统数据库中建立卡账户，完成发卡；

（2）快通卡服务窗口为旅客提供购卡、充值、换卡和退卡等服务；

（3）旅客持卡在自动检票机上刷卡检票，系统可记录进出站检票存根；

（4）自动检票系统实时采集快通卡检票存根；

（5）自动检票系统将快通卡存根自动上传客票系统；

（6）客票系统完成快通卡存根的汇总；

（7）快通卡系统接收从客票系统传过来的检票存根，验证数据的合法性，以确认交易数据没有被篡改和丢失，若通过验证，再进行清算处理，完成账户管理和统计。

3. 快通卡选型

京津城际铁路快通卡的应用主要是电子钱包消费，通过卡片安全性、扩展性和使用便捷性等多方面综合比较，决定采用非接触式 RFID 射频卡。卡的参数指标如下。

（1）符合 ISO/IEC14443 非接触式智能卡标准；

（2）8 位 CPU 内核、14 KB ROM 存储器、8 KB EEPROM 存储器，具有硬件 DES/TDES 加密解密处理器；

（3）支持多应用防火墙，支持内外部双向认证，符合 ISO/IEC14443 中描述的防冲突标准，支持防插拔处理和数据断电保护机制；

（4）工作频率为 13.56 MHz，最大 106 k/s 通信速率，读写距离 0～10 cm；

（5）交易为标准 PBOC 电子钱包交易，交易时间<80 ms，保存时间最短 10 年；

（6）擦写次数至少 10 万次；

（7）工作温度的范围为−25℃～+70℃。

4. 自动检票系统改造

为了满足京津城际铁路快通卡的使用，京津城际自动检票系统需要进行改造，实现快通卡刷卡检票与快通卡系统数据交换等功能。

（1）自动检票机硬件的改造。

通过对自动检票机硬件进行改造，可实现快通卡刷卡检票。改造方法是在自动检票机内增加一个独立的快通卡处理模块，负责完成快通卡检票交易流程。快通卡处理模块根据指令完成卡片交易流程，并将结果返回自动检票机。

（2）检票及计费规则改造。

检票及计费规则支持根据系统设定的参数进行进站刷卡和检票人数的控制。旅客进站刷卡检票时，默认乘坐当前正在检票的、开车时间最近的城际列车。刷卡进站时，确认卡是否有效，并记录进站检票存根；刷卡出站时，按进出区域计算票价，扣款及记录出站检票存根。

5. 对刷卡检票非正常情况的处理

（1）从进闸口出站。

系统设置时间控制、默认扣款站、扣款方式（单程或往返）和计费方式（免费或站台票）等参数。出站闸机判断进出站检票时间间隔，如超过时间控制参数，按默认扣款站、扣款方式的参数设定值进行扣款，否则免费（清除当次入闸记录）或按站台票扣款。

（2）非进闸站出站。

系统设置时间控制、默认扣款站、扣款方式（单程或往返）等参数。出站闸机判断进出站检

票间隔，若超过时间控制参数，按默认扣款站、扣款方式参数设定值进行扣款。

（3）出站未刷卡。

快通卡在进站时已锁定，无法进行任何消费，旅客需要到快通卡服务窗口解锁，并按快通卡内乘车预扣的金额进行扣款。

（4）刷卡后未通过自动检票机。

旅客再次刷卡时，若在系统设定时间内，自动检票机提示重复刷卡，可通过人工通道进出站。

（5）因铁路责任取消乘车。

通过专门通道进出站，并到快通卡服务窗口清除当次入闸记录。

（6）出站闸机故障无法刷卡。

旅客到快通卡服务窗口办理卡解锁，并按乘车票价进行扣款。

6. 系统实施效果

京津城际铁路快通卡项目采用了同方股份有限公司自主研发的非接触 RFID 射频卡、读写设备、嵌入式模块和 RFID 射频卡管理清算系统，该系统适应中国铁路的特点，具有自主知识产权。京津城际铁路快通卡项目使用初期发卡量已突破 5 万张，具有储值、支付等功能，同时支持联机充值和脱机消费，并且具有很好的安全性。京津城际铁路快通卡项目可以为旅客提供更加便捷、高效、舒适的服务，提升了旅客的忠诚度，提高了铁路运营效率和管理水平，已经成为高速铁路公交化的典范，高速铁路从此进入刷卡乘车时代。

11.6 物联网 RFID 在民航领域的应用

面对信息化社会的竞争，机场作为国家的交通枢纽，是一个国家信息化强弱的标志。RFID 技术体现了管理智能化、信息透明化的理念和发展趋势，基于 RFID 技术的航空管理系统对促进现代交通运输业发展、推进交通运输信息化建设具有重要意义，正逐渐成为民航信息化建设的重点。

11.6.1 物联网 RFID 在民航业的应用优势

RFID 航空管理系统可以提高运营效率，降低运营成本，提升智能交通水平，实现各个环节的信息化管理，并可为顾客提供高效周到的服务。应用 RFID 去解决繁重的机场管理工作，将充分发挥航空快捷、高效的优势，促使我国成为运输领域的大国、强国。

1. RFID 技术与条码技术相比的优势

RFID 技术与传统的条码技术相比有许多优势，可以帮助航空公司大大减少人力成本和费用支出，提高我国航空信息化进程，使我国航空管理水平有技术上的突破。RFID 技术与条码技术相比的优势如下。

（1）RFID 是智能化、信息化管理，条码是人工管理；

（2）RFID 读写器是自动读取标签数据，条码是人工扫描读取标签数据；

（3）RFID 可以大大减少人力成本和费用支出，条码是劳动密集型工作方式；

（4）RFID 读写器可以远距离快速采集标签数据，条码是对准标签慢速采集标签数据。

2. RFID 机场管理系统的优势

（1）更优质的服务。

在机场登记柜台处，工作人员给旅客的行李贴上 RFID 标签。在柜台、行李传送带和货仓处，机场分别安装上射频读写器。这样航空管理系统就可以全程跟踪行李，直到行李到达旅客的手中。

（2）更优质的货物仓储管理。

RFID 标签可以安装在货箱上，记录产品摆放位置、产品类别和日期等。通过识别在货箱上的 RFID 标签，就可以随时了解货品的状态、位置以及配送的地方。

（3）运输过程管理和货物追踪。

RFID 技术可以实现全程追踪，可以实时、准确、完整地记录运行情况，并可为客户提供查询、统计和数据分析等服务。

（4）节省管理成本和提高工作效率。

在航空公司运营的过程中，经常出现行李错误运送。RFID 技术具有可视化管理和对物品全程追踪的特性，解决了以往出现的行李丢失和行李错误运送的问题。

（5）降低飞机意外风险。

RFID 技术可以降低飞机维修错误的风险。在巨大的飞机检修仓库内，机械师每天都要花费大量的时间查阅检修日志，寻找维修飞机的合适配件，这种过时、低效率的寻找方式不但经常会犯错误，而且浪费了大量的时间。通过在飞机部件上使用 RFID 电子标签，能快速准确地显示部件的相关资料，帮助航空公司迅速准确地更换有问题的部件。

（6）货物和人员跟踪定位。

RFID 系统可在几十米的范围内准确测定物体的位置，方便机场管理人员在繁多的货物当中正确指示各种货物的具体位置，并能在机场或飞机上确定要寻找人员的具体位置。

（7）应付恐怖袭击和保安作用。

每张 RFID 电子标签都有一组无法修改、独立的编号，而且经过专门的加密。可以将黑名单人员的信息输入 RFID 系统，在黑名单上的人员通过关卡时，RFID 系统能够发出报警信号，同时能够迅速确定此人的行李位置，有效地防止恐怖事件的发生。

（8）对机场工作人员进出授权。

机场可以根据每位工作人员的工作性质、职位和身份对他们的工作范围进行划分，然后把以上信息输入员工工作卡上的 RFID 电子标签。RFID 系统能够及时识别该员工是否进入了未被授权的区域，使航空公司更好地对员工进行管理。

11.6.2 物联网 RFID 在民航领域的应用实例

国际航空运输协会代表着 240 家航空公司，2007 年该协会在一些大机场开展包裹丢失和处理错误的研究，研究表明 80 家最繁忙的机场对全球 80%的包裹丢失事件负有责任，并称这 80 家机场在未来几年内将采用 RFID 标签代替条形码标签。实际上，为解决繁重的机场管理工作，美国拉斯维加斯 McCarran 国际机场、日本成田机场、荷兰阿姆斯特丹 Schiphol 机场和香港国际机场等已在行李运送、电子机票、机场导航、贵宾服务、旅客追踪、车辆追踪和安全保卫等多个环节采用了 RFID 技术，RFID 已经成为航空快捷、高效、安全的保障。

1. RFID 标签代替包裹条码标签

国际航空运输协会估计每 1 000 位乘客就有 20 例包裹失踪或处理错误的情况，美国机场的包裹失踪率在全球各国的机场中是最高的，亚太地区的失踪率比较低，包裹失踪和处理错误让航空业每年损失超过 50 亿美元。国际航空运输协会表示，50%的会员支持 RFID 技术，另一半航空公司则担忧费用、技术的成熟度等问题。但是，从国际航空运输协会的决心可以看出，RFID 技术在机场管理系统的应用已经是一种必然的发展方向。

根据国际航空运输协会列出的全球机场 RFID 应用计划，全球 80 家最繁忙的机场将采用 RFID 标签追踪和处理包裹。RFID 航空管理系统全程跟踪行李如图 11.14 所示，图 11.14（a）为 RFID 标签，图 11.14（b）为带有 RFID 标签的行李，图 11.14（c）为机场行李传送带，图 11.14（d）为 RFID 机场行李监控系统。

美国拉斯维加斯 McCarran 国际机场每天输送的乘客将近 70 000 人次，起降航班 460 多架次，是美国最繁忙的七大机场之一。该机场不断增长的客流以及“9・11”之后交通运输安全管理局发布的提高机场安全训令，都要求机场提高乘客登机过程的效率，并能更好地保护乘客和员工的安全。机场方面明白，要在短短的几个月时间选择并实施最佳的解决方案，这是一个极其困难的任务。通过全面深入的调查，McCarran 国际机场认为行李处理流程迅速是首要关心的重大问题，机场方面进行了广泛的咨询，很快发现 RFID 技术的众多优势，于是选择了美国讯宝科技公司的 RFID 系统。如今，McCarran 国际机场服务的速度和效率比以往任何时候都要高，尽管机场的客流在不断增长，但乘客的满意度却在不断攀升。

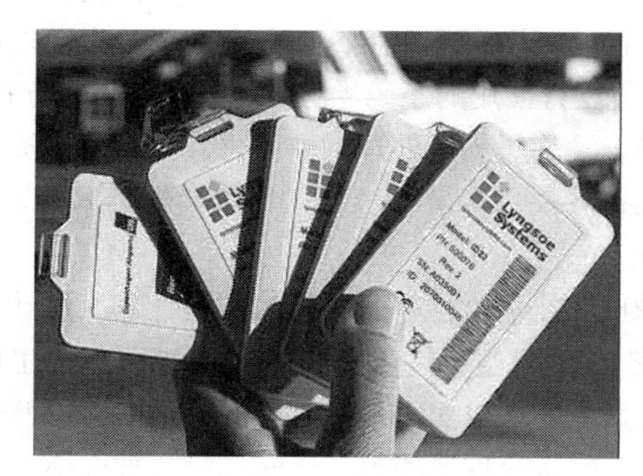

（a）RFID 标签

（b）带有 RFID 标签的行李

（c）机场行李传送带

图 11.14　RFID 航空管理系统全程跟踪行李

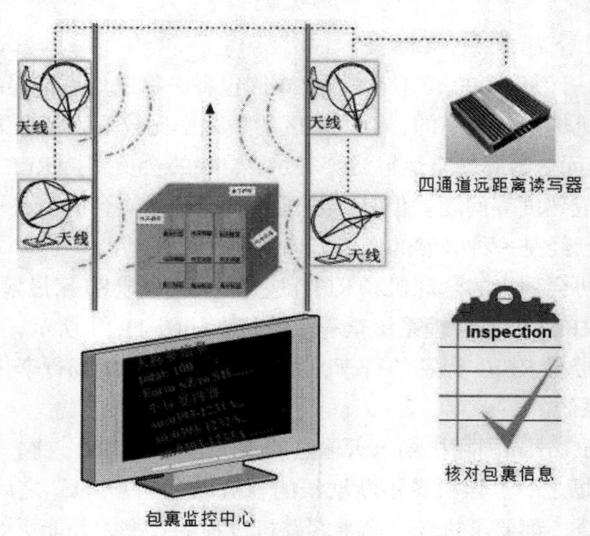

（d）RFID 机场行李监控系统

图 11.14　RFID 航空管理系统全程跟踪行李（续）

香港国际机场引入 RFID 行李传送系统后，成为亚太区首个引入并全面应用此技术的机场。RFID 芯片只记录了基本个人资料，如姓名及航班号，故不会对个人隐私造成威胁。新技术的应用是在原有行李条码卷标基础上，植入比米粒还小的 RFID 芯片，两种技术可同时使用，扫描仪可以远距离多角度读取资料。由于 RFID 技术还没有被机场广泛应用，加上尚有部分本港机场的航空公司未认识到使用该技术的好处，故有必要保留现行使用的条码卷标。目前，香港机场 RFID 的初步投资约为 5 000 万港元，该系统 24 小时运转，平均每天可处理近 4 万件离港行李。资料显示，RFID 技术并未达到 100%准确率，原因之一是旅客使用金属行李箱的形状会影响 RFID 读写器识别的准确度。

2004 年 3 月，日本开始在成田机场展开导入 RFID 技术执行空手旅行的试验计划。该计划是日本“电子机场构想”之一，由成田机场、日本航空、全日空、佐川急变、福山通运和 NTT 等单位参加，其计划验证行李材质与形状不同时贴在行李上的 RFID 电子标签卷的读取率，以及信息在相关系统（如机场管理系统、航空公司签到系统、配送管理系统等）之间传输的准确率。

2. 电子机票

电子机票利用 RFID 智能卡技术，不仅能为旅客累计里程点数，还可预定出租车和酒店、提供电话和金融服务。使用电子机票，旅客只需要凭有效身份证和认证号，就能领取机牌。从印刷到结算，一张纸质机票的票面成本是四五十元，而电子机票不到 5 元。对航空公司来说，除了使销售成本降低 80%以外，电子机票还能节省时间，保证资金回笼的及时与完整，保证旅客信息的正确与安全，并有助于对市场的需求做出精确分析。

电子机票是空中旅行效率的源头。1993 年 8 月，以美国亚特兰大为基地的 Valuejet 航空公司售出了第一张电子机票。1998 年，美国联合航空公司电子机票比例达到 36%；1999 年上升至 58%，代理费则由 13.25 亿美元下降至 11.39 亿美元；2001 年 11 月电子机票比例达到 65%。目前，发达国家电子机票约占 40%，美国约占 60%，国际航协还制定了统一的电子机票国际标准，希望全面实现机票电子化，取消纸质机票。

3. 机场“导航”

大型机场俨然是一个方圆数里的迷宫。上世纪 80 年代中期，某些繁忙的美国机场曾经有自己的广播电台，旅客开车到机场的路上就能看到这个电台的标志牌，它不断地播出航班、订车位和路况等信息。现在，广播和显示屏日渐精致，却本质依旧，对旅客来说这种信息 99%是无用的，航班越来越多，广播的语种、语速、重复的次数、显示屏的滚动速度等各方面的压力也越来越大。

RFID 技术可以主动为旅客提供最需要的信息，在机场为旅客提供“导航”服务。在机场入口为每个旅客发一个 RFID 信息卡，将旅客的基本信息输入 RFID 信息卡，该信息卡可以通过语言提醒旅客航班是否正点、在何处登机等信息。丹麦 Kolding 设计学院探索的概念更前卫，利用 RFID 的个人定位和电子地图技术，不管机场有多复杂，只要按个人信息显示的箭头，就能准确地达到登机口。RFID 技术导航服务如图 11.15 所示，图 11.15（a）为繁忙的机场，图 11.15（b）为旅客的 RFID 信息卡。

（a）繁忙的机场

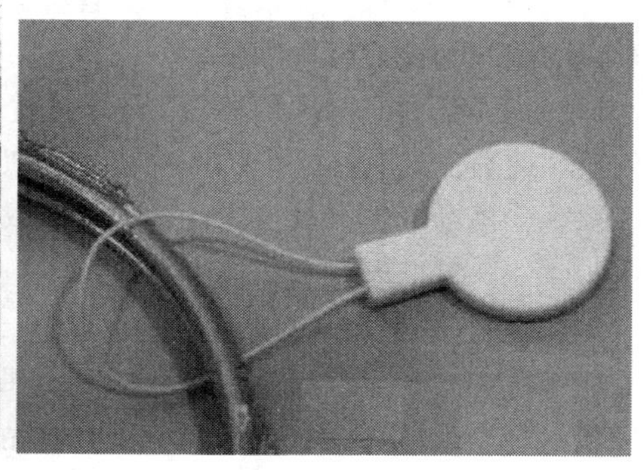

（b）旅客的 RFID 信息卡

图 11.15　RFID 技术导航服务

4. 贵宾服务

印度尼西亚鹰航空公司针对特殊的行业背景，制订了一套机场贵宾服务方案。该方案集合了 RFID、指纹识别及面部轮廓识别等技术，贵宾客户只要去贵宾专区的登机柜台，航空公司的工作人员便会派发一张无线射频贵宾卡给客户，同时也会为客户采集指纹及面部轮廓等数据。无线射频贵宾卡是一种主动式 RFID 标签，除了可以方便登机之外，还可以使机场人员在必要时立即确定乘客的位置，为乘客提供实时的帮助。

如果客户需要在机场购物，只需要把贵宾卡放在收款台的无线射频读写器上，就可以代替现金结算，方便快捷。当客户在贵宾专用的通道登机时，只需要将贵宾卡放在无线射频读写器上，然后将手指压在指纹信息识别仪上，面向摄像头，系统便会识别客户的指纹和面部轮廓，确认后即可登机。当乘客入闸后，在已装有无线射频读写器的候机区内，他们的位置会被旁边的射频读写器读取，乘客的位置数据会通过网络上传至服务器，方便航班工作人员去催促乘客登机。乘客也可以按动贵宾卡上的援助按钮，呼唤工作人员的协助。

5. 旅客追踪

使用 RFID 标签可随时追踪旅客在机场内的行踪，实施方式是在每位旅客向航空公司柜台登记时，发给一张 RFID 标签，再配合 RFID 读写器和摄像机，即可监视旅客在机场内的一举一动。这项名为“Optap”的计划已经在匈牙利机场测试，该计划由欧盟出资，并有欧洲企业和伦敦大学

组成的财团负责研究开发。

Optap 的作用是让机场人员有能力追踪可疑旅客的行踪，阻止他们进入限制区域，提升机场的安全。Optap 识别范围可达 10 到 20 公尺，识别标签定位的误差也缩小到 1 公尺以内。Optap 个人定位的功能在疏散人员、寻找走失儿童和登机迟到的乘客等状况下非常有用。但使用 Optap 技术尚有实地执行的障碍有待解决，如在机场环境中找出适当操作标签的方式，开发一种确保旅客会接受的标签，并消除可能会侵犯旅客人身自由权的顾虑。

6. 车辆追踪

美国凤凰城的 Sky Harbor 国际机场是美国排名第六的繁忙机场，该机场选择 TransCore 公司为其设计车辆跟踪系统，这个系统采用的是 RFID 识别技术结合 GPS 定位技术，使机场可以对各种车辆进行全程跟踪。机场的地面交通服务有 4 种：定时班车、的士、预约服务以及域间交通。在机场范围的路面上，每天大约有 1 500 个从业人员在从事各种作业。TransCore 公司车辆跟踪系统可以让监管部门确定车辆的行驶线路，并对其进行监管，也可以根据安全需要进行定时监管或者满足其他特殊要求。该系统可以为各种运营车辆排定服务顺序，为机场今后的管理升级和加强对车辆的跟踪和安检做好准备。

1989 年，洛杉矶国际机场安装了第一个 RFID 系统，实现收益增加 250%，交通堵塞减少 20% 的效果。此后已经有 60 个机场安装了类似的系统。根据盐湖城国际机场的估计，如果没有无线跟踪系统，机场工作人员至少要增加一倍或者两倍，才能满足联邦航空管理总局的临时强化安检要求。

7. 解决安全问题

近年模拟实验表明，美国机场的安检偶尔仍会漏掉枪支。机场应该达到的理想安全水平是：在机场的每个人、每个包、以及所有的物品和设备都能被识别、跟踪和随时定位。航空公司将利用 RFID 技术实现各种先进功能，比如将 RFID 芯片嵌入在行李标签中，满足安全甄别和提高机场处理行李的准确性，当数以百万的行李都被贴上这种标签后，所有机场将被“连”在一起，形成一个使所有用户受益的服务管理体系。

旅客到机场遇到的第一关不再是票务人员，而是一个身份认证亭。装有面部识别软件的摄像机会为你拍一张快照，立即生成一张防破坏和防篡改的智能卡，上面的芯片存有航班号、登机口、达到时间和面部数据图像等信息，机场可以随时了解你的行踪。旅客的行李和随身物品也会被贴上 RFID 标签，以便随时被定位，标签还能够与智能卡对应，不会出现旅客没有登机而他的行李上了飞机的情况。

8. RFID 与机器人结合

阿姆斯特丹 Schiphol 机场希望能通过行李搬运机器人结合 RFID 技术来解决转机过程中旅客行李丢失的问题。IBM 和 Vanderlande Industries 公司与阿姆斯特丹 Schiphol 机场签署协议，协助其安装一个新型的 RFID 行李系统，增加处理大厅的容量。

IBM 提供了一套 RFID 行李管理系统，通过机器人和 RFID 技术来控制并跟踪每一个包裹，同时还将提供咨询、硬件、软件和应用开发等服务。该大厅中将有 6 个机器人处理行李，承担 60% 的装载工作，阿姆斯特丹 Schiphol 机场希望能实现每年 7 000 万件行李的转机量，机场把提高行李处理能力当作提高旅客满意度的一个重要步骤。这一高效的 RFID 系统将降低 Schiphol 机场的运营成本，并加速旅客在 Schiphol 机场的转机速度。

习题

11.1 简述物联网 RFID 在制造业的应用优势。
11.2 简述德国 ZF Friedrichshafen 公司在汽车制造领域应用 RFID 的实例。
11.3 简述物联网 RFID 在物流业的应用优势。
11.4 简述日本 FANCL 公司在物品配送领域应用 RFID 的实例。
11.5 简述物联网 RFID 在票据防伪中的应用优势。
11.6 简述在体育赛事中 RFID 电子门票的解决方案和应用实例。
11.7 简述物联网 RFID 在公共安全中的应用优势。
11.8 简述在门禁系统中 RFID 的解决方案和应用实例。
11.9 简述物联网 RFID 在铁路业的应用优势。
11.10 简述在京津城际铁路中 RFID 的解决方案和应用实例。
11.11 简述物联网 RFID 在民航业的应用优势。
11.12 简述全球民航领域 RFID 的解决方案和应用实例。

附录　缩略语英汉对照表

缩　写	全　称	译　文
3G	3rd-generation	第三代移动通信技术
ADC	Automatic Data Capture	自动数据获取
AES	Advanced Encryption Standard	高级加密标准
AFC	Automatic Fare Collection	自动收费
AFE	Analog Front End	模拟前端
AFI	Application Family Identifier	应用族标识符
AIDC	Automatic Identification Data Collection	自动识别和数据采集
AIF	Analog Interface Front	模拟接口前端
AM	Amplitude Modulation	幅度调制
ANCC	Article Numbering Center of China	中国物品编码中心
ANSI	American National Standard Institution	美国国家标准化组织
AOR	Answer On Request	请求应答
API	Application Programming Interface	应用编程接口
ARQ	Automatic Repeat Request	自动重复请求
ASIC	Application Specific Integrated Circuits	专用集成电路
ASK	Amplitude Shift Keying	振幅键控
Auto-ID	Automatic Identification	自动识别
BER	Bit Error Ratio	误比特率
BPSK	Binary Phase Shift Keying	二进制相移键控
B/S	Browser/Server	浏览器/服务器模式
CCIR	Consultative Committee, International Radio	国际无线电咨询委员会
CCITT	Consultative Committee on International Telegraph and Telephone	国际电报、电话咨询委员会
CDMA	Code Division Multiple Access	码分多址

续表

缩　　写	全　　称	译　　文
CID	Card Identifier	卡标识符
CLK	Clock	时钟
CMOS	Complementary Metal Oxide Semiconductor	互补金属氧化物半导体
COS	Chip Operating System	片内操作系统
CPU	Center Processing Unit	中央处理器
CRC	Cyclic Redundancy Check	循环冗余校验
CRI	Collision Resolution Interval	碰撞时间间隔
C/S	Client/Server	客户机/服务器模式
DB-ASK	Double Sideband-Amplitude Shift Keying	双边带幅移键控
DES	Data Encryption Standard	数据加密标准
DNS	Domain Name System	域名解析系统
DSP	Digital Signal Processor	数字信号处理器
EAI	Enterprise Application Integration	企业应用集成
EAN	European Article Number	国际物品编码协会
EAS	Electronic Article Surveillance	电子商品监视
EBG	Electromagnetic Band-Gap	电磁带隙
EDI	Electronic Data Interchange	电子数据交换
EEPROM	Electronic Erasable and Programmable Read-Only Memory	电可擦除可编程只读存储器
EHF	Extremely High Frequency	极高频
EMC	Electromagnetic Compatibility	电磁兼容
EMI	Electromagnetic Interference	电磁干扰
EMS	Event Management System	事件管理系统
EOF	End of Flag	帧结束
EPC	Electronic Product Code	电子产品编码
EPCIS	EPC Information Service	EPC 信息服务
EPROM	Erasable Programmable Read-Only Memory	可擦可编程只读存储器
ETC	Electronic Toll Collection	电子收费
ETSI	European Telecommunication Standard Institute	欧洲电信标准协会
FCC	Federal Communication Commission	（美国）联邦通信委员会
FDMA	Frequency Division Multiple Access	分频多址
FDX	Full Duplex	全双工
FEC	Forward Error Correction	前项纠错
FHSS	Frequency-Hopping Spread Spectrum	跳频扩频
FIFO	First In First Out	先进先出
FM	Frequency Modulation	频率调制
FRAM	Ferroelectric Random Access Memory	铁电随机存取存储器
FSK	Frequency Shift Keying	频移键控

续表

缩　写	全　称	译　文
GND	Ground	地
GPRS	General Packet Radio Service	通用无线分组业务
GPS	Global Positioning System	全球定位系统
GSM	Global System for Mobile Communications	全球移动通信系统
GTIN	Global Trade Item Number	全球贸易项目代码
HDX	Half Duplex	半双工
HEC	Hybrid Error Control	混合纠错
HF	High Frequency	高频
HTML	Hypertext Markup Language	超文本链接标记语言
HTTP	Hypertext Transfer Protocol	超文本传输协议
IC	Integrated Circuit	集成电路
I^2C	Interface-Integrated Circuit	接口集成电路
ICR	Image Character Recognition	图像字符识别
IEC	International Electrotechnical Commission	国际电工委员会
IEEE	Institute of Electrical and Electronics Engineers	电气电子工程师学会
IFF	Identification Friend-or-Foe	敌友识别
IFRB	International Frequency Registration Board	国际频率登记局
IOT	Internet of Things	物联网
IOT-MW	Internet of Things Middleware	物联网中间件
IP	Internet Protocol	互联网协议
ISM	Industrial，Scientific and Medical	工业，科学和医药
ISM Band	Industrial，Scientific and Medical Bands	工业，科学和医药频段
ISO	International Organization for Standardization	国际标准化组织
IT	Information Technology	信息技术
ITF	Interrogator Talk First	阅读器先讲
ITU	International Telecommunications Union	国际电信联盟
ITU-T	ITU Telecommunication Standardization Sector	国际电信联盟电信标准化部门
J2EE	Java 2 Platform Enterprise Edition	Java 2 平台企业版
LAN	Local Area Network	局域网
LF	Low Frequency	低频
LPDA	Log Periodic Dipole Array	对数周期振子阵
MAC	Media Access Control	介质访问控制
MCU	Micro Control Unit	微控制器
MF	Medium Frequency	中频
MOS	Metal-Oxide-Semiconductor	金属-氧化物-半导体
MOSFET	Metal-Oxide-Semiconductor Field Effect Transistor	MOS 场效应管
MIMO	Multiple-Input Multiple-Output	多输入多输出
MPSK	Multiple Phase Shift Keying	多进制相移键控

续表

缩　　写	全　　称	译　　文
NIST	National Institute of Standards and Technology	美国国家标准技术研究所
NRZ	Non Return to Zero	不归零
NTT	Nippon Telegraph and Telephone Corporation	日本电话电信株式会社
OCR	Optical Character Recognition	光学符号识别
OEM	Original Equipment Manufacture	初始设备制造商
ONS	Object Naming Service	对象名解析服务
OS	Operation System	操作系统
OTP	One Time Program	一次编程
PBOC	The People's Bank of China	中国人民银行
PC	Personal Computer	个人计算机
PCB	Printed Circuit Board	印制板电路
PDF	Portable Data File	便携式数据文件
PICC	Proximity IC Card	邻近卡（应答器）
PIN	Personal Identification Number	个人标识号
PKI	Public Key Infrastructure	公钥基础设施
PM	Phase Modulation	调相
PML	Physical Markup Language	物理标识语言
POR	Power On Reset	电源复位
PPM	Pulse Position Modulation	脉冲相位调制
PROM	Programmable Read-Only Memory	可编程序的只读存储器
PR-ASK	Phase Reverse-Amplitude Shift Keying	反相幅移键控
PSK	Phase Shift Keying	相移键控
RAM	Random Access Memory	随机存取存储器
RF	Radio Frequency	无线电频率
RFID	Radio Frequency Identification	射频识别
RIED	Real-time In-memory Event Database	实时内存事件数据库
RO	Read-Only	只读
ROM	Read Only Memory	只读存储器
RTF	Reader Talk First	阅读器首先唤醒
RW	Read and Write	读和写
SAW	Surface Acoustic Wave	声表面波
SDMA	Space Division Multiple Access	空分多址
SHF	Super High Frequency	超高频
SIM	Subscriber Identity Module	用户识别模块
SOF	Start of Flag	帧开始
SRAM	Static Random Access Memory	静态随机存取存储器
SS-ASK	Single Sideband-Amplitude Shift Keying	单边带幅移键控
SSCC	Serial Shipping Container Code	系列货运包装箱代码

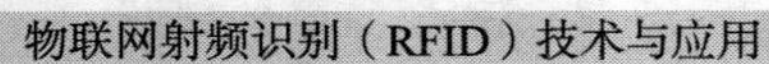

续表

缩　写	全　称	译　文
TCP/IP	Transmission Control Protocol/Internet Protocol	传输控制协议/网际协议
TDES	Triple DES	三重数据加密标准
TDMA	Time Division Multiple Access	时分多址
TTF	Tag Talk First	标签首先自报
UCC	Uniform Code Council	统一代码协会
UHF	Ultra High Frequency	超高频
UIC	Ubiquitous ID Center	泛在识别中心
UID	Ubiquitous ID	泛在识别
UPC	Uniform Product Code	统一产品代码
URI	Uniform Resource Identifier	统一资源标识符
URL	Uniform Resource Location	统一资源地址
URN	Uniform Resource Name	统一资源名称
USB	Universal Serial Bus	通用串行总线
VHF	Very High Frequency	甚高频
VPN	Virtual Private Network	虚拟专用网
VSWR	Voltage Standing Wave Ratio	电压驻波比
WWW	World Wide Web	万维网
XML	Extensible Markup Language	可扩展标识语言

参 考 文 献

[1] 信息产业部无线电管理局 www.srrc.org.cn

[2] 中国自动识别技术协会 www.aimchina.org.cn

[3] 中国物品编码中心 www.ancc.org.cn

[4] 国家标准化管理委员会 www.sac.gov.cn/templet/default/

[5] Auto-ID 中国实验室 www.autoidlab.fudan.edu.cn/

[6] Auto-ID 澳大利亚实验室 autoidlab.eleceng.adelaide.edu.au/index.php

[7] Auto-ID 英国实验室 www.autoidlabs.org.uk/

[8] Auto-ID 韩国实验室 u-radio.kaist.ac.kr/

[9] Auto-ID 日本实验室 www.kri.sfc.keio.ac.jp/en/lab/AutoID.html

[10] Auto-ID 美国实验室 autoid.mit.edu/cs/

[11] Auto-ID 瑞士实验室 vsgr.inf.ethz.ch/autoidlabs.ch

[12] 中国标准信息网 www.chinaios.com/

[13] RFID 中国论坛 www.rfidchina.org

[14] RFID 世界网 www.rfidworld.com.cn

[15] RFID 信息网 www.iRFID.cn

[16] www.epcglobal.org.cn

[17] www.epcglobalinc.org/home

[18] www.idsystems.com

[19] www.eurotag.org

[20] ISO/IEC14443:2001 Identification Cards-Contactless Integrated Circuit（s） Cards-Proximity Cards [S].

[21] ISO/IEC 18000: 2004 Information technology-AIDC techniques-RFID for item management-Air interface [S].

[22] 中国射频识别 RFID 技术政策白皮书 [S]. 2006.

[23] 全国信息技术标准化技术委员会自动识别与数据采集技术分委员会，国际 SC31 简介.

[24] 张智文. 射频识别技术理论与实践[M]. 北京：中国科学技术出版社，2008.

[25] Klaus FinKenzeller（德）著. 射频识别技术[M]. 吴晓峰，陈大才译. 北京：电子工业出版社，2006.

[26] 康东，石喜勤，李勇鹏. 射频识别（RFID）核心技术与典型应用开发案例[M]. 北京：人民邮电出版社，2008.

[27] 周晓光，王晓华，王伟.射频识别（RFID）系统设计、仿真与应用[M]. 北京：人民邮电出版社，2008.

[28] 谭民，刘禹，曾隽芳. RFID 技术系统工程及应用指南[M]. 北京：机械工业出版社，2007.

[29] 单承赣，单玉锋，姚磊.射频识别（RFID）原理与应用[M]. 北京：电子工业出版社，2008.

[30] 游战清，刘克胜. 无线射频识别（RFID）与条码技术[M]. 北京：机械工业出版社，2006.

[31] 陆永宁. 非接触 IC 卡原理与应用[M]. 北京：电子工业出版社，2006.

[32] 慈新新，王苏滨，王硕. 无线射频识别（RFID）系统技术与应用[M]. 北京：人民邮电出版社，2007.

[33] 董丽华. RFID 技术与应用[M]. 北京：电子工业出版社，2008.

[34] 中国国家标准化委员会. 标准化的基本概念及其分类[DB]. 中国标准全文数据库.

[35] 曾强，欧阳宇，王潼. 无线射频识别与电子标签——全球 RFID 中国峰会[M]. 北京：中国经济出版社，2005.

[36] 黄玉兰. 物联网标准体系构建与技术实现策略的探究[J]. 电信科学，2012,28(4):129-134.

[37] 樊昌信，曹丽娜. 通信原理[M]. 6 版. 北京：国防工业出版社，2011.

[38] 宋铮，张建华，黄冶. 天线与电波传播[M]. 西安：西安电子科技大学出版社，2003.

[39] 张肃文. 高频电子线路[M]. 北京：高等教育出版社，2004.

[40] Reinhold Ludwig，Pavel Bretchko. 射频电路设计-理论与应用[M]. 王子宇，张肇仪，徐承和译.北京：电子工业出版社，2002.

[41] 谢希仁. 计算机网络[M]. 5 版. 北京：电子工业出版社，2009.

[42] 傅祖芸. 信息论基础理论与应用[M]. 3 版.北京：电子工业出版社，2011.

[43] David Schultz，Craig Cook.深入浅出 HTML[M]. 谢廷晟译. 北京：人民邮电出版社，2008.

[44] 陈振国. 微波技术基础与应用[M]. 北京：北京邮电大学出版社，2002.

[45] 黄玉兰，梁猛. 电信传输理论[M]. 北京：北京邮电大学出版社，2004.

[46] 黄玉兰. 电磁场与微波技术[M]. 北京：人民邮电出版社，2007.

[47] 黄玉兰. 射频电路理论与设计[M]. 北京：人民邮电出版社，2008.

[48] 黄玉兰. ADS 射频电路设计基础与典型应用[M]. 北京：人民邮电出版社，2010.

[49] 黄玉兰. 物联网-射频识别（RFID）核心技术详解[M]. 北京：人民邮电出版社，2010.

[50] 黄玉兰. 物联网核心技术[M]. 北京：机械工业出版社，2011.

[51] 黄玉兰，常树茂. 物联网-ADS 射频电路仿真与实例详解[M]. 北京：人民邮电出版社，2011.

[52] 黄玉兰. 物联网概论[M]. 北京：人民邮电出版社，2011.

[53] 黄玉兰. 电磁场与微波技术[M]. 2 版. 北京：人民邮电出版社，2012.

[54] 黄玉兰. 物联网-射频识别（RFID）核心技术详解[M]. 2 版.北京：人民邮电出版社，2012.